科學天地 54

World of Science

現代化學 II

跨領域的先進思維

Designing the Molecular World

Chemistry at the Frontier

By Philip Ball

鮑爾／著　周業仁、李千毅／譯

作者簡介

鮑爾（Philip Ball）

鮑爾是專業科學作家、《自然》期刊顧問編輯，也是倫敦大學學院化學系的駐校作家。

他曾任國際知名的《自然》期刊的物理編輯長達十餘年，現在也定期為《自然》的「Nature Science Update」專欄撰寫科學新知，他的科學文章散見國際知名報章雜誌如：《新科學家》（*New Scientist*）、《泰晤士報》（*Time*）、《金融時報》（*Financial Times*）、《紐約時報》（*New York Times*）等。他的科普作品有《看不見的分子》（中文版由天下文化出版）、《*Made to Measare*》、《*Life´s Matrix*》、《*The Ingredients*》等書。

鮑爾的學經歷橫跨化學與物理兩界，他是牛津大學化學系榮譽畢業生，英國布里斯托大學物理博士。他目前居住於倫敦，並經營Homunculus劇團，專門演出介紹科學奇妙世界的劇碼。

譯者簡介

周業仁

台灣大學農藝學士，美國加州大學戴維斯分校微生物學博士，曾任加州大學助教、研究助理、講師、博士後研究員，譯有《胚胎大勝利》、《血液中的騷動》、《細胞反叛》、《DNA的14堂課》（皆由天下文化出版）。

李千毅

中興大學植物系畢業，美國密西根大學生物碩士，曾任天下文化資深編輯，現為自由譯者。譯有《金色雙螺旋》（與涂可欣合譯）、《觀念生物學1、2》（皆天下文化出版）。

第2部　新產物，新功能

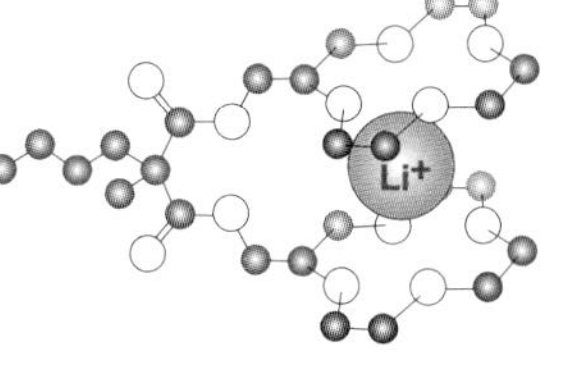

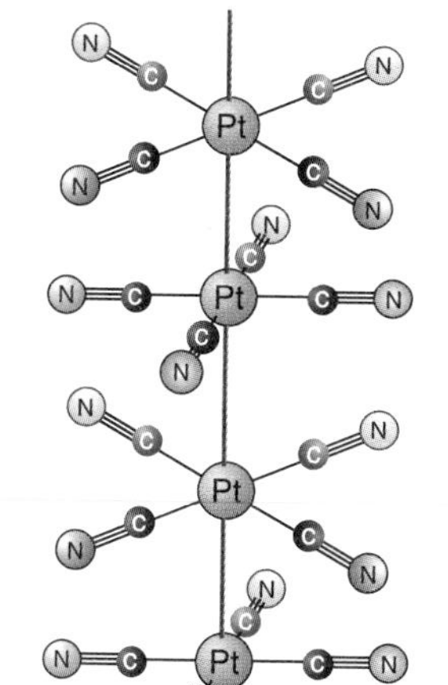

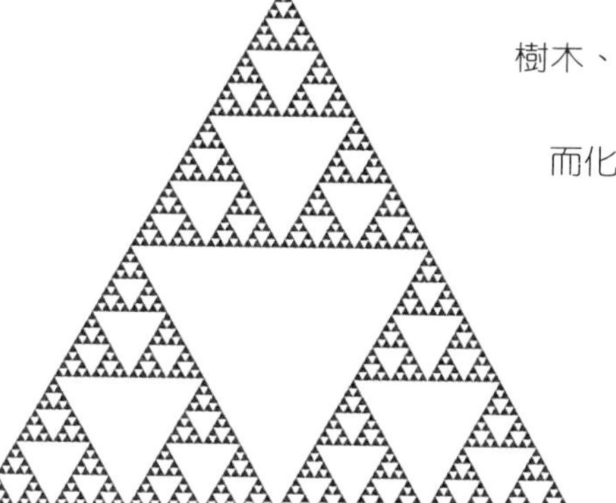

樹木、花朵、白雲、山脈以及活生生的動物，
都展現出不規則的形狀與外觀。
而化學可以來解釋為何有各種複雜的形式。

「蓋婭」理論建議：生命、海洋、大氣等
並不是個別的獨立的系統，
而是彼此相關、交互影響的系統。

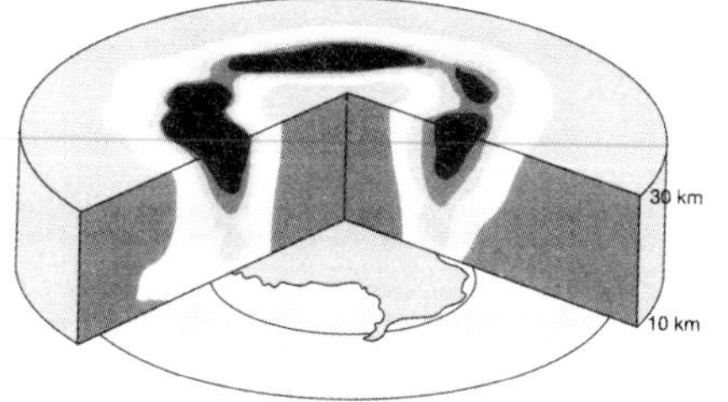

現代化學 I ——改變中的傳統概念　目錄

第2部

新·產·物
新·功·能

第5章

賓主融洽的反應

分子辨識與自組裝

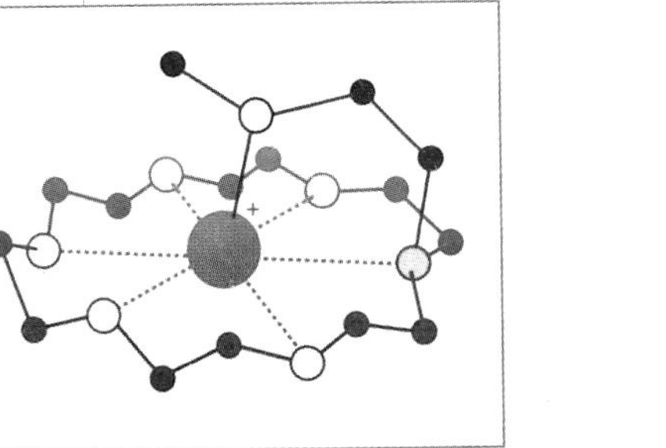

人體各部分組合在一起的現象，有時好像每個成分各有自我意識似的，有時又像純粹只是由化學作用主導。

——容格★

★ 容格（Carl Gustav Jung, 1875-1961），瑞士心理學家，是蘇黎世學派（Zurich School）的盟主；他曾提出「集體潛意識」（collective unconscious）的論點。

我們常把人體比喻成運作良好的機器，內部千千萬萬個分子有如精密的齒輪，互相配合得恰到好處。這種比喻固然妥當，不過如今分子生物學家喜歡用較不機械化的說法，而改用更人性化的比喻。

依循化學原理行事

分子生物學家把人體視爲由無數生物分子組成的社會，每個分子就像螞蟻一樣，東奔西走，各有重任，使整個社會得以生存。這些生物分子能夠收集食物、建造組織或抵禦入侵者等等。當然，這些分子本身並沒有自主意識，而是根據化學原理行事。

這個團體的每一份子通常各有獨特的任務。無機分子由於專一性不高，所以通常在人體內並不是主角（主要是當作形成組織的原料）。

如果人體內的化學作用要在室溫下順利反應，一定要靠生化催化劑，而生化催化劑通常是蛋白質組成的酵素，專一性很高（見《現代化學 I》第2章）。專一性很低的無機催化劑在人體中很少見。

精準分子辨識

簡而言之，人體的分子在尋找反應對象的時候非常挑剔，從無數個類似的分子中尋覓，找出應該交互作用的對象。化學家把這種現象稱爲「分子辨識」（molecular recognition）。生物分子的辨識力經過幾百萬年的演化調整，已經非常敏銳，可確保人體內大多數的分子，只負責單一種化學反應，這每一種化學反應，通常只是人體複雜程序的一小步。人體中很少有萬事通的分子，絕大多數的分子都只專精一門功夫。

DNA攜帶資料

這種現象表示，人體分子事先都經過精心計畫設定，才會各有專精的功能。在生物體中，這種計畫所需要的設定資料，來自於攜帶遺傳藍圖的DNA分子。也就是說，DNA攜帶的資訊能夠指示蛋白質如何辨識其他分子。其中過程的奧妙，正是分子遺傳學家想要研究清楚的主要課題之一。

如果我們能瞭解分子辨識原理的奧祕，就能大致明白人體許多化學現象的原理。不過從化學家的角度來看，生物分子實在太大了（生物分子通常是由成千上萬、甚至數百萬個原子組成），想要從這麼大的分子中，找出哪一個部位負責辨識功能，實在不是簡單的任務。

潛力無窮的運作模式

因此，化學家通常用比較單純的模型系統，一次只模擬生物分子的一、兩個特性，進行研究分析。得到的結果，在新藥的設計思考上，用處很大。

然而，這類研究成果不僅在製藥上有價值，還讓化學家認清化學的一些驚人潛力：只要有能力進行專一性很高的化學反應，可以只用一、兩個簡單步驟，合成前所未見的複雜分子。這方面的研究發展涵蓋的範圍，包括從製造分子大小的機械和電子設備，到更進一步瞭解生命的基本組成成分。

生命的化學現象

不論是DNA分子的複製，還是DNA遺傳密碼轉譯成蛋白質分子的過程，或是蛋白質的生化反應，都在在需要分子有辨識能力才能進行，因此「分子辨識能力」是遺傳學與分子生物學的核心。由於本書是化學書，所以我只會簡短描述相關的生物現象，用以說明分子辨識能力在自然界的重要性。讀者如果想進一步瞭解遺傳學，應該另外參考其他讀物。

孟德爾豌豆實驗

現代遺傳學源自於遺傳現象的研究，也就是研究生物如何把本身的特性代代相傳。19世紀中期，奧地利僧侶孟德爾★用豌豆爲材料，做了大量雜交實驗，研究株高、花色、種子顏色與形狀等性狀如何傳到下一代，從中推論出遺傳現象的許多法則。

他認爲，生物內部含有特殊的物質，負責傳遞遺傳性狀到下一代。他稱這種物質爲「顆粒因子」（particulate factor），但完全不知道成分是什麼。根據他的推論，子代從親代獲得兩份這種物質，一份來自父方，一份來自母方。

生物學家一直到20世紀初，才領悟到孟德爾的研究成果有多麼重要，因爲這時的顯微鏡的鑑別率，才足以觀察細胞內部。生物學家發現，只要是比細菌複雜的生物細胞，都含有一些形狀像X的物體（數目因生物而異，通常介於8與80之間，圖5.1）。

細胞分裂時，這些物體也會分成兩半，分別跑到兩個新產生的細胞中。這種X形狀的物質稱爲染色體。生物學家也注意到，在

★孟德爾（Gregor Johann Mendel, 1822-1884），奧國神父，用豌豆做實驗，發現了孟德爾遺傳定律，被尊爲遺傳學之父。但是在1865年，他的發現公諸於世時，並沒受到重視，埋沒了35年之後，才由3位生物學家在圖書館中發現。

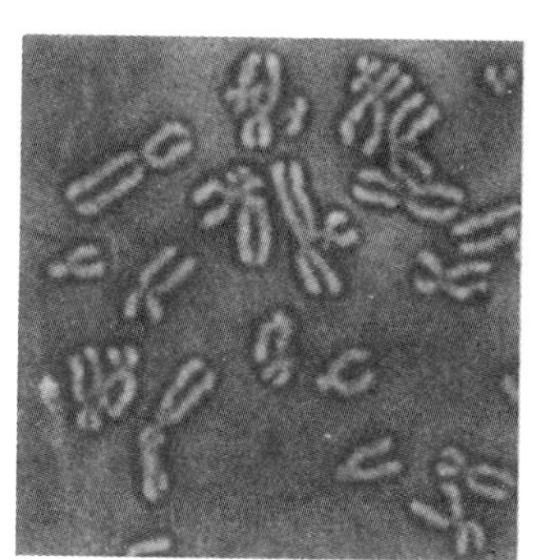

▲圖5.1
人的染色體照片。除了生殖細胞以外，人體中每個細胞含有46條染色體。〔照片由約翰霍普金斯大學的恩蕭（William Earnshaw）提供。〕

負責生殖功能的精子與卵子裡，染色體的數目只有一般細胞的一半。而精、卵結合成爲受精卵，才會含有全套的染色體，其中一半來自父方，一半來自母方。

基因與染色體

染色體的這種遺傳現象，顯然與孟德爾的顆粒因子代代相傳情況相吻合，於是在1903年，薩頓（Walter Sutton, 1877-1916，美國遺傳學家）與波威利（Theodor Boveri 1862-1915，德國動物學家）不約而同提出主張，認爲孟德爾所說的顆粒因子，其實就是染色體上面的分子結構。後來在1909年，約翰森（W. L. Johannsen, 1857-1927，丹麥植物學家）把這種遺傳單位命名爲「基因」。

染色體有如基因的圖書館，每個基因在染色體上都有特定位置。有些基因（並非全部）會決定性別之類的外在特徵。基因的分子結構如果有缺陷，可能會使生理現象失常，或是導致生物體易患某些疾病。

染色體的結構

染色體位於細胞核內，只有結構比較簡單的細菌細胞沒有細胞核。20世紀初期，大家都以爲，染色體內的遺傳物質是由蛋白質組成，但是後來經過化學分析，發現染色體固然含有蛋白質，但是也含有去氧核糖（deoxyribose，圖5.2下）組成的去氧核糖核酸，也就是DNA（此處的「核」是指細胞核）。細胞核裡，還有一種類似去氧核糖核酸的物質，含有核糖（ribose，圖5.2上），稱爲

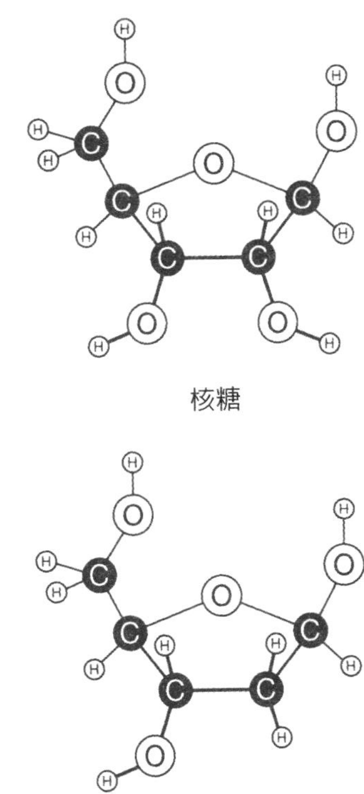

▲圖5.2
核糖和去氧核糖的構造圖。核糖是RNA的成分，而去氧核糖是DNA的成分。

核糖核酸，也就是RNA，不過RNA不是染色體的組成成分。（細菌之類的簡單生物沒有細胞核，在這類細胞中，DNA與RNA跟細胞其他成分，並沒有明顯的分隔。）

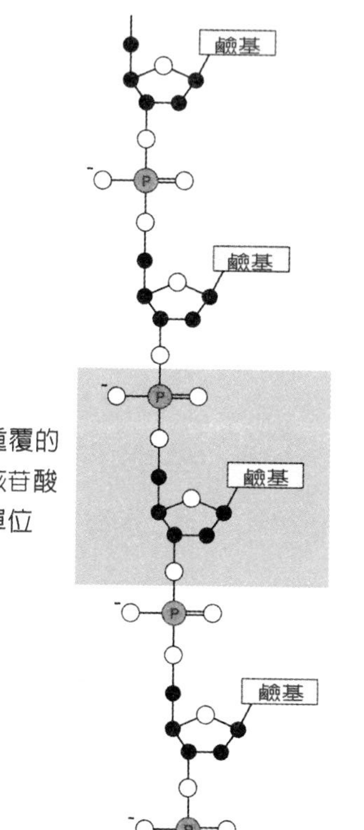

破解DNA

紐約洛克斐勒研究中心的艾弗里（O. T. Avery, 1877-1955，美國微生物學家）等人，在1944年提出確鑿證據，證明遺傳訊息是由DNA攜帶，而不是蛋白質。到了1953年，克里克與華森（見《現代化學I》第206頁）在《自然》（*Nature*）期刊發表論文，利用X射線結晶學的資料，推論出DNA的分子結構，更清楚顯示儲存遺傳訊息的是DNA分子。

DNA是鏈狀的聚合物，由許多稱爲核苷酸的小單位組成。每個核苷酸含有3個部分：去氧核糖、磷酸根（PO_4^{3-}）、鹼基（圖5.3）。DNA含有的鹼基有4種，分別是腺嘌呤（adenine）、鳥糞嘌呤（guanine）、胞嘧啶（cytosine）以及胸腺嘧啶（thy-mine），各用A、G、C、T代表。RNA也含有4種鹼基，但以尿嘧啶（uracil）取代胸腺嘧啶（見圖5.4）。

氫鍵是關鍵

克里克與華森認爲，DNA的鹼基之間，會以氫鍵這種弱鍵結

▲圖5.3
DNA與RNA是以核苷酸為單位所組成的聚合物。核苷酸含有環狀的糖分子——DNA含有的是去氧核糖，RNA則是核糖。兩個糖分子之間靠磷酸根連結，糖分子的另一端則接著鹼基。

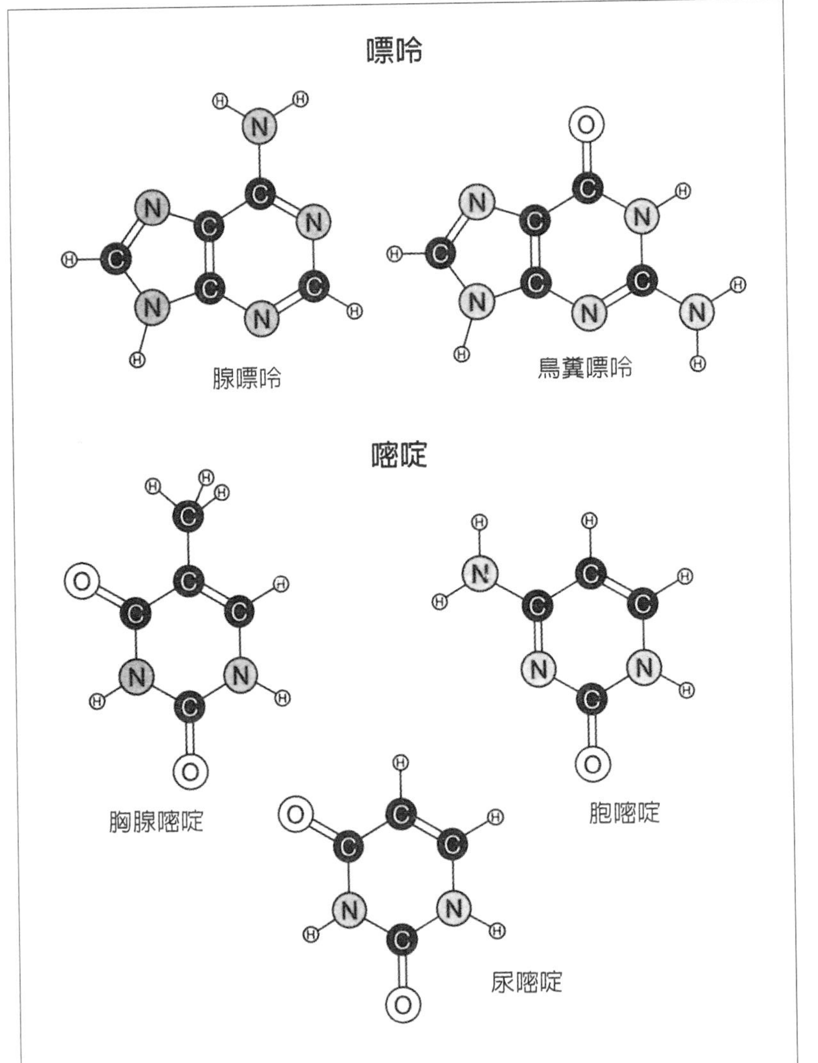

▲圖5.4
核酸含有的5種鹼基。RNA沒有胸腺嘧啶，DNA則不含尿嘧啶。

互相配對。氫鍵除了是DNA構造的關鍵，當生物分子間進行互動時，更是普遍存在。

氫鍵形成的原因爲：有些分子裡的氮原子會帶有一對孤立電子對（見《現代化學I》第1章），有些分子的氧則帶有兩對孤立電子對，如果分子本身或其他分子中含有氫原子，氮或氧就會與這些氫原子形成弱鍵結。

當氫原子與氮或氧共價結合時，氫原子會稍微帶有正電性，吸引其他氮或氫上的孤立電子對。水分子就是由於有氫鍵，才會在生物體內的化學反應中扮演重要角色。水分子之間的氫鍵不斷的形成又斷裂。低溫結冰時，也是靠氫鍵的作用，才能聚集成大塊的冰晶。氫鍵作用也是影響蛋白質分子形狀的重要因素。

鹼基呈互補

DNA鹼基含有形成氫鍵的必要條件，因爲這4種鹼基既含有帶著孤立電子對的氮和氧，也有與氮共價結合而帶正電性的氫。克里克與華森推斷，每一種鹼基都有互補的對象，可以經由氫鍵的作用，互相配對。腺嘌呤與胸腺嘧啶之間會形成兩條氫鍵，胞嘧啶與鳥糞嘌呤則會形成三條氫鍵（圖5.5）。

當時在劍橋大學與倫敦大學國王學院中，研究人員利用X射線結晶學分析DNA，提出DNA的核苷酸鏈可能形成雙股的螺旋狀結構（見《現代化學I》第4章）。克里克與華森的模型指出，這兩股螺旋的骨幹是由磷酸根與去氧核糖組成，而每一股的鹼基會與另一股上互補的鹼基配對結合，形成如螺旋狀樓梯，其中A-T與C-G是一級級的階梯（見第18頁圖5.6）。

DNA的兩股並非相同，而是互補。只要知道了其中一股的序

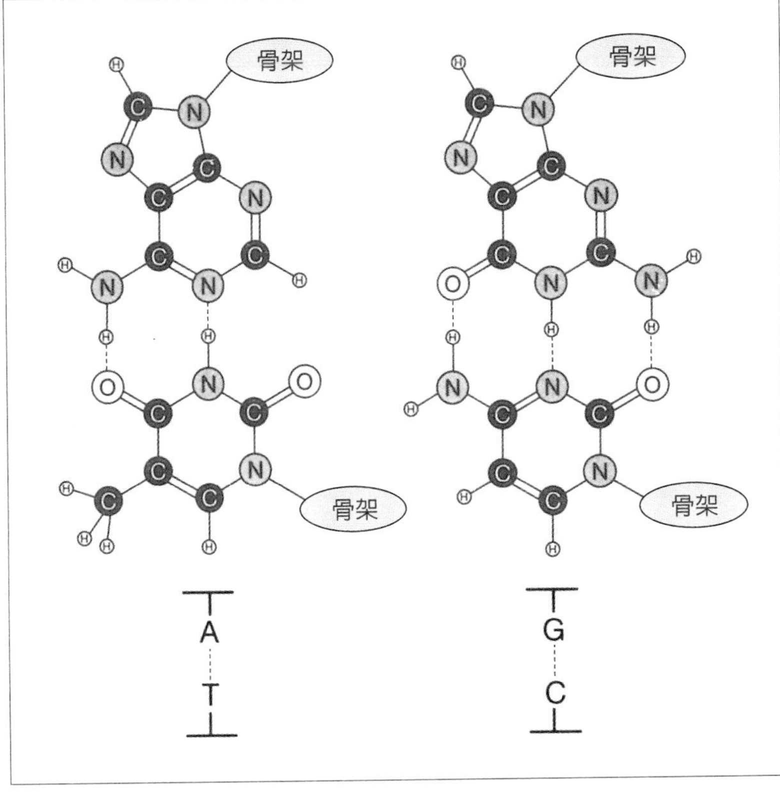

◀圖5.5
DNA的嘌呤與嘧啶間，藉由氫鍵的作用互補配對。腺嘌呤與胸腺嘧啶配合得恰到好處（圖中的兩條有色虛線代表形成的兩條氫鍵），而鳥糞嘌呤則和胞嘧啶配對（形成三條氫鍵）。這兩種配對的大小相同。

列，就可以推論出另一股的內容，甚至據此製造出另一股！有了這個模型，DNA自我複製的方式就一目了然。

原來細胞每次分裂，都會複製DNA，複製的時候兩股分開，都充當模板，根據互補原理，組合新的核苷酸鏈。如此一來，就能一變爲二，產生兩條一模一樣的DNA分子。

克里克與華森當時馬上注意到這一點，發表在《自然》上的論文曾提及：「我們也注意到，此處所提出的特定配對原理，指出

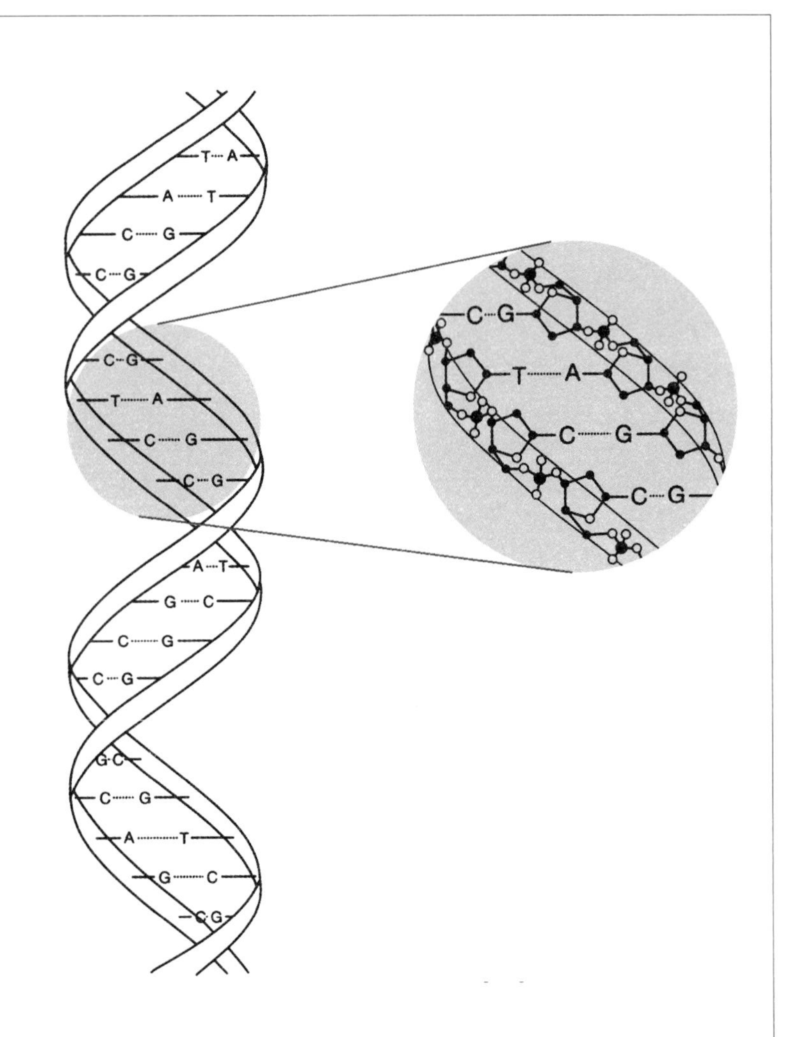

▲圖5.6

DNA分子是由兩條核苷酸形成的聚合長鏈，互相纏繞而產生的雙螺旋鏈。兩條長鏈之間靠著氫鍵才能互相附著，也就是說，鹼基要能互補配對。

了遺傳物質可能的複製機制」。語氣非常輕描淡寫，卻開啓了遺傳學研究的未來走向。

鹼基互補配對是分子辨識現象的絕佳例子。DNA複製過程中，每個鹼基都專找互補的鹼基配對，也就是說鹼基具有辨識能力。配對過程當然也要靠複雜的酵素群，才不容易出錯，不過最重要的關鍵，還是互補鹼基對間的關係與雙螺旋鏈的形狀。如果配錯了，例如A配上了A，雙螺旋鏈就會怪異的凸出一塊。

生命遵循的法則

細胞裡的整套遺傳藍圖稱爲基因組（genome）。遺傳藍圖並不是只由一條超級長的雙螺旋鏈DNA攜帶，而是分成許多部分，分別位於一條條的染色體上。人類細胞有46條染色體，由DNA和組織蛋白（histone）緊緊包在一起組成。

基因、蛋白質各司其職

基因的主要功能是攜帶製造蛋白質酵素的資訊，而酵素能指揮人體的化學反應。正如著名的遺傳學家賈寇布（Francois Jacob, 1920-，法國分子生物學家，1965年諾貝爾生理醫學獎得主）所說：「基因發號施令，蛋白質負責執行。」

大致來說，每一個基因攜帶一種蛋白質的藍圖。不過這也不完全正確，因爲有些基因攜帶的訊息並不是爲了製造蛋白質。攜帶「蛋白質藍圖」的基因稱爲構造基因（structural gene）。

基因攜帶的訊息是以密碼組成。蛋白質的序列是由胺基酸組成，而DNA序列則取決於核苷酸上的鹼基，再配上DNA組成架構的核苷酸（由核糖與磷酸組成）。既然基因決定蛋白質的序列，我們自然會推想，DNA的特定鹼基序列，應該會相對應於蛋白質的特定胺基酸序列。DNA分子中基因所含的鹼基序列，就是蛋白質分子的密碼形式。

鹼基的排列組合

然而組成蛋白質的胺基酸有20種，DNA的鹼基卻只有4種，顯然鹼基與胺基酸不是一對一的關係，而是由成組的鹼基來代表某個胺基酸。這就像電報使用的摩斯電碼，雖然只有兩個符號，但藉由不同的組合方式，可以代表26個字母。

DNA的密碼如果以兩個鹼基為一組，可以產生$4 \times 4 = 16$種不同的組合，不過仍然少於胺基酸的種類。如果以3個為一組，就能產生$4 \times 4 \times 4 = 64$種組合，足以應付所需。科學家由此推論DNA的蛋白質密碼，一定至少以3個鹼基，代表1個胺基酸。

後來的實驗證明，DNA確實是用這種方式攜帶遺傳藍圖。如果把基因上的鹼基，以每3個一組，可以推論出蛋白質的胺基酸序列。科學家利用細菌做實驗，解出鹼基與胺基酸的相對應關係，也就是找出每個胺基酸相對應的鹼基組。

遵照遺傳密碼

這種遺傳密碼適用於所有生物。鹼基組有64種，胺基酸只有20種，所以有的胺基酸相對應於一種以上的鹼基組。此外，有的鹼基組並不是用來指定胺基酸，而是當作「控制碼」，用來標記蛋白質序列應該停止之處。

單憑把字母隨便亂排，顯然寫不出莎士比亞名著。同樣的道理，DNA的序列也不能隨便亂排，必須控制得宜，否則無法指揮生物體的建造過程。DNA密碼如果有誤，猶如寫字時拼字錯誤，可能使得整個句子失去意義，或是改變整個句子的意思。

DNA複製過程的精確度非常高，還有各種機制不斷查核校訂，仍是會出錯。由於出錯產生的突變對生物可能有利，也可能有害，但無論如何都是演化的一部分。

基因的鹼基序列轉換成蛋白質的胺基酸序列後，可以說已經轉譯成了另一套語言。大多數蛋白質的形狀都是由本身的胺基酸序列決定，也就是說，胺基酸序列決定了蛋白質長鏈如何折疊成有酵素活性的緊實立體結構（見《現代化學I》第2章）。這種折疊過程的法則仍然是個謎，也是當今生化學家研究的一大課題。

轉錄vs.轉譯

RNA為媒介

基因的鹼基序列並不是直接就可以轉換成蛋白質的胺基酸序列，而是需要靠RNA當媒介。RNA雖然不含胸腺嘧啶，而是用尿嘧啶代替，尿嘧啶的大小和胸腺嘧啶相當，也和胸腺嘧啶一樣專找腺嘌呤配對，因此照理講，RNA應該也可以像DNA一樣攜帶訊息。

然而細胞裡的RNA分子比DNA短，所在的位置也不同於DNA。RNA的任務是複製基因的訊息，然後把訊息轉換成蛋白質的胺基酸序列。

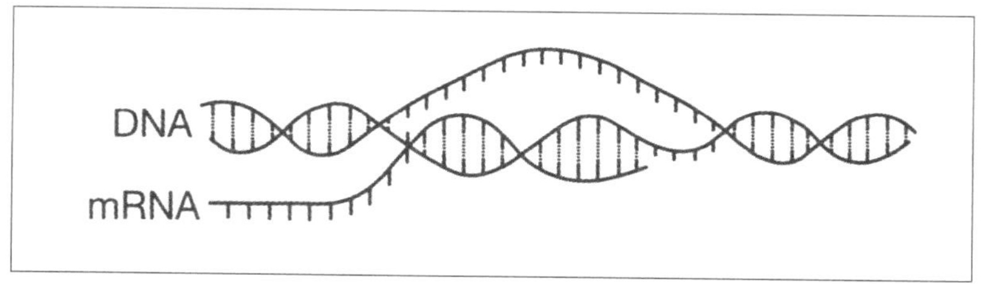

圖5.7 ▶
從DNA序列轉譯成為胺基酸序列的過程，要經由RNA當中間媒介。合成mRNA時，DNA的雙螺旋鏈會鬆開一段，由一股當作模板，然後根據互補原理，製造出相對應的RNA。這種轉錄過程也應用到分子辨識能力。

從基因造出蛋白質的分子生產線，工作效率驚人。首先，基因的訊息轉換成RNA，也就是根據DNA的A、T、C、G造出RNA的U、A、G、C。在這種過程中，DNA的雙股會局部打開，由其中的一股當作模板，造出RNA（圖5.7）。

這個過程稱爲轉錄，產生的RNA稱爲信使RNA（messenger RNA，簡稱mRNA），有別於其他與蛋白質製造相關的RNA。mRNA合成後與DNA分開，且帶著建造蛋白質的藍圖（仍然是以3個鹼基代表1個胺基酸）。另一種RNA名爲轉移RNA（transfer RNA，簡稱tRNA），負責在細胞內四處尋找胺基酸，然後帶給mRNA，當作製造蛋白質的材料。利用mRNA攜帶的訊息，製造出蛋白質的過程稱爲轉譯。

生物的分子辨識

密碼子與補密碼

製造蛋白質時，胺基酸會逐一加在mRNA模板上。每3個鹼基成1組，稱爲「密碼子」（codon），相對應於1個胺基酸。tRNA的一端有3個與密碼子互補配對的鹼基，稱爲「補密碼」（anti-codon）。

例如，mRNA的密碼子如果是CGA，那麼帶著GCU補密碼的tRNA就會與之互補配對結合（圖5.8）。tRNA的另一端帶著與mRNA上密碼子相對應的胺基酸。以這個例子來說，mRNA的CGA密碼子對應於胺基酸中的精胺酸（參見次頁圖5.9），因此tRNA的另一端會攜帶精胺酸。

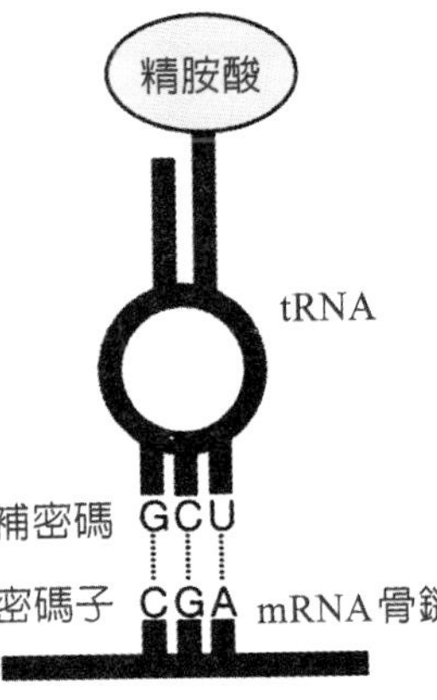

▲圖5.8
tRNA攜帶著胺基酸，到達mRNA的模板，成為合成蛋白質的材料。tRNA的一端利用複雜的分子辨識機制，找到適當的胺基酸，並與之結合；另一端則含有反密碼子，對應於mRNA的互補密碼子。此處顯示的是精胺酸的密碼子（CGA，參見次頁圖5.9）。

分子生物學的奧妙

這種過程牽涉到兩種分子辨識現象。科學家知道，密碼子與補密碼互相辨識的過程，仰賴鹼基互補配對法則，但科學家對於tRNA如何搜尋辨識胺基酸，卻不太清楚，而這種過程需要「胺醯轉移RNA合成酶」（aminoacyl-tRNA synthetase）之助，把胺基酸與tRNA結合。

每一種胺基酸都有一種胺醯轉移RNA合成酶，幫助胺基酸在羧酸基處與五碳環的核糖鍵結，而這個核糖位於tRNA末端的腺嘌呤上。tRNA與胺基酸的結合端，一定是以CCA序列結尾，所以結合處一定是A核苷酸。

既然都是CCA序列，那麼胺醯轉移RNA合成酶一定有方法，可以「察覺」tRNA的其他部分爲何，以確保接到正確的胺基酸上。這種複雜的辨識能力，在分子生物學研究中處處可見，不過我們尚未能完全洞悉其中奧妙。

同心協力來幫忙

帶著胺基酸的tRNA與mRNA模板的結合過程，需要核糖體

第二個鹼基

第一個鹼基	U	C	A	G	第三個鹼基
U	Phe Phe Leu Leu	Ser Ser Ser Ser	Tyr Tyr Stop Stop	Cys Cys Stop Trp	U C A G
C	Leu Leu Leu Leu	Pro Pro Pro Pro	His His Gln Gln	Arg Arg Arg Arg	U C A G
A	Ile Ile Ile Met	Thr Thr Thr Thr	Asn Asn Lys Lys	Ser Ser Arg Arg	U C A G
G	Val Val Val Val	Ala Ala Ala Ala	Asp Asp Glu Glu	Gly Gly Gly Gly	U C A G

▲圖5.9

遺傳密碼。RNA上每3個鹼基組成一個密碼子，每一個密碼子對應一種胺基酸。圖中簡寫所代表的胺基酸如下：Phe = 苯丙胺酸（phenylalanine）；Ser = 絲胺酸（serine）；Tyr = 酪胺酸（tyrosine）；Cys = 半胱胺酸（cysteine）；Leu = 白胺酸（leucine）；Trp = 色胺酸（tryptophan）；Pro = 脯胺酸（proline）；His = 組胺酸（histidine）；Arg = 精胺酸（arginine）；Gln = 麩醯胺（glutamine）；Ile = 異白胺酸（isoleucine）；Thr = 蘇胺酸（threonine）；Asn =天門冬醯胺（asparagine）；Lys = 離胺酸（lysine）；Met = 甲硫胺酸（methionine）；Val = 纈胺酸（valine）；Ala = 丙胺酸（alanine）；Asp = 天門冬胺酸（aspartate）；Gly = 甘胺酸（glycine）；Glu = 麩胺酸（glutamate）；Stop代表停止密碼，並不相對應於任何胺基酸，而是指示蛋白質合成停止。

RNA（ribosomal RNA，簡稱rRNA）以及一些酵素與蛋白質的幫忙。幾個核糖體RNA加上許多蛋白質分子，形成複雜的核糖體（ribosome），功能是協助上述的結合過程。

核糖體與mRNA結合後，先幫助tRNA的補密碼與mRNA密碼子結合。等到下一個帶著胺基酸的tRNA來臨，準備接成蛋白質分子時，核糖體就把mRNA向前推進1個密碼子的距離，騰出空位，迎接新的tRNA光臨。

這個過程會不斷重複，把胺基酸逐一加上去，而核糖體始終同時會帶著兩個連續的tRNA，一個連接在形成中的蛋白質鏈上，另一個則帶著即將加入的胺基酸。這兩個緊鄰的胺基酸之間，會形成肽鍵（見次頁圖5.10），而這還要靠核糖體把兩個胺基酸放在正確的位置才辦得到。接著，tRNA功成身退，離開核糖體，而核糖體則移動到下一個密碼子，迎接下一個tRNA。

mRNA兩端的鹼基並不是密碼子，而只是充當訊號，告訴核糖體何處是蛋白質合成的始末。一旦蛋白質鏈合成完畢，就會從核糖體與mRNA的複合體分離，mRNA也功成身退，而遭酵素毫無情分解。

這些過程看起來這麼複雜，但對於人體的分子機器來說卻是輕而易舉，因此費心建造出來的mRNA即使只用過一次，也捨得廢棄！

從生命現象取經

絕大多數的生化反應都牽涉到分子辨識能力。如果我們能瞭

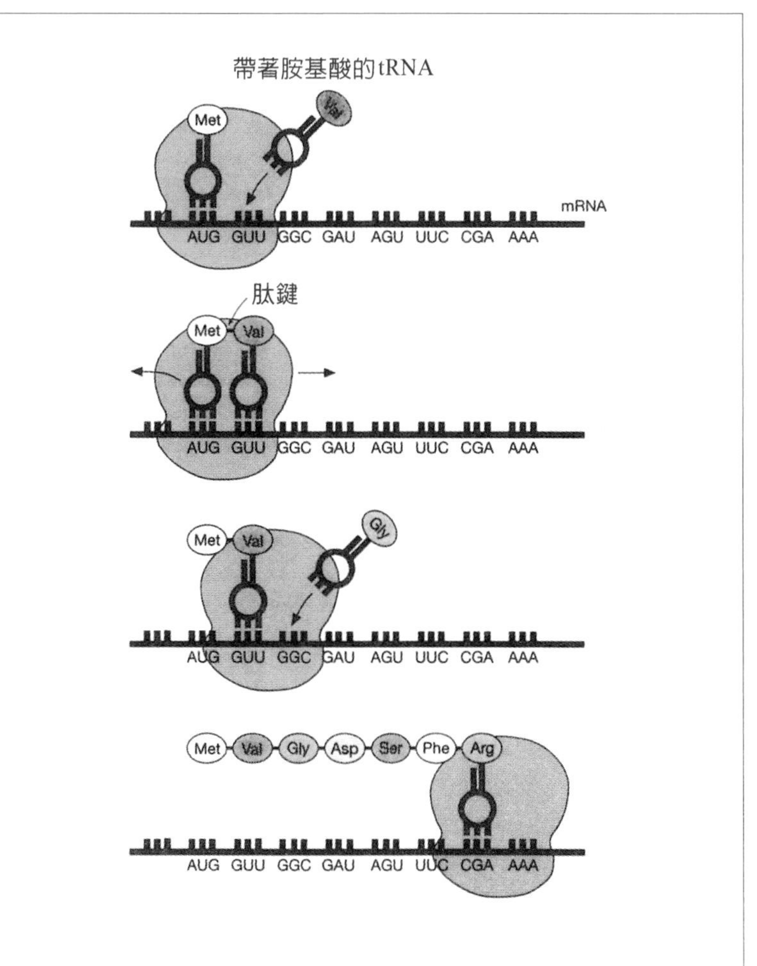

▲圖5.10
利用mRNA模板合成蛋白質的過程協調有致。核糖體RNA與幾種蛋白質組成核糖體，當作合成蛋白質的基地，幫助帶著胺基酸的tRNA配上mRNA的密碼子，然後胺基酸之間形成肽鍵，核糖體再把mRNA向前推進一個密碼子的長度，而tRNA則脫離並分解。

解這種辨識過程的原理，不但可以洞悉生命的化學過程，還能藉以設計出具特殊功能的人工酵素，進行新反應，或取代人體內有缺陷的天然酵素。

前面說過，蛋白質形成的酵素通常又大又複雜。如果我們能瞭解其中哪個部分是負責酵素功能的關鍵構造，或許就能造出具有相同功能，但體積較小且構造較簡單的酵素分子。

工業界受益無窮

分子辨識現象的研究成果，對製藥界也大有裨益。此外，在《現代化學I》第2章中也提過，工業界愈來愈仰賴酵素，用以取代選擇性較低的傳統催化劑。工業上分離、純化大量天然酵素的過程，通常耗時又昂貴，如果能夠模仿天然酵素的特性，造出取而代之的人工酵素，一定會極有價值。

然而，除了製造新藥與人工酵素需要研究化學合成系統中的分子辨識現象，近年來，有機化學家也瞭解到，用傳統的有機合成方法來製造複雜的大分子，必須經過許多繁瑣步驟，可說辛苦備至。

這是由於每一個步驟的化學反應都缺少專一性，因此常常需要把反應分子加上「保護基」，以免在反應過程干擾到不該反應的部位。如果能夠設計出專一性很高的化學分子當起始物，透過分子辨識能力進行反應，只要一、兩個步驟，就能合成所要的分子，那就再好不過。

自組裝領風潮

化學家發現，利用分子辨識能力，確實可以輕鬆使分子自動組合成爲所要的大分子。這種「自組裝」（self-assembly）方式已經成了化學界最時髦的風潮。

從這類新合成方法受益的，並不只限於有機化學家。我們後面會看到，利用分子辨識能力，可以把分子當作零件組裝，造出體積龐大的構造。這等於用分子當作微型的工程材料。新興的奈米科技研究的對象，只有百萬分之一公厘上下，大概是1個C_{60}分子大。而分子工程大概是其中最有前途一支。這方面的研究在電子學與材料科學上發展的潛力無窮，而目前只不過剛敲開門而已。

分子辨識成顯學

佩德森的新發現

從有化學以來，化學家就不斷從自然界汲取靈感，不過對分子辨識現象的研究歷史卻很短，直到1960年代才開始。當時美國化學家佩德森★在石油化學界工作，研究金屬離子如何影響橡膠產品的化學性質。他發現，有一類分子專門與特定的金屬離子結合，不會和其他離子作用。

這種現象在無機化學上相當罕見，因爲金屬通常不會只和特定對象反應。即使是有機分子與金屬離子的反應，通常也沒什麼選擇性。但酵素正好相反，只和特定的目標反應，對其他的化學分子一概視而不見，而生化反應仰賴的正是酵素這種專一性。

反應現象奇特

佩德森發現的分子可以專門與某一類金屬離子反應，而完全

★ 佩德森（Charles Pedersen, 1904-1989）因爲下述的皇冠醚研究，而在1987年與連恩（Jean-Marie Lehn, 1939-）及克拉姆（Donald J. Cram, 1919-2001），共同獲得諾貝爾化學獎。佩德森是杜邦化學公司首位獲得諾貝爾獎的科學家。關於皇冠醚的其他敘述，可參見《看不見的分子》第178頁（天下文化出版）。

不理會其他分子。例如，只和鉀離子結合，但不與電荷、化學性質都與鉀離子相近的鈉離子作用，也不會與大小跟鉀離子類似的銀離子反應。

這項發現引人注意的原因有二。第一，這類分子的專一性只適用於週期表的頭兩族元素，也就是鹼金族與鹼土族，而不適用於過渡金屬。這種現象相當令人意外，因爲鹼金族與鹼土族元素的離子，只不過是帶著電荷的球形構造而已，而過渡金屬在特定方位有全空或半空的電子軌域，會以特定方位進行化學鍵結，照理專一性應該較大，然而結果卻相反。

第二點讓人感興趣的是，例如神經細胞的作用等許多生理現象，都會用到鹼金族與鹼土族元素，尤其是鉀、鈉、鈣、鎂等，因此專門與這些離子作用的分子，或許有醫藥方面的應用價值。

外型像皇冠的醚

佩德森發現的到底是什麼分子？這種分子稱爲「環狀醚」（cyclic ether），含有碳原子與氧原子組成的環狀構造。醚基是由1個氧原子連接2個碳原子，形成（$-CH_2-O-CH_2-$）的構造。它的氧原子含有兩對孤立電子，與水分子類似，所以可以形成氫鍵，或與金屬離子形成配位鍵。這也就是爲什麼，許多金屬離子都會溶於醚。

環狀醚含有一個或一個以上的醚基，而佩德森發現的環狀醚通常含有6到8個原子，其中氧原子與CH_2交替出現。環上的原子間鍵結，並不在同平面上，而是上上下下，整個環狀看起來像是一頂皇冠，因此佩德森將之命名爲皇冠醚（圖5.11）。

皇冠醚與金屬離子一拍即合。皇冠醚環住金屬離子，氧原子

▼圖5.11
皇冠醚是含有醚的環狀物。皇冠醚的氧原子能與金屬離子結合（例如圖中的鉀離子），而結合的強度取決於環狀大小。此處以及後面的圖表都略去碳原子上面所連接的氫原子。

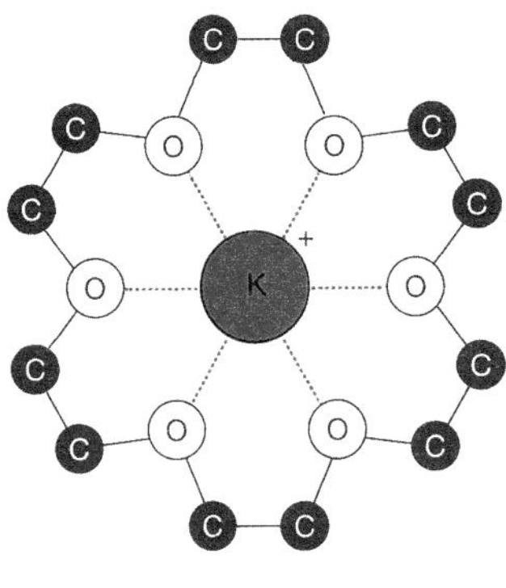

的孤立電子對與金屬結合，把金屬牢牢固定在環的中心。皇冠醚會與哪一種金屬離子結合，取決於環的大小。這種選擇性非常敏銳，如果金屬太大，環狀中心容納不下；如果太小，與氧原子距離太遠，結合力就不夠強。例如，鉀離子與銀離子的大小雖然只有些爲差距，但與皇冠醚的結合力卻有天壤之別。

連恩再加入

正常生理作用必須利用前面提到的這些金屬離子。而法國斯特拉斯堡的巴斯德大學（Université Louis Pasteur）的化學家連恩（Jean-Marie Lehn, 1939-）研究的課題，正是鈉離子與鉀離子對神經訊號傳遞的作用，也由於這個緣故，他注意到了皇冠醚的研究進展。

離子載體穿越細胞膜

神經細胞有傳遞訊息給大腦的功能，而這項功能正是由金屬離子負責。傳遞訊息的過程中，金屬離子要通過細胞膜，而通過的方法之一，是先與「離子載體」（ionophore）結合，然後藉由離子載體之助，通過細胞膜。

離子載體通常是環狀分子，對於金屬離子的選擇性很高。金屬離子由於不溶於細胞膜中的脂肪化合物，所以不能單獨通過細胞膜。而由離子載體包著的金屬離子，就可以溶於細胞膜的脂肪，通過細胞膜後，金屬離子再與離子載體分開。

許多天然離子載體與金屬離子結合的方式，正是利用氧原子或氮原子的孤立電子對（圖5.12）。這和佩德森發現的皇冠醚很像，然而皇冠醚分子更小，更便於研究金屬離子的傳遞現象。此外，科學家知道，某些天然的離子載體有抗生素的功能，因此說不

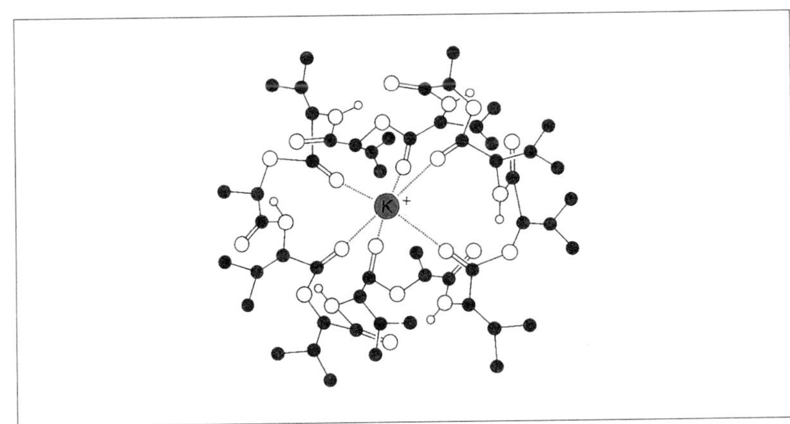

◀圖5.12
離子載體能夠與金屬離子結合，然後送金屬離子通過細胞膜。天然的離子載體通常是大型環狀分子，含有氮與氧，能像皇冠醚一樣與金屬離子結合。圖中的離子載體與鉀離子的結合力特別強，可以改變細胞的化學成分以及細胞膜的狀況，因此也能用來當作抗生素

定可以利用這方面的研究成果，發展功能類似離子載體的新藥。

籃子般的穴形物

連恩發現，如果造出的皇冠醚含有一個以上的環狀結構，對於金屬離子的選擇性就更高，結合力也更強，因爲這樣會使環中的孔洞大小更固定，只有體型完全合乎要求的金屬離子才能與之結合。這樣的分子就像是籃子似的。

製造這種分子最簡單的方法，就是把環狀結構內部某處連接起來，產生雙環結構，而這兩個環共用一個邊（見次頁圖5.13）。做法是以兩個氮原子取代兩個氧原子，由於氮原子能形成3條化學鍵，比氧原子多1條，因此可以多產生1條化學鏈。這種利用氮原子的性質而形成的醚，稱爲「含氮皇冠醚」（azacrown）。

因爲金屬離子可以隱藏在含氮皇冠醚中央的孔穴，連恩因此將這種化合物稱爲爲「穴形物」（cryptand，希臘文的krypt意思是「隱藏」）。如果改變醚分子鏈的長短，中心孔徑就會改變，因此用

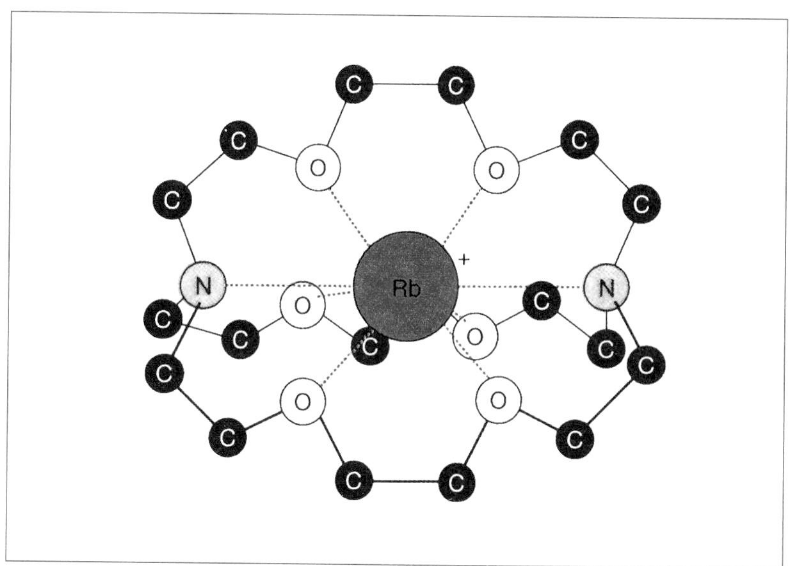

圖5.13 ▶
含氮二環皇冠醚是由兩個醚環部分相連而組成的。由於氮原子的特性，這種分子可以含有三條醚鏈，還有一對自由電子，用來與金屬離子結合（圖中以銣為例）。由於這種分子能把金屬離子藏在中央穴形孔洞，所以連恩稱之為「穴形物」。

這種方式來選擇不同大小的鹼金屬離子，就可以如天然的離子載體般有選擇性。

大小與形狀都重要

1976年，連恩的研究小組更進一步，造出含氮三環皇冠醚（tricyclic azacrown或triazacrown，見次頁圖5.14），這個分子的中心宛如籠子，對於金屬離子的選擇性更高。

舉例來說，鉀離子與銨根離子（NH_4^+）的大小相近，含氮二環皇冠醚對兩者的親和力差不多，但是含氮三環皇冠醚特別容易與銨根離子結合。這是因爲除了大小以外，幾何形狀也是決定性因素。鉀離子只是帶著電荷的球狀結構，而銨根離子則是四面體，有4個氫原子各據四面體的一角，含氮三環皇冠醚正好有氮原子與氧

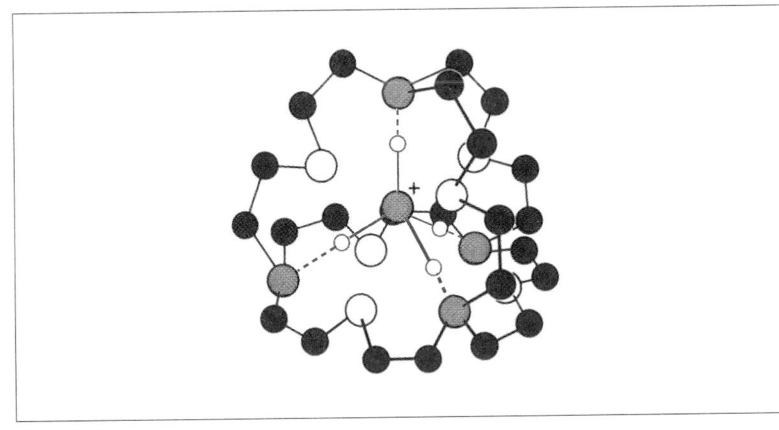

◀圖5.14
含氮三環皇冠醚的中心孔洞，形狀近於球狀。圖中的分子特別適合用來與胺離子（NH_4^+）結合。

原子位於恰當的方位，可以與銨根離子的4個氫原子形成氫鍵而結合。

由此可見，除了大小以外，形狀也很重要。大多數生物分子辨識現象都要利用形狀，才能找出正確結合對象。做這種辨識的分子，在化學中稱爲「主體」分子，它會抓住形狀可以相配合的分子（稱爲「客體」分子），這兩者的關係有如鎖與鑰，如果形狀互補，雙方就對得上。

超分子化學

德國生化學家費雪★首先在1894年提出「鎖與鑰」的觀念，用來比喻分子間的互動關係。由小分子形狀互補而組成的大分子，稱爲「超分子」（supramolecule），而研究這類分子的形成與行爲的學科，稱作「超分子化學」。

★
費雪（Emil Fischer, 1852-1919）合成多種重要的醣類與嘌呤，1902年諾貝爾化學獎得主。

並不是所有的大分子都可歸類於超分子。一般所說的大分子，內部是由結合力很強的共價鍵互相連結，超分子則是組成分子之間藉由氫鍵結合，必要時還可以分開，例如鹼基互補配對而形成的雙股DNA分子，還有酵素與受質的交互作用都是這種情形。

以生物現象來說，主體分子通常稱爲「受體」（receptor），而客體分子則是「受質」（substrate）。超分子化學也沿用這種名稱。在後文某些地方，當我提到「主體／客體」的時候，意思就是指「受體／受質」。

辨識分子種類繁多

分子鉛筆盒

科學家可以根據分子的大小與形狀，設計出受體分子，用來辨認比金屬離子更複雜的受質。連恩的研究小組利用皇冠醚分子，製造出「分子鉛筆盒」，用來裝長條狀的受質。

這種分子鉛筆盒兩端是含氮皇冠醚。它就像穴形物一樣，可以和銨根離子結合，中間則是兩條鏈狀分子組成的空心部分。如果某個直鏈分子兩端有胺基（NH_2），最有可能裝入分子鉛筆盒中心的長條孔洞。

在酸性溶液中，胺基會加上1個氫離子，變成帶正電的NH_3^+。如果這個分子的長度與形狀正好合乎分子鉛筆盒的孔洞，就可以塞入其中（圖5.15）。這類分子，其上有數個結合部位分布在分子的不同部位，使得只有某些特定形狀的分子可以與之結合，而這種情

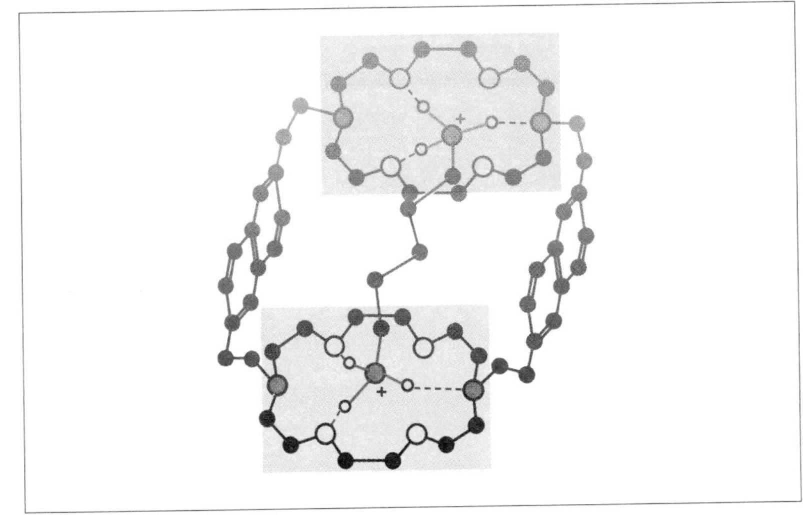

◀圖5.15
兩個含氮雜環皇冠醚靠碳氫鏈連接後，形成長條狀的孔洞，可以用來與長條狀的「鉛筆型分子」結合。

形已經非常像天然生物分子的辨識現象。

邁阿密大學的高克爾★研究小組則設計出另一種很有意思的分子鉛筆盒。這種分子的兩端也是含氮皇冠醚，可以和胺基結合，但是兩端的這兩個皇冠醚並不完全相同。其中一個皇冠醚外接兩條碳氫鏈，碳氫鏈的末端是胸腺嘧啶；另一個皇冠醚也外接兩條碳氫鏈，但末端接的則是腺嘌呤。當分別在不同皇冠醚上的腺嘌呤和胸腺嘧啶結合時，會互相配對，就像DNA的鹼基互補配對一樣（見次頁圖5.16）。換句話說，這種受體分子能夠「自組裝」，本身就是分子辨識現象的產物。

★
高克爾（George Gokel）自1993年起，已轉至華盛頓大學醫學系。

套索皇冠醚

高克爾設計的另一種皇冠醚還外加了一條手臂。這條手臂是一條碳氫鏈，它附在氮原子上，末端接著會與離子結合的化學基

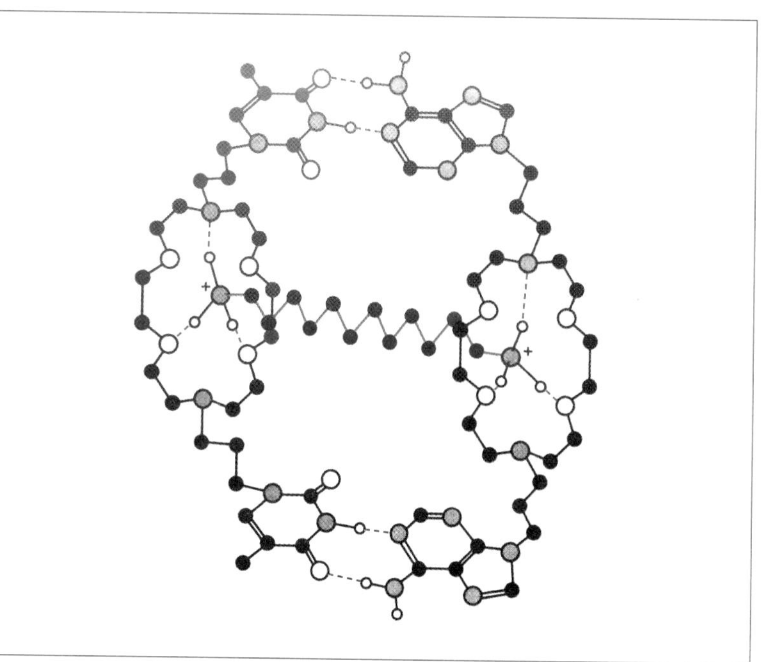

圖5.16 ▶
圖中是能自發組裝的分子鉛筆盒。兩個皇冠醚分子藉由互補鹼基配對，形成氫鍵，結合為一。

▼圖5.17
套索皇冠醚有條長鏈，可以當作蓋子，把受質抓得更緊，也可張開，釋放出受質。

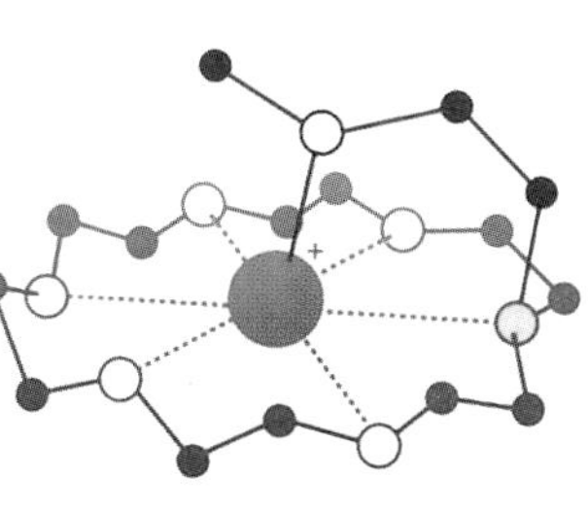

（也就是有一對孤立電子，通常是醚基）。這種分子有點像捕馬用的套索，所以高克爾稱它們為「套索皇冠醚」（lariat crown ether）（圖5.17）。其中附在氮原子上的這條碳氫鏈相當有彈性，如果金屬離子落入了皇冠醚的孔洞中，這條碳氫鏈會扭轉調整方位，讓其上的醚基蓋住金屬離子，使金屬於皇冠醚的結合更加穩固。

因為套索皇冠醚有這條碳氫鏈手臂，使得這類皇冠醚所以不但可以把受質「關」在孔洞裡，而且也很有彈性，他們抓金屬離子時很有效率且選擇性很高，但並不需要把金屬離子緊緊卡在孔洞中，所以要釋放金屬離子的時候也不難。

前面剛提到的，由兩個部分自組裝的分子鉛筆盒，其實也是

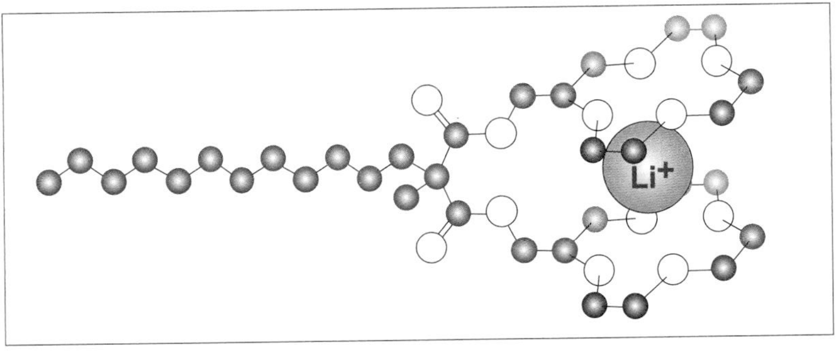

◀圖5.18
圖中顯示抓著鋰離子的分子夾鉗。

套索皇冠醚，只是它有兩條套索，而套索的末端是鹼基。

分子夾鉗

美國德州科技大學（Texas Tech University）的鮑士許（Richard Bartsch）研究小組則設計出分子夾鉗（圖5.18），用來抓住各種金屬離子。例如，這種分子可以輕鬆抓住鋰離子，但較大的鈉離子它就很難抓住，因此可以用來在溶液中專門抓出鋰離子。日本九州大學的新海征治（Seiji Shinkai）研究小組更進一步，用光線來控制分子夾鉗，更能隨心所欲控制分子夾鉗或開或關。

分子夾鉗有變化

順、反異構物

新海征治造出的分子夾鉗也有兩個皇冠醚分子，但是中間連接的是類似偶氮苯（azobenzene）的構造見次頁（圖5.19）。

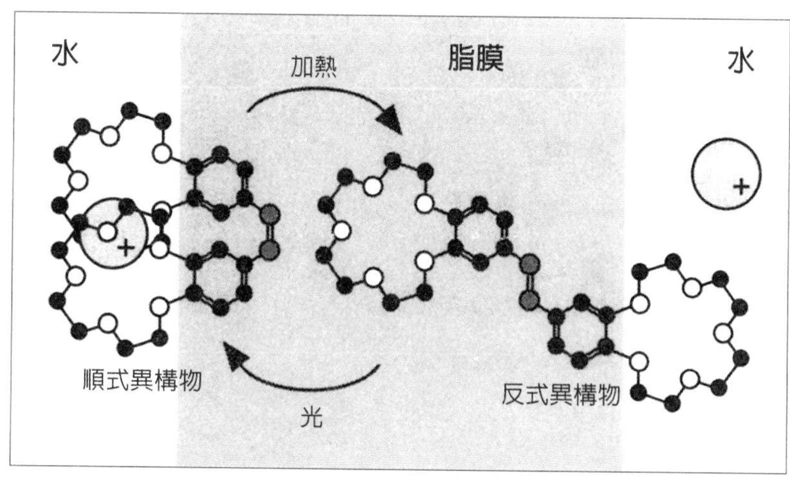

圖5.19 ▶
新海征治所設計的分子夾鉗能用紫外線使之閉合，加熱使之打開。有些分子夾鉗能用可見光或酸鹼度來控制開合。這種現象可以用來運送金屬離子穿過人工膜。圖中左方是抓住離子的順式異構物，右方則是放出離子的反式異構物。這類分子由於外形像蝴蝶，所以有時也稱為「蝴蝶分子」。

偶氮苯以偶氮基（—N＝N—）連接兩個苯環。由於氮原子含有一對孤立電子，因此這種分子的形狀是彎曲的，並不呈直線，也就是說，以雙鍵爲中心來看，兩個苯環可能是偏向同一邊或各據雙鍵的上、下方，也因此產生兩種異構物（isomer）。如果兩個苯環方位相反，就稱爲反式異構物（trans isomer）；如果在同一方向，則稱爲順式異構物（cis isomer）。由於雙鍵是剛性，所以兩種異構物無法輕易互相變換，這類化合物一般喜歡以反式存在，因爲如此一來，兩個巨大的苯環都可以得到較大的空間。而以紫外線進行的光化學作用，可以把反式異構物轉換成順式異構物，不過一旦加熱，又會變回反式異構物。

穿梭液態膜

新海征治的研究小組利用這種現象，在偶氮苯的兩個苯環上面都加上皇冠醚，如果是反式結構，兩個皇冠醚彼此距離很遠，但如果是順式結構，兩個皇冠醚的距離就較近，能夠合力抓住其他分子。他們用這種分子抓住鉀離子，然後運送鉀離子穿過「液態膜」。這種液態膜位在兩層水溶液之間，是含有脂肪的有機液體，可以粗略模擬細胞膜。

儲存能量有希望

在整個過程中，偶氮苯一直位於液態膜內，照射紫外線後，會從反式變成順式，然後在膜與水的其中一個界面抓住金屬離子。而一加熱，順式又變成反式，便在液態膜的另一邊釋放出金屬離子。用光控制薄膜間的離子運送，可以在液態膜的一邊累積電荷，累積至一定量時也許可以放出電流，所以將來說不定可用來儲存太陽能。

構造較簡單的穴形物也有類似離子載體的功能，可以運送離子穿過薄膜。不論是天然生物現象，還是這裡提到的人造系統，大部分運送離子通過薄膜的結果，都會在其中一邊薄膜累積大量離子，形成電位差（也就是電壓）。然而根據熱力學第二定律，天然的傾向應該是薄膜的兩邊離子濃度相等（見《現代化學I》第2章），所以如果要違反這種天然傾向，必須消耗能量。

新海征治用紫外線與加熱，提供所需能量；細胞則通常會代謝腺苷三磷酸（ATP, adenine triphosphate），以產生所需能量，因為一般來說，ATP在生化上的功能，像是可提供能量的電池。

離子通道

離子想要通過細胞膜，還有另外一種截然不同的方法，就是利用細胞膜上專司此職的通道。這些離子通道內部會吸引離子，不

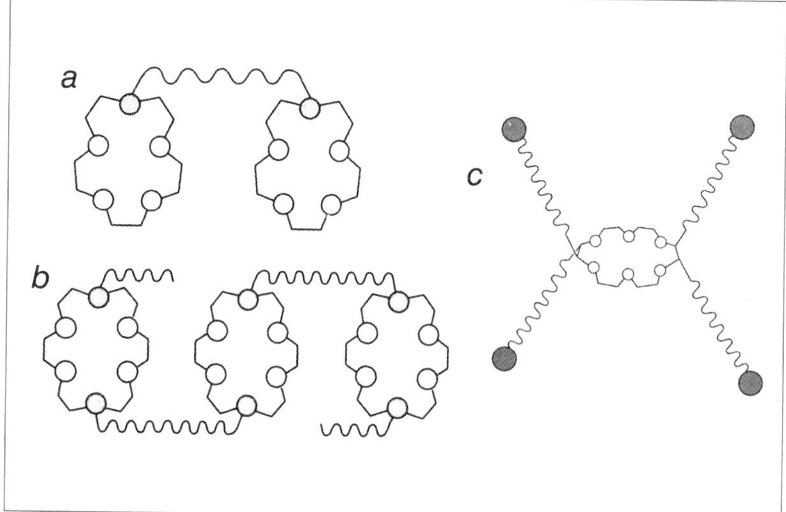

圖5.20 ▶
皇冠醚分子串連起來，可以充當人工「離子通道」，控制特定離子出入於細胞膜。
a. 皇冠醚串連而成的「套索分子」就是一例。
b. 兩個以上環狀分子也可以串成通道，離子則在其中逐次通過。
c. 連恩設計的人工離子通道則不同，是在皇冠醚的四周加上長鏈，他稱之為「花束分子」。長鏈的末端有親水性的化學基（圖中以簡單的灰色圓圈代表），所以和某些人工細胞膜的成分類似。這種分子可以讓鹼性金屬離子通過。

像細胞膜的脂肪成分會排斥離子。

離子通道有門，可以在適當時機開關，管制離子出入。有了離子通道，雖然不必仰賴其他分子攜帶離子穿過細胞膜，但還是需要分子辨識過程，以決定何種離子可以通過，而離子通道的門，就是負責此項任務。

連恩推想，應該可以把皇冠醚一個個疊起來，組成人工離子通道。有些研究人員按照這種觀念，用碳氫鏈把幾個皇冠醚串起來，這種分子混入人工細胞膜之後，果然可以幫助離子穿過人造膜（圖5.20）。連恩另外還想出配套計畫，在分子通道加上門戶，用酸鹼度、光照、電化學等方法控制開合。要是能做到這一步，可說有如造出人工神經細胞，但目前離那一步還遠得很。無論如何，科學家已經掌握了許多與離子通過細膜有關的化學原理，這是無庸置疑的。

中央孔洞很重要

不論是佩德森的皇冠醚，還是連恩的穴形物，都等於是把離子當成獵物裝在籠子裡。但是這種籠子在空的時候是軟趴趴的，沒有一定的形狀，只有抓到客體分子時，才會呈現特定的形狀。

例如，皇冠醚尚未與離子結合時，比較像橡皮筋，等到抓住了金屬離子，才會定形呈冠狀。天然酵素並不是這樣，而是像早就設好形狀的籠子，隨時準備抓住獵物，不必臨時改變形狀。這種狀況的效率應該比較高，因此科學家很有興趣研發這樣子的人工受體。

克拉姆的球形物

加州大學洛杉磯分校的克拉姆（Donald J. Cram）正是朝這方面研究，做出的受體分子，形狀比皇冠醚之類的化合物更固定。他研究出的第一代分子稱爲球形物（spherand），圖5.21就是一例，

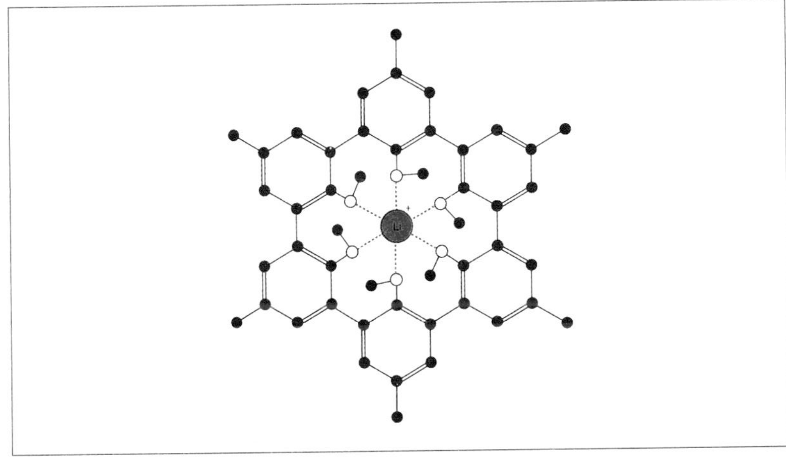

◀圖5.21
克拉姆研發的環狀球形物，中心有形狀固定的孔洞，可以與金屬離子結合。

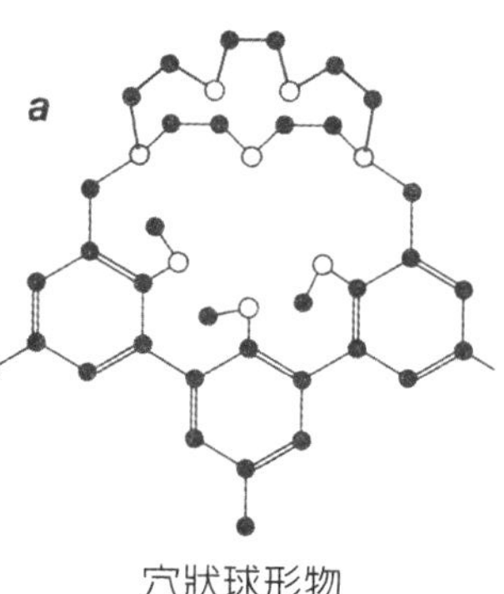

穴狀球形物

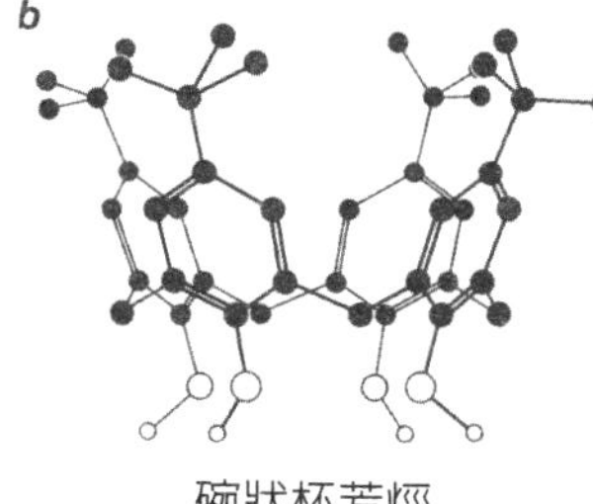

碗狀杯芳烴

▲圖5.22

a. 穴形物與球形物組成的穴狀球形物。

b. 碗狀的杯芳烴是另一種中心孔洞形狀固定的受體分子。

由六個苯環形成相當固定的結構，中間有孔洞，由氧原子負責與金屬離子結合。這個分子的中心孔洞相當小，只容得下鋰離子，容納不了鈉或鉀。這種分子不必改變形狀，就可以與金屬離子結合，所以比皇冠醚的效率要高。

另外有一類碗狀分子，比硬的環狀分子更好。圖5.22顯示穴狀球形物（cryptashperand）和杯芳烴（calixarene）兩種例子。這些分子利用苯環固定孔洞的形狀。

科學家對於杯芳烴興趣濃厚，因為它的碗狀邊緣可以加上特殊化學基，用來挑選結合的對象。舉例來說，如果加上帶負電的磺酸根（$-SO_3^-$），這個分子就會對帶正電的離子則特別有吸引力，而排斥帶負電的離子。

分子膠囊

新海征治利用這種原理，先把一個杯芳烴加上帶正電的化學基，另一個加上帶負電的化學基，這兩種杯芳烴會自動結合，形成類似分子膠囊的結構，中央孔洞可以用來裝載小分子（圖5.23）。

如果想要打開膠囊，只要提高溶液的酸度，使帶正電的氫離子接到帶負電的化學基上，達成電性中和，如此一來，這兩個杯芳烴自然會分開。將來，我們或許可以利用這種分子膠囊，把藥物送入體內。

變形杯芳烴

克拉姆又研究出其他更進一步改良的分子，例如做出杯芳烴與球形物的混合體，把苯環以醚鏈連接起來，成為球形的網狀分子，這種分子稱為「球形杯芳烴」（carcerand，見第44頁圖5.24），

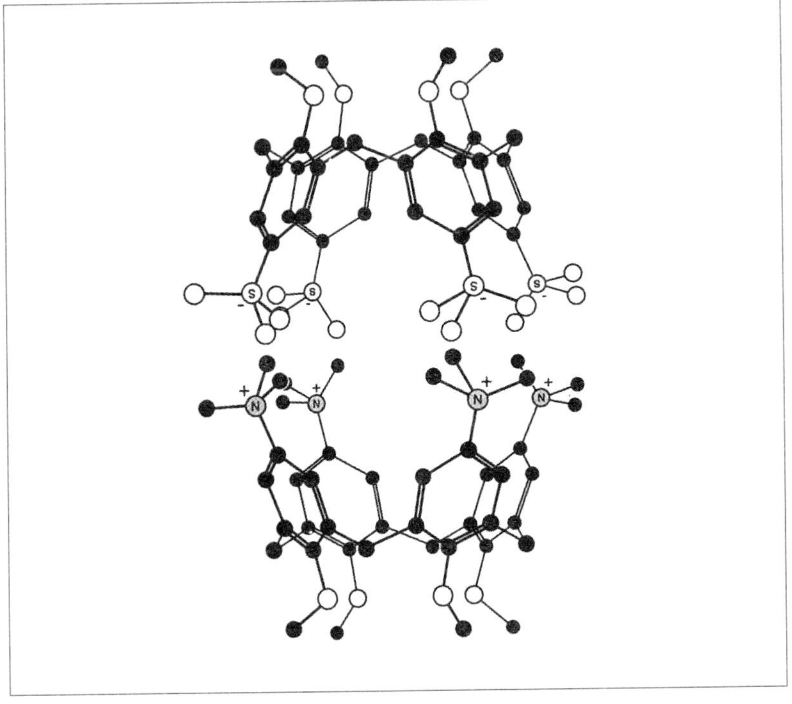

◀圖5.23
杯芳烴的邊緣加上帶著相反電荷的化學基，使得彼此互相吸引，自動組裝成膠囊狀，可以把外來分子夾在兩個分子的中央。

環境中的小分子一旦進入球形杯芳烴的小孔洞，就再也出不來了。

巴克球也相仿

另外有些分子相當類似這些球形籠狀分子，例如在《現代化學I》第1章提過，形狀如足球的巴克球就有相似的形狀與作用，而且也是由類似苯環的結構所構成。不過，差別在於巴克球是封閉的球形結構，如果要把金屬離子包在中間，在形成分子的同時就要把金屬離子放入，或者想辦法在巴克球上打個洞，放入金屬離子。

從第1章可以看到，第一種方法已經證明可行。化學家如今正

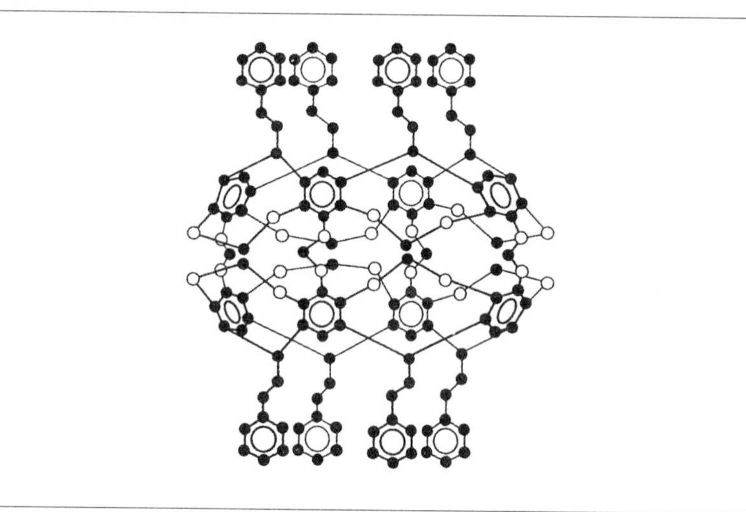

圖5.24 ▶
克拉姆的球形杯芳烴分子中央，有形狀固定的孔洞，而且有個小開口，大小形狀合適的外來分子可以進入。圖中的苯環僅以簡單圖形代表。

在研究如何利用化學藥劑在巴克球上打洞。大家都對巴克球的研究寄予厚望，希望這項研究成果，能爲球形杯芳烴之類的分子指出一條明路。

沸石也屬同類

在《現代化學I》第2章中，則提過另一種類似球形杯芳烴的分子，那就是多孔洞的晶體——沸石。

沸石是矽鋁氧化物的結晶，晶體上有極細小（約只有分子大小）的孔洞與通道，能當作有選擇性的催化劑。它有點像無機版的酵素。克拉姆利用這些性質，把沸石當作超小型容器，讓化學反應在沸石裡發生。

有些生化反應在溶液中，反應物會四處漂流很難控制，但如果中間產物或終產物的化學活性很高，就更不容易控制了。球形杯芳烴說不定可以用來當作超小型容器，讓這些不好控制的生化反應在裡面進行。

實驗來證實

克拉姆用實驗證明這些並不是空想。他用球形杯芳烴分子當作容器，在裡面合成活性很強的環丁二烯（cyclobutadiene）。環丁二烯由4個碳原子組成環狀，以單鍵與雙鍵交替連接，而且每個碳原子都接著氫原子。由於這種形狀會使碳原子間的化學鍵嚴重扭曲，因此分子很容易斷裂，變成2個乙炔分子，或1個八碳環（由兩個斷裂的環丁二烯分子結合而成）。

半球形杯芳烴（hemicarcerand）的分子表面有小縫隙，可以作為容器，在裡頭進行合成反應，加熱時小分子客體會進入縫隙中（圖5.25），於是克拉姆團隊就用半球形杯芳烴來保護環丁二烯，使

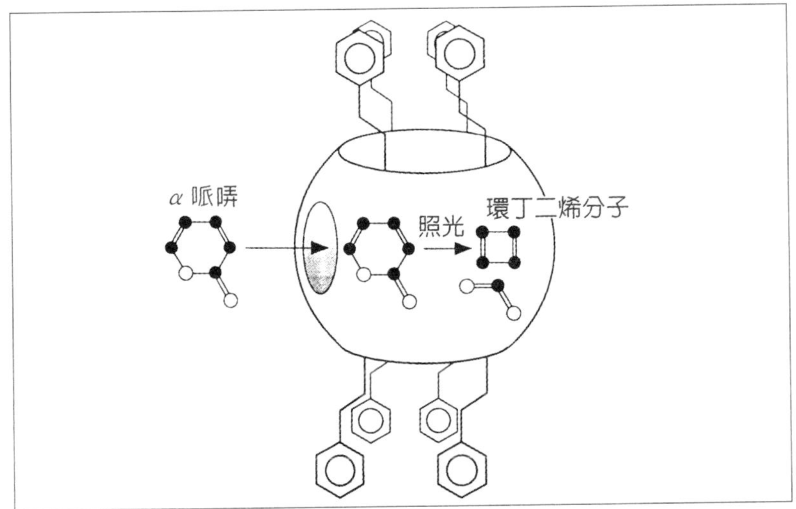

◀圖5.25
球形杯芳烴分子能夠充當保護容器，使精細的化學反應可以在其內部進行。圖中α-哌喃經由缺口進入半球形杯芳烴的內部，然後經過照光處理，轉換成活性很強的環丁二烯分子。這些產物由於有屏障，不與外在環境接觸，所以相當穩定。

其不易斷裂。

環丁二烯可以用α-哌喃（α-pyrone）照光生成，得到的產物除了環丁二烯外，還有二氧化碳。克拉姆團隊把α-哌喃送入半球形杯芳烴，反應後就在裡面產生了環丁二烯，而且在半球形杯芳烴中的環丁二烯，於室溫下也很穩定。但如果往小空間內送入氧分子之類的小分子，環丁二烯也可以與新來的客體分子反應。克拉姆覺得，半球形杯芳烴內部的環境如此特殊，不做成新的物質狀態，就太可惜了。

組裝分子

在分子上穿針引線

對於超分子，蘇格蘭化學家史托達特（Fraser Stoddart）有更驚人的想法。他預言，將來分子會像樂高玩具一樣，科學家能組裝分子（或設計出能自組裝的分子），成爲任何想要的結構。史托達特稱此爲「分子組裝玩具」（molecular Meccano, Meccano是法國品牌的組合玩具）。在此同時，其他科學家仍在研究用形狀固定的棒狀分子，來組合成超分子。

史托達特的研究重心，是能夠自組裝的分子，而且組裝的方式是由受質分子套入受體分子的中央孔洞中。這種現象和連恩的分子鉛筆盒類似，不過史托達特用的受質分子較大，所以會以某種特殊角度與受體結合，並且留下一截尾巴在外頭。

舉例來說，兩個皇冠醚分子的醚鏈藉著苯環相連，組成的新

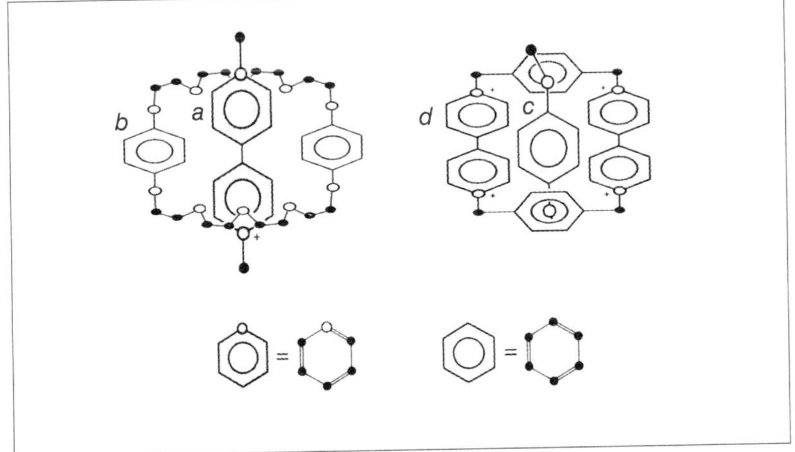

◀圖5.26
帶正電的a分子能自動與皇冠醚所形成的b環狀結合，形成主客複合物（圖左）。同理，a分子串成的d環狀也能接受從b分子衍生的c分子，而形成另一種複合物（圖右）。

分子（這個分子的名稱相當複雜，但因爲它是氫焜（hydroquinol）的衍生物，所以簡稱爲HY）可以當作受體（圖5.26的b），用來捕捉離子分子。圖5.26當中，當作受質的離子含有兩個類似苯環的構造，而且上面有帶正電的氮原子，這樣的複合物因爲類似巴拉刈分子（paraquat），所以簡稱爲PQ^{2+}。如果把圖5.26的兩種分子角色互換，也就是用兩個PQ^{2+}離子連成環狀，而以直鏈形的HY當受質，就會產生另一種超分子。

打結固定

要預防複合物解套分開，可以在複合物的末端加上體積較大的化學基，就會像是在末端打結固定一般。例如，史托達特的研究小組把直鏈狀的HY分子套入PQ^{2+}環的中心，然後在HY兩端加上含有矽與碳氫化合物的化學基（圖5.27），這麼一來，PQ^{2+}環有如串在HY線上的珠子，線的兩端又打了結，所以不會脫落。這種組

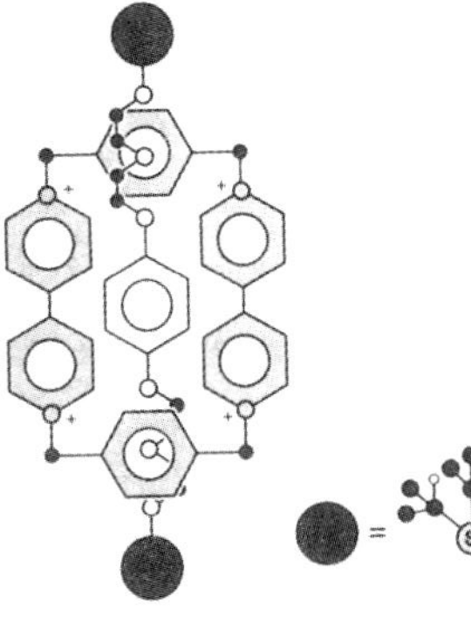

▲圖5.27
在串起來的分子複合物兩端加上體積較大的化學基，就會形成rotaxane，不再容易分開。

合體稱爲rotaxane。

rotaxane一詞本來是由德國弗萊堡大學（University of Freiburg）的席爾（Gottfried Schill）在1980年所創，不過他用碳氫環造出的rotaxane（圖5.28a）和前述的例子不太一樣。早在1967年，哈里遜夫婦（Ian and Shuyen Harrison）就在美國加州帕洛阿圖市的欣特克斯研究中心（Syntex Research），造出與rotaxane相當類似的分子（圖5.28b），只不過當時他們稱這個分子爲「圈狀子」（hooplane）。

席爾把造出來的分子取名爲rotaxane，是因爲他的分子形狀有如套在車軸上的輪子，而輪子的拉丁文是rota。這些早期造出的rotaxane與史托達特團隊造出的分子不同，主要差異在於早期的rotaxane是經過傳統化學合成方法，一步步精心製造出來的，而史托達特則是先製造出能互相辨認的分子，然後讓它們自行組合成超分子。

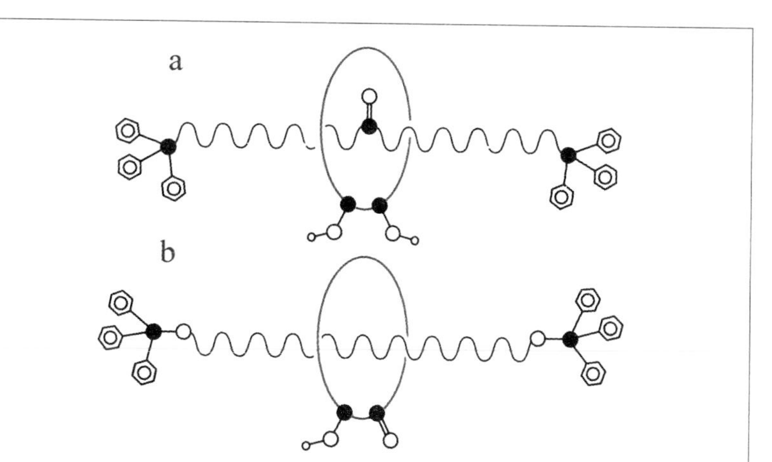

圖5.28 ▶
a. 席爾在1980年用精細的化學合成方法，把碳氫環做成rotaxane。
b. 相當類似的圈狀子，比席爾的實驗還早13年，就已經問世了。
史托達特最近造出的rotaxane與這些都不同，是利用分子辨識能力，讓分子自動組裝，不再需要複雜的人工合成步驟。

這類超分子最令人矚目的性質是，這些分子組裝中當成珠子的部分，還可以在線上移動。例如史托達特造出的分子中，HY線上有兩個位置可以供PQ^{2+}選擇停留（圖5.29），所以套在上面的珠子可以在兩個位置間來回穿梭。

分子算盤

有些腦筋動得快的人想到，它的兩種可變換狀態，與電腦記憶體的二元制很像，那麼說不定能以這種分子當作儲存資訊的工具。當然，科學家必須先想出辦法，控制這兩種狀態的轉換，才能把資訊寫入與輸出。目前還沒有簡單的方法可以達成，不過科學界

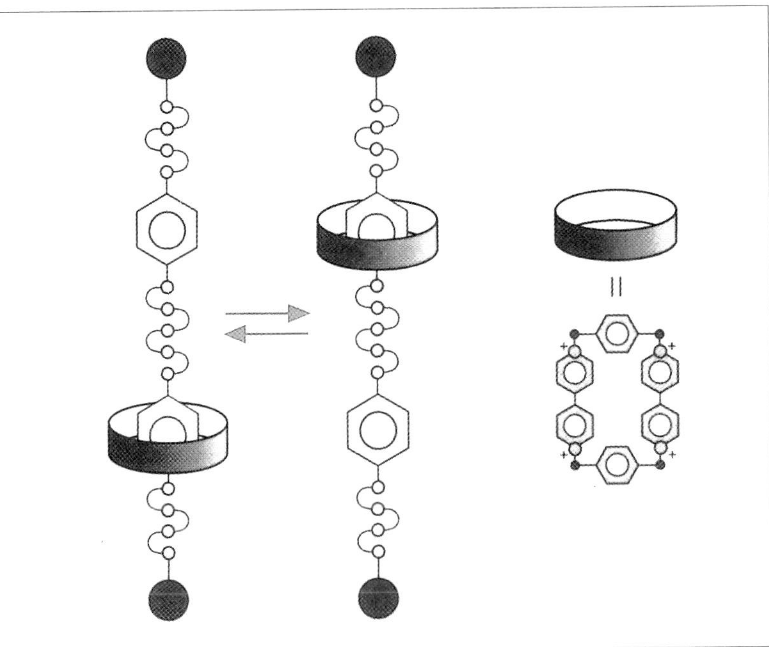

◀圖5.29
史托達特造出的rotaxane分子，上面有兩個點可以讓套在其上的分子停留。

對這方面的熱情不減，不斷出超炫的新點子，例如做個分子算盤來處理奈米計算如何？

分子列車

環環相扣環連體

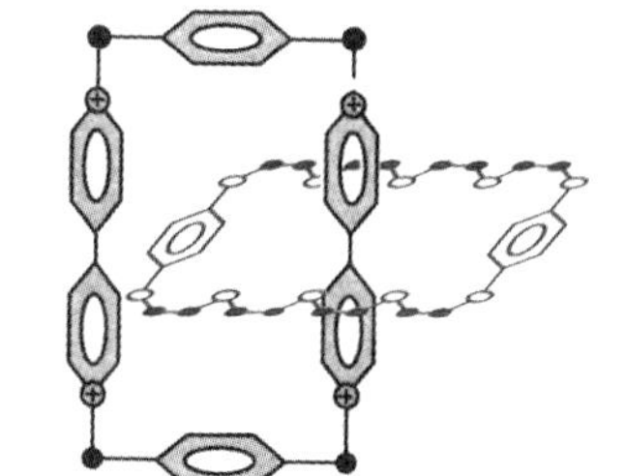

▲圖5.30
史托達特接合rotaxane分子的兩端，形成有兩個圈相套的[2]環連體。這個分子在兩個環互相垂直，每個環中的兩個苯相對時，最為穩定。

史托達特推想，既然PQ^{2+}離子能套入HY環，而且直鏈HY也能套入PQ^{2+}環，那麼PQ^{2+}環與HY環應該也可以串在一起。

實驗證明果眞如此。他的研究小組把HY環穿入兩個PQ^{2+}組成的雙線中間，然後在兩條直鏈PQ^{2+}的末端加上苯環，把兩條PQ^{2+}直線變成封閉的環（圖5.30）。這個過程看起來很費事，其實不然，因爲兩條PQ^{2+}直鏈本來就相當靠近，所以要連結並不難。由此可見，只要設計好主體與客體，這種分子串連反應並不成問題，因爲分子辨識現象會負責解決困難的部分。

這類的串連分子稱爲「環連體」（catenane）。令人意外的是，環連體比rotaxane還早問世，在1960年就由位於紐澤西州的AT＆T（美國電話電報公司）貝爾實驗室的沃瑟曼（Edel Wasserman）造出了第一個環連體。沃瑟曼的環連體和早期的rotaxane一樣，也是由簡單的碳氫環形成的（圖5.31），他把這種兩個環狀套成的構造稱爲[2]環連體。席爾在1977年更進一步，造出了由三個環狀套成的[3]環連體。

法國巴斯德大學的蘇瓦傑（Jean-Pierre Sauvage, 1944-）團隊把環連體與金屬離子結合，形成「金屬環連體」（metallo-

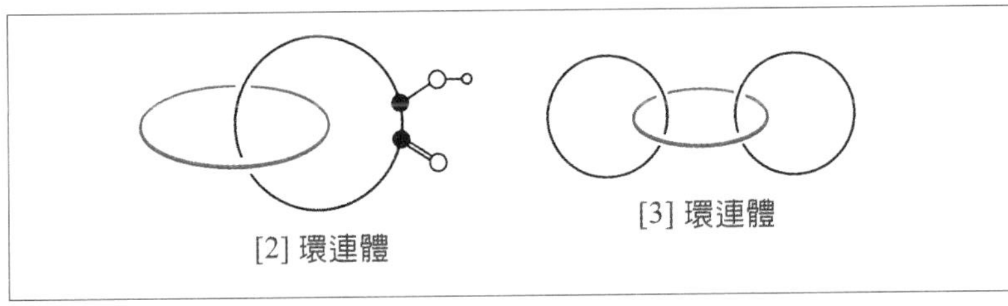

◀圖5.31
最早期製造的環連體是利用碳氫環連結而形成的構造，與分子辨識沒有多大關係。科學家在1960年造出[2]環連體，而[3]環連體則是在1977年合成的。

catenane，也稱爲catenate，意即串連的分子）。蘇瓦傑在1983年造出的[2]catenate（圖5.32），其中的金屬離子除了銅以外，也可以是鋰或銀。

史托達特在英國雪菲爾大學（University of Sheffield）任職期間，造出更複雜的[3]環連體。他把兩個HY環分別套入由兩個PQ^{2+}形成的直鏈（這裡的PQ^{2+}鏈需要長一點），然後用兩個苯環把兩個PQ^{2+}接成環狀（見次頁圖5.33）。這個結構會有兩個HY環，是因爲兩條PQ^{2+}直鏈相距太遠，當第一個HY環套入其中一條PQ^{2+}直鏈

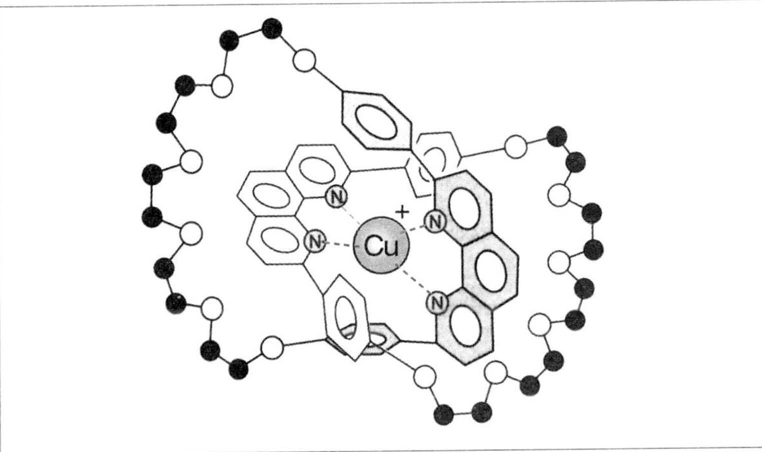

◀圖5.32
環連體的中心可以與金屬離子結合，成為串連離子。

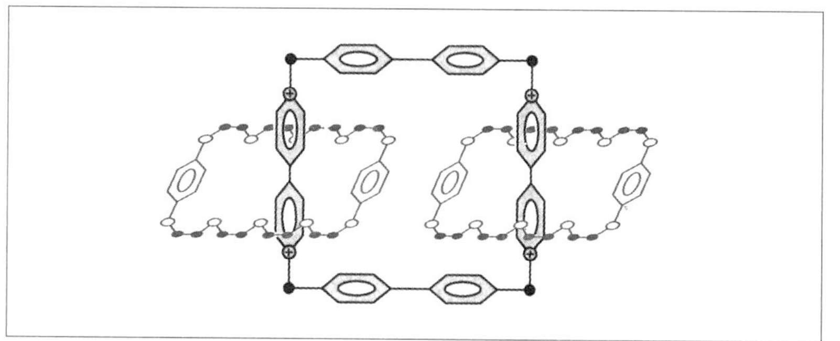

圖5.33▶
利用相當長的直線狀構造穿過兩個環，再連結線狀構造的兩端，就形成了[3]環連體。

時，無法與另一條PQ^{2+}直鏈產生作用，所以乾脆每條PQ^{2+}直鏈各套入1個HY環。在1991年時，史托達特又利用自組裝原理，造出了[5]連環體。他建議把這個化合物命名爲olympane，因爲此類分子的形狀很像代表奧運會（Olympic Games）的五環標誌。

分子項鍊

環連體的構造中，如果有一環特別大，就變成分子項鍊，其他的環都成了項鍊上的「珠子」。史托達特造出的項鍊狀複合物，項鍊部分有兩個停留點，上面串著1顆分子珠子，在室溫下珠子有如列車般在軌道上自由移動，如果溫度降到－80℃，溫度就不足以驅動珠子列車運行，珠子列車會受停留點的吸引，進駐停留點後靜止不動。他後來又造出了有4個停留點的項鍊，上面可以行走一輛或兩輛列車，如果是一輛（圖5.34），在－60℃時會停下，如果是兩輛，在－60℃就會雙雙靜止。但是這兩輛列車並不會追撞，而是始終間隔1個停留點。

史托達特希望，將來能有辦法在軌道上放置訊號，控制列車的行止。從這些五花八門的分子組裝可以看出，大自然固然在許多

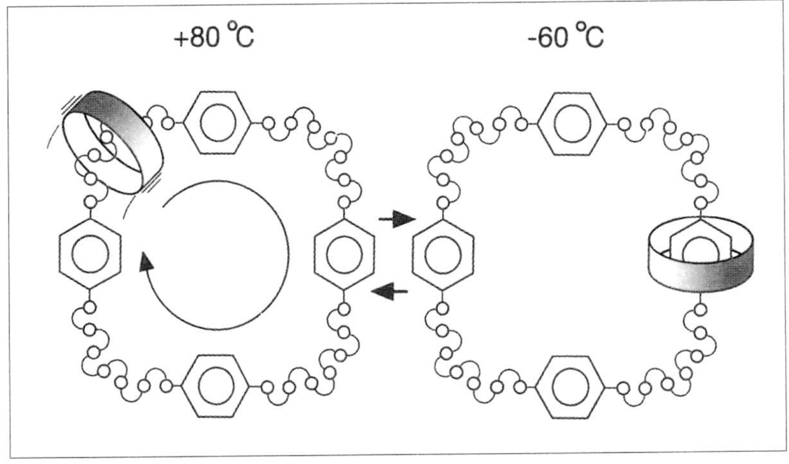

◀圖5.34
由一大一小的兩個環形成的[2]環連體，有如列車行走在封閉的鐵軌上。在室溫之下，分子列車不斷行走，降到低溫時才會停下來。

方面遠勝過化學家，但是化學家多采多姿的想像力也絲毫不輸給大自然！

從辨識到複製

依樣畫葫蘆

如果說生物細胞只不過是許多超大型分子聚成的複合物，恐怕也並不算背離事實太遠。第7章還會詳細討論這種觀點。然而我們且想想，到底如何辨認物體有無生命？大多數科學家認爲，生命有3個要素：代謝、複製、再生（有些科學家認爲還不止於此，所以我們可以把這3種性質視爲必要條件，但並非充分條件）。

代謝過程是指從環境吸取物質，以得到生長所需的養分與能量。對人類來說，吸取的物質大部分是碳水化合物。

複製這項要素顯而易見，因爲生物一定要繁殖才能延續下去。多細胞生物的體內也有不斷複製的現象，從開始的單一細胞，經大量複製後，再分化成各種器官。至於再生，任何生物如果在必要時不能自我修補，恐怕在世上活不了太久。

因爲華森與克里克發現了DNA的雙螺旋鏈結構，我們才能瞭解生物如何複製遺傳訊息。雙螺旋鏈有互補的雙股，每一股可以當作複製的模板進行複製。每次細胞分裂時，都必須複製一份遺傳物質，如此新的細胞才會有與原來相同的遺傳物質。這種觀念雖然簡單，但可不要因此而小看了DNA複製過程的複雜程度。整個複製過程都要受DNA合成酶（DNA synthetase）的嚴密控制。這種酵素本身也是靠DNA的訊息才能製造，所以DNA複製所需的資料全都存在於DNA本身之中。任何有生命的物體，都必須具有這種自給自足的特性。（不過要順道一提的是，人體除了核酸與蛋白質之外，還有別的生物分子。）

原始的生命跡象

由於「互補模板」的觀念如此簡單漂亮，化學家不免好奇，比生命現象單純的化學實驗，是否適用同樣的觀念來研究複製現象？麻省理工學院的化學家雷貝克（Julius Rebek）在1989年合成了有自我複製能力的分子，轟動一時。雖然這種分子頂多只符合「複製」這一項生物體的要素（而且並不見得會發展出另兩項要素），但雷貝克自認這些分子已經有了「原始的生命跡象」。

雷貝克的研究成果特別引人注意的一點，就是他造出的分子在有些性質上，雖然和核酸與蛋白質相同，但是複製原理並不一樣，雷貝克的分子並非根據互補配對原理進行複製的。由此看來，生命並非一定要用DNA當遺傳物質，用其他分子應該也可以形成「活生物體」。演化學家道金斯★認爲，雷貝克造出的分子可推論出：「在別的星球上，有可能演化出化學性質完全不同於我們的生命形式。」

★道金斯（Richard Dawkins, 1941-），英國演化理論學者，英國皇家學會會士。道金斯著有《自私的基因》、《盲眼鐘錶匠》等（皆爲天下文化出版），都是演化生物學的入門書。他是英國最重要的科學作家，並經常在各大媒體討論、評論科學的各個面相。

過程複雜原理簡單

雖然大家公認DNA複製過程相當複雜，但雷貝克認爲，如果只看複製原理本身，其實相當單純。只要分子有互補的組成，卻又由於立體方位等因素，本身的組成部分無法互相配對，只能和其他分子的對應互補成分結合，這種情況就符合複製原理。舉例來說，某分子含有互補的X與Y成分（例如X是核苷酸上的腺嘌呤，而Y是在DNA雙螺旋結構上，與腺嘌呤互補嵌合的胸腺嘧啶），但是分子內的X與Y由於相接的部分僵硬沒彈性，分子本身無法彎曲，因而同一個分子上的X與Y無法配對。

但這個XY分子可以當模板，利用互補機制，以個別的X與Y爲材料，吸引自由的X與模板分子Y結合，或自由的Y與模板分子X結合，再幫助新加入的X、Y鍵結，得到複製的新分子（圖5.35）。

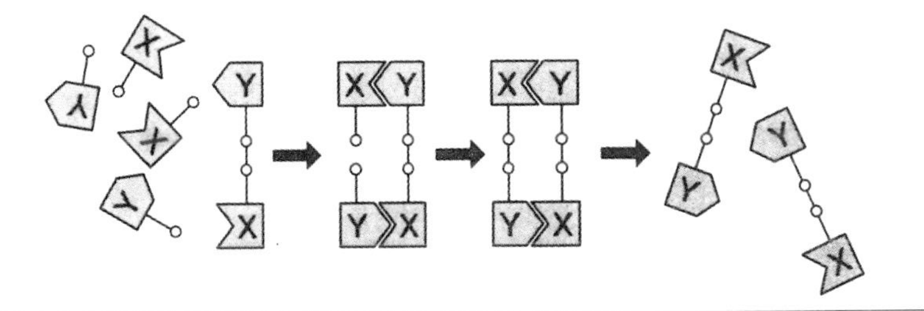

◀圖5.35
同一個分子中，如果有兩個部位互補，卻由於形狀等因素，本身不能互相連接，但整個分子仍可利用互補現象，達到自我複製的目的。圖中的X與Y互補，合起來成為XY分子，可以當作模板，幫助其他的X與Y部分組合起來，成為新的XY分子。

當然，個別的X與Y成分也可以不需模板的幫助，自行摸索配對，但是這就困難得多，也因此反應速度很慢。換言之，XY分子能催化本身的複製過程，所以可說類似於生命的複製現象。

製造裂縫分子

雷貝克為了證明他的想法，合成了圖5.36中左上方J字母形狀的B分子，這個分子在J勾起的一端有醯亞胺基（imide），而另一端有活性很高的五氟苯酯基（pentafluorophenyl ester）。他接著在醯亞胺基上加了類似腺嘌呤的A分子，兩者以氫鍵鍵結，就像腺嘌呤和胸腺嘧啶配對一樣。雷貝克把得到的U字母形狀分子稱為「裂縫分子」（molecular cleft）。

U字母形狀分子的兩個末端很靠近，活性高的酯基逮到機會，與另一末端的胺基形成多肽鍵。但是這種鍵結本身扭曲得很厲害，導致分子的張力很大，使得比較弱的氫鍵容易斷開（此處的氫鍵是指醯亞胺基與A分子間的鍵結），整個分子就像彈簧刀般的展開。這個展開的分子（圖5.36的R_1）可以當作複製的模板。

看起來這些步驟的確滿複雜的，但是我們不必太過注意細節，只要記得這個分子的特性即可。

雷貝克利用分子張力，破壞兩個互補基的氫鍵，使得展開的分子，在兩個末端的化學基呈互補，情況就如同前面提到的XY分子一樣。如果我們加入這個分子的組成成分，就能夠根據模板，造出新的分子（圖5.36的最後兩步驟）。

這種過程會產生兩個一模一樣的分子，彼此藉著氫鍵相連。在稀釋溶液中，兩個分子最後還是會分開，然後各自又可以當作模板，所以只要有一點點模板來觸發反應，就可以不斷合成新的分

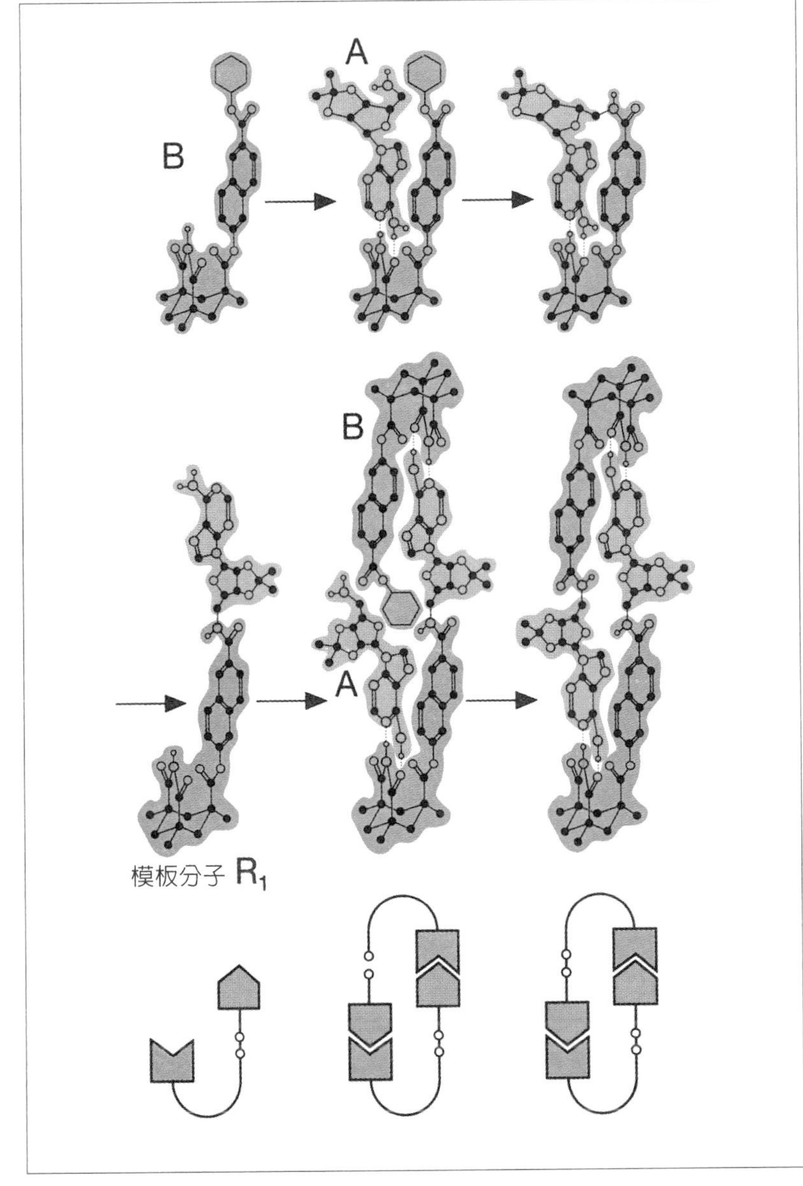

◀圖5.36
雷貝克用A與B兩部分合成複製模板分子，A與B彼此靠氫鍵相連後，剩下的兩端形成共價鍵。由於共價鍵扭曲的關係，逼得氫鍵斷裂，結果產生R_1分子。R_1的兩端互補，可以各自與分子的組成成分結合，然後產生新的分子。

子，直到用完組成成分爲止。

能辨認，就能用模板複製？

雷貝克猜想，任何成分只要能互相辨認並結合，應該就可以用來組成模板分子進行複製。他爲了測試這種推測，於是根據上述原理，合成了另一種模板分子R_2（圖5.37）。

他的研究小組接著做了很有意思的實驗，看看R_1與R_2這兩種模板分子的組成成分，能否互相交換。照道理來說，這應該行得通，因爲這兩種分子的氫鍵相當類似，所以它們的成分應該可以互相作用。

雷貝克把R_1與R_2相混，然後加入這些分子的組成成分。可能的結果有4種：除了原來的兩種分子外，還有互相交換成分，組成的兩種新分子（見第60頁圖5.38），而且也能當作模板。這4種模板競相掠取成分，進行複製。

變異與演化

雷貝克的實驗結果證實，的確產生了兩種混合型分子，而且性質南轅北轍。其中一種無法當作複製模板，就像馬與驢生下的騾子，無法產生後代。這是由於它是S型，而不是原來的J字形，所以不能當作模板。另一種混合型分子則正好相反，複製的能力比原來的兩種分子更好。如果這些分子共處於一處，最後占上風的是這種混合型分子，因爲它複製的速度超過原來的兩種分子。

雷貝克又利用會產生變異的模板分子，進一步研究這種「演化」現象。他在R_1加上很巨大的取代基，合成新的模板分子，結果發現新的分子雖然體型龐大，仍然可以自我複製。如果照射紫外

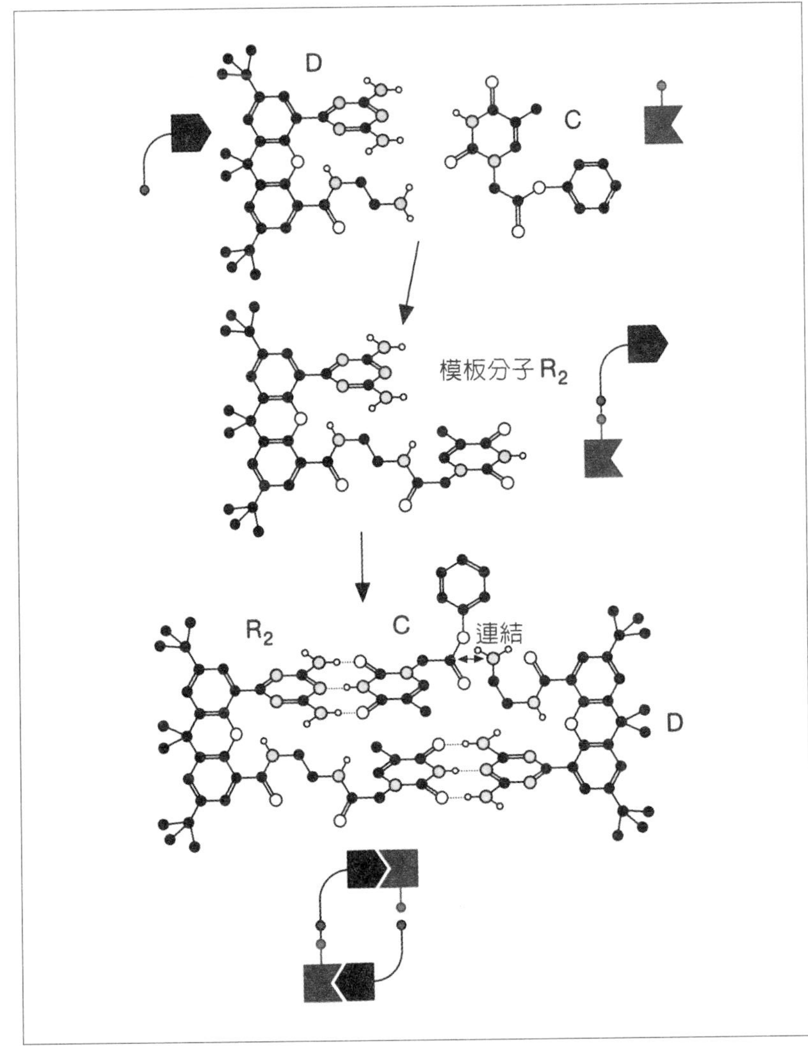

▲圖5.37
雷貝克合成的第二種複製模板分子仍然使用相同的互補原理，只是過程中的反應不同

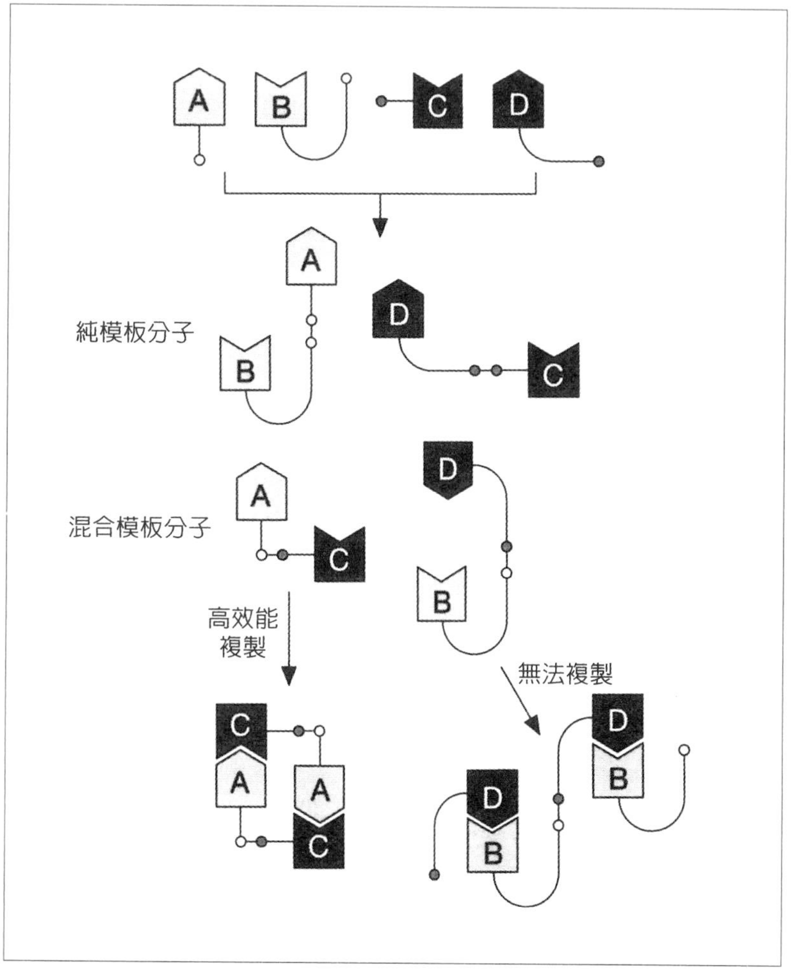

▲圖5.38
如果把兩種複製模板分子的成分混在一起，可能會產生兩種混合型分子。圖中A-C分子的複製能力比原來的複製模板分子還好。另一種則無法複製，因為形狀像字母C，不能當做模板，只會在中央扭曲之後，兩端各自與互補成分結合，形成穩定的複合物。

線，新分子的大型取代基就會掉落，使新分子產生變異（同樣的道理，紫外線也會使DNA產生突變）。變異分子仍然可以當作模板，繼續產生新分子，有的新分子有變異，有的沒有變異，而這兩種分子互相競爭，看誰的複製占優勢。以這個實驗來說，有變異的複製分子是贏家。

達爾文化學反應

廣用於製藥

科學家目前利用這種分子複製與競爭的現象研發新藥。他們先大量產生天然蛋白質或核酸的變異版本，讓產生的分子互相競爭，經由這種化學演化過程，觀察哪些分子比較可能當作藥物。

這種過程不必像雷貝克的實驗，先盤算好會產生怎樣的分子，而是利用生物科技，也就是用酵素大量產生分子，隨機製造變異，找出比較可能當作藥物的分子（例如，對某些受質的結合力特強等），經過分離純化等過程，去掉其餘不用的廢棄產物。再用純化出的准藥物分子為模板，不斷產生更多分子。

由於核酸方面（DNA與RNA）的人工複製與變異技術比較完備，而蛋白質方面的技術相形遜色，因此目前有些新研發的藥物是以核酸為材料。

地球生命的起源

用達爾文的演化觀念來看待化學反應，也許有點奇怪，但是科學家認為，地球上演化出生命之前，原始的複製分子很可能確實經過這種天擇的過程。

DNA複製過程的複雜程度非比尋常，光靠早期地球的有機分子隨機碰撞，恐怕很難演化出這種過程。比較可能的情形是，複製分子經過不斷生存競爭，才演化出如今的DNA複製現象。第8章還會更詳細談論這一點。雷貝克的研究令人矚目，部分原因是這個實驗結果使我們更加深入思考，地球到底經歷過了哪些化學過程，才引發生命的起源。

第6章

有機分子也能導電

有機電子學

眼前新物，更勝亮晶晶的金屬。

——哈姆雷特第三幕第二景

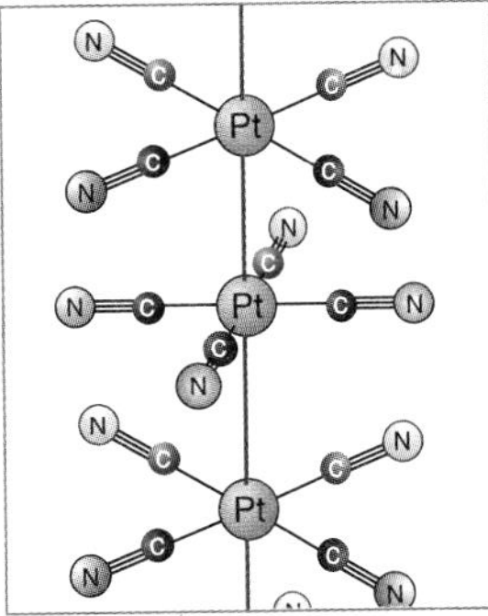

1970年代，任教於日本東京工業大學的化學家白川英樹★，手下有一名研究生某天犯了生手常犯的錯誤。這名研究生本來接到的指示是利用催化反應，把乙炔分子串成長鏈分子。正常的產物應該是黑色粉末，這名學生看到結果時大吃一驚，因爲他的產物是一層銀色薄膜，有點像錫箔紙，就貼在玻璃反應容器的表面。

★ 日本的白川英樹（Hideki Shirakawa, 1936-）因爲發現下文所述的導電聚合物，而與美國賓州大學化學系教授麥克戴阿密德（Alan G. MacDiarmid, 1927-）以及加州大學聖巴巴拉分校物理系及聚合物暨有機固體學院院長希格（Alan J. Heeger, 1936-）於2000年共同獲得諾貝爾化學獎。

因禍得福

他撕下這層薄膜時，發現它有延展性，和保鮮膜很類似。這名倒楣的學生後來找出所犯的錯：原來他用的催化劑，劑量比應有的濃度高出了1,000倍！通常犯了這種錯誤都是製造出一堆沒用的垃圾，外加浪費整個上午清洗實驗儀器而已；而且如果倒楣到家，還可能搞壞昂貴的儀器。但是這一次卻因禍得福，開啓了新的研究領域。

聚乙烯（polyethylene）之類的碳氫聚合物，通常是良好的絕緣體，而且價格低廉，化學性質穩定，又有彈性，所以非常適合當作電線的絕緣外層。白川英樹實驗室意外製造出來的塑膠，也是碳氫聚合物，但看起來卻像金屬。那麼這種塑膠會不會也像金屬一樣導電呢？

三人齊心

但是研究發現，這種塑膠並不是很好的導體，雖然導電性比聚乙烯之類的絕緣體好，但要跟銅之類的金屬比，那還差得遠呢。雖然如此，當白川英樹做出的這種有金屬光澤的聚合物，慢慢廣爲人知後，還是吸引了某些科學家的注意，覺得這個新化合物很有意思，想要進一步研究。

於是在1976年，美國化學家希格★和麥克戴阿密德★與白川英樹合作研究，在這種塑膠薄膜中加入碘，結果薄膜的顏色變成金色，而且導電性巨幅增加——上升了10億倍。

分子電子學

非導體變成導體

現在已經知道，許多聚合物如果摻雜了其他化合物，就會變成導體，導電性甚至可能媲美銅。在這種聚合物導體中，有的像聚乙炔一樣，也是長鏈的碳氫化合物，有的則摻入其他元素，例如硫、氮、磷等。

另外有些「有機金屬」的成分並不是長鏈的聚合物，而是由比較小的有機分子組成。但不論這些有機分子的成分如何，它們的性質與導電聚合物的組成非常類似，所以有機金屬與導電性聚合物，在導電原理上幾乎相同。

低溫下的變化

某些有機金屬就像普通金屬，在非常低的溫度下，會變成超導體，也就是說完全沒有電阻。另外一些有機金屬則像鐵和鎳一樣，在低溫下有磁性。導電聚合物可以充當電子裝置的零件，例如市面上已經有聚合物電池，以及聚合物做成的一般二極體與發光二極體（light-emitting diode, LED）等。在某些應用方面，價廉質輕的塑膠電線，不久之後可能就會取代笨重昂貴的金屬電纜。

有機導體、超導體、有機磁鐵是分子電子學的研究重心。分子電子學是新興的科學，專門研究如何設計與合成有導電性質的新化合物，希望從中發現有用的物質。傳統的銅線比起新一代的人工金屬，顯得既原始又笨重。幾十年前矽晶片問世，徹頭徹尾改變了電子學。導電聚合物是否也能發揮如此大的影響力，尚有待觀察，但毫無疑問的是，當初在東京發生的實驗錯誤，倒是開啓了廣闊的研究前景。

金屬爲什麼能導電？

何謂電流？

有個笑話說，某個傻瓜誤以爲只要把電線打結，就可以阻止電力流動。不過我倒不想笑他，因爲他只不過根據直覺，認爲「電流」自然是一種流動的東西，也當然可以用這種方式擋下來。

我們如果想告訴他不是這麼一回事，至少得先探討電流理論以及電阻的觀念。如果我們想解釋得更精確一點，就必須先弄清楚電線上到底是什麼東西在流動，而金屬又有什麼特性能讓這種東西流動。

物質如果含有粒子，而這些粒子又帶著電荷，並且可以流動，那麼這種物質就能當作導體。例如，純水含有少量的帶電荷離子H_3O^+與OH^-，因此有微弱的導電性。氯化鈉之類的離子鹽在融化時能夠導電，而碘化銀之類的晶體含有一些可流動的離子，所以也可以導電。不過目前在固態導體中，最常見的電荷載子（carrier）是電子。（我們應該注意，雖然談的是電流，但事實上流動的是電荷。電流其實是「電子流」）

金屬與非金屬的差別

可導電的金屬與木頭或塑膠等絕緣體都含有電子，兩者的差別在於金屬的電子可以自由流動，絕緣體的電子卻不能。大多數的固態金屬是結晶結構，由一層層原子按照規律方式堆積而成。然而鑽石也是晶體，由一層層碳原子堆成，結構比木頭或塑膠更單純，卻是絕緣體。為甚麼同樣是晶體，導電性卻不同？

簡單來說，鑽石的碳原子間形成「定域化的共價鍵」（localized covalent bond），提供鍵結的電子無法流動；金屬原子間的是「非定域化的鍵結」（delocalized bond），鍵結電子會四處流動，形成一片「電子海」。碳原子與金屬原子的差異可以從化學反應看出來：碳原子會形成共價鍵，金屬則傾向於失去電子，成為金屬正離子。

電子移動的速度

我們直覺會覺得，電子訊號在電線上傳送的速度飛快，一發即至。但事實上電子本身的移動速度未必如此快；電子在離子晶格中穿梭的速度，每秒不到1公厘。不過根據量子理論，如果金屬晶體的離子排列非常整齊，那麼移動中的電子對於這些離子會「視而不見」，直接通過。

然而晶體的排列通常不會完美無缺。首先，離子多少有些許熱能，因此會略微振動，使得結晶排列不那麼平整。其次，結晶排列本身難免有缺陷，而且可能多少摻雜了其他元素的原子。電子流動時，可能會衝撞到振動的離子或晶體的缺陷，打亂了前進的路徑，因此干擾到電荷的流動。這種現象就是電阻的來源。

電子行進路徑受到的干擾愈大，電阻就愈高，而且電子同時會失去一些能量，轉換成熱能，使得金屬變熱。有時金屬因電阻而增熱的程度相當可觀，例如燈泡裡的鎢絲就是因此而發亮。

既然構成導體的要素是電子在原子間自由流動，那麼我們就很容易瞭解，爲什麼聚乙炔會有金屬性質。

共軛鍵像鐵軌

《現代化學I》的第1章提過，苯環的6個碳原子間有交替出現的單鍵與雙鍵，形成環狀的軌域。如果把苯環放入磁場中，這些電子會在環中流動，形成「環狀電流」。聚乙炔只不過是幾個苯環切開，以首尾相連形成的產物，碳原子間單鍵與雙鍵輪替出現的長鏈（圖6.1）。這種長鏈結構，可以讓雙鍵上的 π 軌域產生部分重疊，在碳鏈上形成一長條蛇狀的分子軌域。這種鍵結稱爲「共軛鍵」（conjugated bond），其中的電子就像火車，在共軛軌域形成的鐵軌上前進。如果這個長鏈分子的兩端有電位差，電子就把整條分子當成電線，在上面流動。

這些電子只能沿著聚合物的某一個方向移動，不像金屬中的電子能夠朝任何方向前進。如果把長鏈聚合物整齊排列，在長鏈的

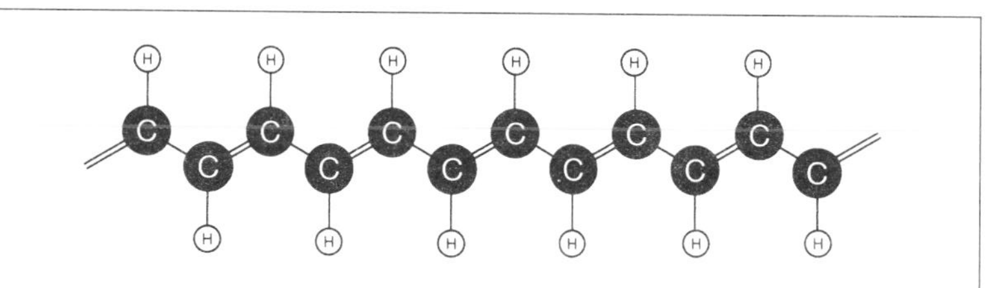

圖6.1 ▶
聚乙炔是碳氫聚合物，骨幹的鍵結情況，是以單鍵與雙鍵交互出現。由於相鄰雙鍵的 π 軌域重疊，於是形成一長條連續的共軛軌域，電子可以在這共軛軌域上移動。

方向，電子的移動速度最快（而以垂直於聚合物的方向來看，則可以算得上是絕緣體）。導電聚合物的另一項性質，是對於分子結構的缺陷很敏感，稍有差錯就會影響導電性。但金屬則不然，除非許多原子都出了問題，否則電子很容易找到其他路徑繼續前進。對於導電聚合物而言，如果「軌道」受損，電子就無法通過。

在共軛鍵之外

電子在非定域共軛軌域移動的觀念，固然可以解釋聚合物的導電性，但並沒有完整解釋聚合物導電性的由來。聚乙炔本身並不足以成爲導體，所以希格和麥克戴阿密德才必須在聚乙炔中摻雜碘，讓它能夠有良好的導電性。

此外，塑膠材質是由許多聚合物串連結合而成，電子如何從一個聚合物分子鏈跳到另一個分子鏈上，也是個問題。總體而言，軌域的定域化或非定域化，並不能完全解釋塑膠爲何會導電。以鑽石爲例，鑽石內部布滿定域化的強共價鍵，但是只要摻雜少量的硼或磷，就會變成像矽一樣的半導體。如果說少數不同的原子，就能使得鑽石的鍵結鍵變成非定域化，恐怕解釋不過去吧？要眞正瞭解所有的現象，我們必須徹底搞清楚固體裡的鍵結情況。

化學鍵與能帶

從原子開始堆疊

獨立原子的電子都在靠近自身原子核的軌域上運行，而在分子內參與化學鍵結的電子，自由度較高，能夠在數個原子核間移動。在《現代化學I》的第1章曾提過，共價鍵有如原子軌域重疊所形成的分子軌域。位於分子鍵結軌域上的電子，能量比位於獨立原子軌域或反鍵結軌域（antibonding orbital，見圖6.8）時，都要來得低。因此，金屬、半導體、非導體的固體，都可以視為是無數個原子，經由相鄰原子軌域重疊而結合。

我們姑且想像用一個個原子堆積起固體，就比較能夠看出，在塊材材料（bulk material）的鍵結性質中，如何受分子軌域的影響。

讓我們看一個簡單的例子，就是圖6.2中以一排原子形成的一維固體。假設我們從頭開始構築這個分子，先把兩個原子以單鍵結合，也就是把兩個原子軌域重疊，形成1個鍵結軌域與1個反鍵結軌域，之後每加上1個原子，分子中就會多增加1個軌域。不消多

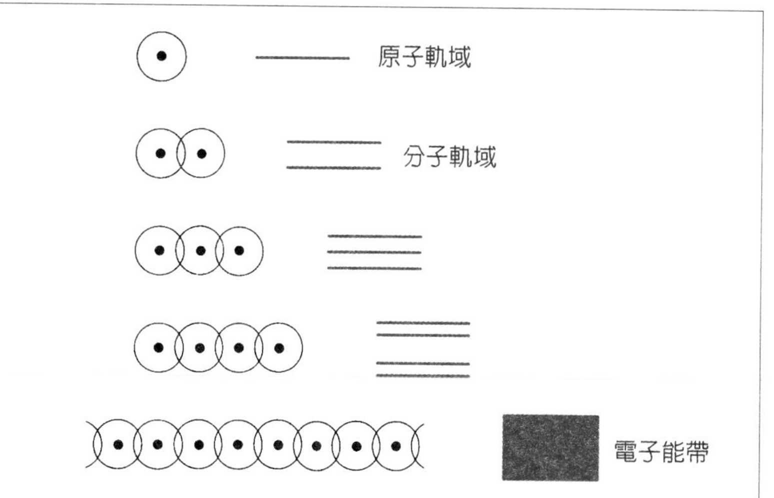

圖6.2 ▶
一維的固態分子，以原子一個接一個組成，分子軌域間過於接近，所以融合成綿延不絕的電子能帶。

久，分子各軌域的能量會變得非常相近的，使得能階間距幾乎為零。當分子鏈上有幾百萬個原子時，原本各自獨立的能階會結合為「容許電子能量的連續能帶」(continuous band of allowed electron energies)。以三維空間的固態物質而言，內部會形成一組能帶（由各原子的數個重疊軌域所構成的鍵結組成），能帶上電子的能量高低，限定在能帶能量的上限與下限之間。如果有一個以上的能帶，能帶間會有能隙。

軌域與能帶

我們平常見到的固態物質都是立體的，立體物質裡形成能帶的延伸軌域，究竟是什麼形狀並不容易描述。事實上，這裡已經不再適合用「軌域」一詞，因為各軌域已經混在一起，籠罩著所有原子，這裡所說的軌域，比較像是一堆原子間，由許多通道組成的立體網路，而電子可以在這些通道中來來去去。部分通道可能很窄，電子只能在特定範圍內移動，甚至有些電子可能無法超出原本的原子軌域範圍。

不過我們不要以為實際情況真的就是如此，物理學家認為這種現象很難描述，他們比較喜歡的說明是，電子布滿於綿延不斷的能帶中，而能帶是綿延不絕的連續軌域組成的（因此能帶就是延伸的電子軌域）。

能帶上的電子數目

比較絕緣體（例如鑽石）、半導體（例如矽或鍺）與金屬（例如銅），鑽石、矽或鍺、銅，都是晶體，裡面都布滿了能帶，然而金屬的電子比絕緣體與半導體的電子容易流動，為什麼會如此？關鍵就在於電子能帶上能容納的電子數目。

當兩個原子鍵結形成分子時，原子軌域會重疊，成爲分子的鍵結軌域與反鍵結軌域，而原來各原子軌域上能容納多少電子，新形成的分子軌域上，也應該可以容納相同數目的電子；在這個例子中，分子鍵結與反鍵結兩個軌域，應該可以容納4顆電子。

同理，組成固體能帶的原子軌域能容納多少電子，固體能帶就可以容納相同數目的電子。以鑽石爲例，鍵結時，碳原子以第二層價電子層上的4個軌域（1個2s與3個2p）進行重疊，形成2個有能隙間距的能帶（相等於分子的鍵結軌域與反鍵結軌域）。每個原子可以各填充8顆電子到這兩個能帶上：能量較低的能帶上填4顆，能量較高的能帶填4顆。

電子太多不一定好

能帶上填充電子的程度，會決定電子的遷移率（electron mo-blity）。以撞球桌上的撞球來比方，正常情況下，撞球可以到處滾動（圖6.3a）。同樣道理，在只有部分填滿的能帶上，電子可以自由流動，這種固體就可以導電。因此，金屬至少要有一條只有部分填滿的能帶（見第75頁的圖6.4a），內部電子才能流動。

能帶上的電子一旦增加，電子的遷移率就會降低，如同撞球的數目增加，撞球就不太容易順利滾來滾去，因爲稍微滾動，就會互相碰撞、彈開。如果繼續增加撞球的數目，最後把整個撞球檯都布滿撞球（圖6.3b），這時每顆球都會動彈不得。

電子也是一樣，如果能帶上填滿了電子，能帶即使連綿不絕，電子還是無法移動，因此也就沒有導電性。以鑽石這種絕緣體來說，特定能量的能帶已經布滿了電子（圖6.4c）。能量比較高的

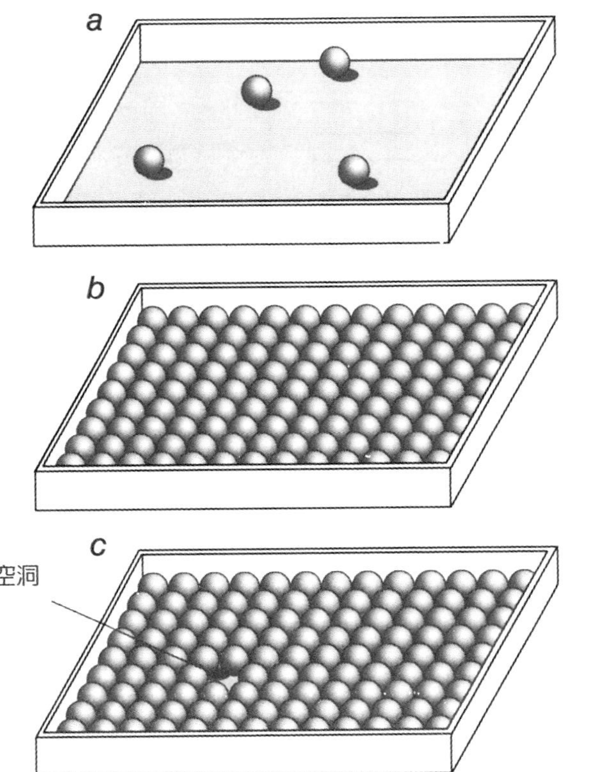

◀圖6.3
能帶的電子移動情形，可以用撞球桌上的撞球來比喻。

a. 球不多的時候，可以自由滾動。

b. 桌上裝滿了撞球時，球就動彈不得。

c. 如果拿掉一顆球，就會出現一個空洞，此時推擠撞球，空洞就像會球一樣的移動。

能帶雖然是空的，但能帶間有能量禁隙（forbidden energy gap），所以電子還是無法躍至高能能帶。

以鹼土金屬來說，電子最滿的能帶是由原子外層全滿的s軌域組成，因此我們會以爲由s軌域構成的兩個能帶都會塡滿電子，所以鹼土金屬應該是絕緣體才對。事實不然，因爲s軌域組成的最高能能帶，能量範圍很寬，使得全滿的s軌域與能量較高的空p軌域之間，能隙消失（圖6.4b），兩個能帶混而爲一，因此能帶並不是全滿的，電子還是可以流動。若非如此，銅、銀、金之類的金屬就會是絕緣體。

半導體

時為導體，時為非導體

在導體與絕緣體兩個極端之間，還有性質特殊但非常有用的半導體。這類物質的導電性比金屬低得多，卻又比絕緣體高幾千倍。如果調整這類物質的化學成分，就能夠改變導電性，因此有很高的科技應用價值。照前面的標準來看，半導體應該算是絕緣體，卻又還有少數可以流動的自由電子。

最典型的半導體就是矽，原子的1個3s和3個3p軌域重疊，形成最外層的能帶。矽原子的電子數與鑽石相同，因此也有塡滿的能帶與空的能帶，中間隔著能隙，只不過矽的能帶之間，能隙比起鑽石的要小得多（圖6.4d）。在室溫下，電子的熱能與能隙，大小差不多，因此在全塡滿的能帶中，偶爾會有頂端的電子因爲得到足夠

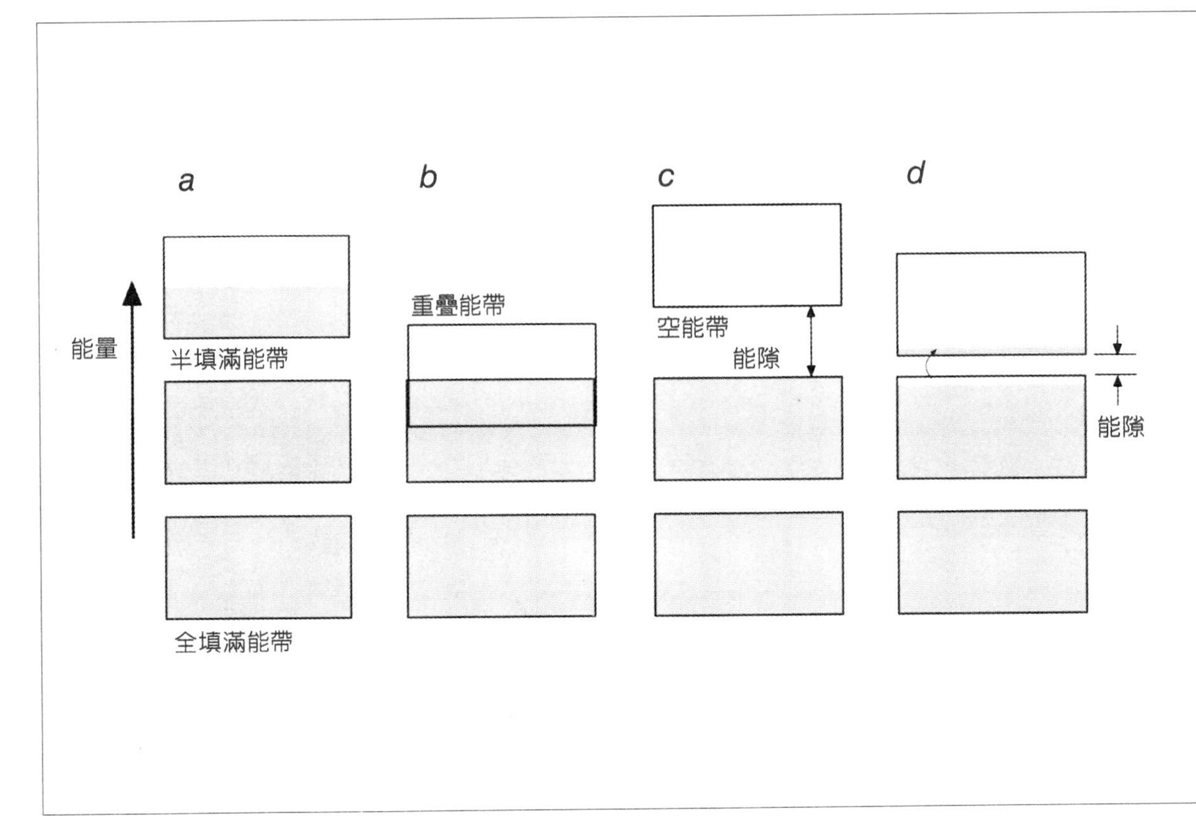

▲圖6.4

a. 金屬中的最高能的能帶並未完全填滿電子，所以電子可以流動。

b. 在某些元素中，全填滿與未填滿的能帶重疊，使得電子可以流動。鹼土族金屬就屬於這一類。

c. 絕緣體的填滿電子的最外層能帶，與上層能帶間有很大的能隙。鑽石就是個例子。

d. 矽之類的半導體，雖然填有電子的最外層能帶也填滿了電子，但是與更上層能帶間的能隙不大，電子只要吸收一點熱能，就能躍升到上層能帶，然後自由流動，使半導體導電。

的熱能，而躍升到空的能帶，在原來的位置留下了「洞」，而其他電子可能會移動過來塡補空洞。如果用放滿撞球的撞球檯來比喻，拿掉一個球之後（見第73頁圖6.3c），其他的球就可以移過來塡補空洞，可是本身原來的位置又留下新的空洞，感覺上好像是空洞在移動一般。

半導體內部的電子如果受激發，躍升到空的能帶上，會產生雙重增加導電性的效果：上層能帶有了自由電子，原本全塡滿的能帶又出現會移動的空洞。物理學家覺得，觀測電子不斷移動以塡補空洞的現象比較困難，還不如把空洞視爲「反電子」——帶正電的粒子，觀測空洞的移動現象即可。

愈熱愈會導電

半導體導電性的好壞，取決於能夠躍升到空能帶上的電子數目。溫度升高會增加電子的熱能，使電子更易躍升至較高的能帶，因此溫度愈高，半導體的導電性愈強。金屬正好相反，金屬的傳導電子（conduction electron）本來就是自由流動的，溫度升高，會使晶體內的原子振動得更厲害，原子所需的空間變大，而干擾了電子的流動，導致導電性降低。半導體與金屬的差異不在於導電性的大小，而是在於對溫度的反應。

加入雜質也不錯

要提升半導體的導電性，可以加入其他不同的原子當「摻雜物」（dopant），增加電子或電洞的數目，以利產生電流。摻雜物產生的影響可能是：加入電子到稱爲「導帶」（conduction band）的空能帶，或使原來的電子更易脫離塡滿的「價帶」（valence band）。

p型n型怎麼分？

矽可以摻雜硼或磷，來提高導電性。硼、磷進入矽晶體後，會占據矽原子的位置。若加入的是硼原子，因為硼原子的外層電子比矽的少1個，所以會使價帶少1個電子，於是在價帶上硼原子的位置，產生1個電洞。在低溫的時候，這個電洞的位置固定不動，但只要增加一些能量，電洞就會流動。

事實上，因為加入了硼原子，使得在價帶上方不遠，增加了空的能階，價帶上的電子只要吸收些微熱能，就可以躍遷至這些能階上；而躍遷至這些能階，比躍遷到導帶上容易多了。價帶上的電子一旦躍遷，就會使原本全填滿的價帶，有了空洞（圖6.5a）。由

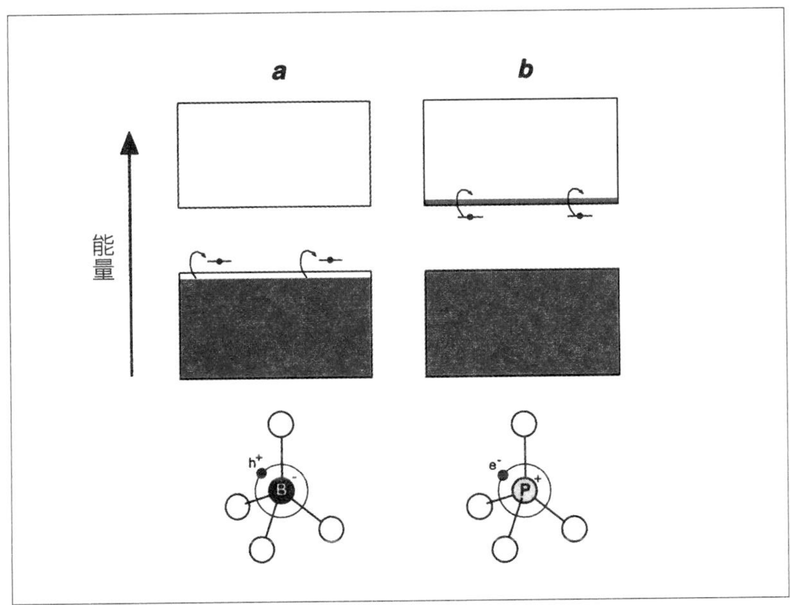

◀圖6.5
矽如果摻入了硼或磷之類的元素，導電性便會上升。
a. 硼會在矽晶體的價帶中，形成空洞，作用有如帶正電的粒子（圖中的h^+）。
b. 磷則提供帶負電的電子（圖中的e^-），進入空的導帶。

於價帶上的空洞是帶著「正電荷」（positive charge）的電洞，所以這種摻雜方式稱爲p型（p-type）。

磷原子的外層電子比矽多1個，當磷進入矽晶體以矽原子的方式鍵結後，還會多出1個電子。在極低溫的時候，這個電子會受磷原子束縛，但是只要溫度稍微上升，電子就會成爲流動的電荷載子（charge carrier）。以磷原子爲摻雜物，在能帶結構上產生的效應是，導帶下方不遠處，會有能階，且這個能階上有電子存在。只要有些微這些電子的能量，這些電子就會躍遷到導帶上（圖6.5b）。因爲此處的導電性來自帶「負電荷」（negative charge）的電子，所以稱爲n型（n-type）。

打造人工金屬

聚合物的能帶

聚合物的電子結構，可以看成是個別原子的原子軌域重疊，形成的大片能帶。但是更方便的想法，是視爲許多聚合物「分子軌域」重疊的結果。也就是說，原子軌域重疊形成個別的分子軌域，然後相鄰的分子軌域又重疊，形成連貫的能帶。

以聚乙炔來說，最上層的能帶，是由構成聚合物骨架的 π 鍵連接而成。這些 π 鍵中的鍵結軌域填滿了電子，但較高層反鍵結軌域則是空空如也。聚乙炔固體的價帶，是由鍵結軌域重疊而成，所以會形成全填滿的價帶；而由反鍵結軌域重疊形成的導帶，就是全空的（圖6.6）。

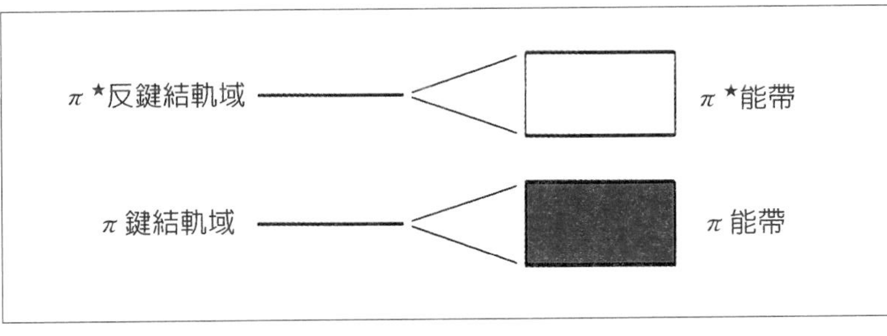

◀圖6.6
聚乙炔的能帶是由分子的π軌域重疊所形成。π能帶完全填滿，形成價帶；而在價帶的上方，則是由反鍵結軌域（$\pi^{\star}$）形成的空白能帶，也就是導帶。價帶與導帶之間的能隙也夠小了。

照這樣看起來，聚乙炔應該像聚乙烯一樣是絕緣體，但是由於這兩個能帶間的能隙夠小，電子能夠躍升到導帶上，所以使得聚乙炔成為半導體。

前面提過，摻雜其他成分是提高半導體導電性的關鍵。不過，在矽晶體裡面放入的摻雜物，會位於矽原子原來的位置，而聚合物的情況不同，不論是原子、分子或離子摻雜物，都是存在聚合物分子的空隙之間。

摻雜物造小島

摻入聚合物的摻雜物會增加導電性，固然也是由於為價帶或導帶，帶來額外的電荷載子，但方式不像矽晶體的摻雜物那麼直接。以碘為例，碘是p型的摻雜物，摻入聚合物之後，會從全填滿的價帶得到電子，形成I_3^-離子，使聚合物長鏈上出現帶正電的「小島」（見次頁圖6.7）。

如果摻雜物的濃度相當高，鄰近的小島會互相連結，在價帶與導帶的能隙之間，形成新的能帶。這種過程和p型矽晶體很類似，但差別是摻雜物會造成附近的聚合物長鏈稍微彎曲（這是帶電荷的小島造成的），而且形成的不是個別的能階，而是整條能帶。

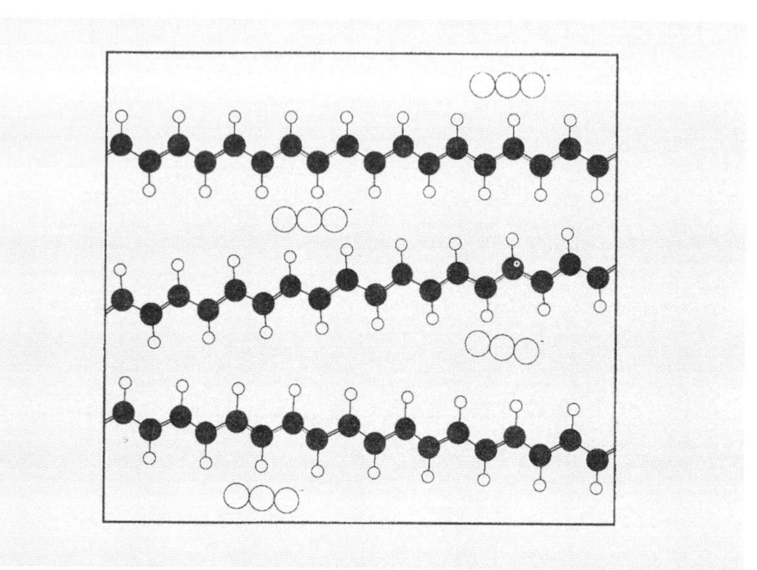

圖6.7▶
聚乙炔含有的摻雜物位於碳氫鏈之間，摻雜物要不是從π軌域中吸引電子，就是供應電子給π軌域，使得聚合物骨幹的局部區域帶電。這種帶電區域的鍵結，已經很難分清楚，究竟是單鍵還是雙鍵。如果摻雜物的濃度很高，使這種區域密度很大，就會重疊形成半滿的能帶，因而可以導電。

同樣的道理，鈉之類的原子能做爲n型摻雜物，提供電子到聚合物的導帶上，因而提高導電性。

科學家目前還不完全瞭解，含有摻雜物的聚合物用何種方式導電。舉例來說，我們並不清楚電荷載子如何在分子間流動，或許其中有某種傳遞電子的「跳躍」機制存在，但也可能是經由其他方式，實際情況目前尚無定論。

不是金屬也能導電

聚乙炔之所以是眾人研究的焦點，是由於它不僅變化多端，而且造價低廉，導電性也相當好。當初無意中發現它的導電性，開啓了新領域——研究以碳爲主要原料的塑膠導體，使得分子電子學有了眞正的應用價值。

百年研究歷史

然而早在一百多年前就有人指出，聚合物具有實用的電子特性，而且當時已經有人研製出導電性相當高的非金屬化合物。

1842年，德國化學家諾普（W. Knop）合成了一種稱爲四氰化鉑（tetracyanoplatinate, TCP）的化合物，它的中心是鉑原子，四個角連接著4個氰化物離子（圖6.8）。這種化合物帶負二價的電荷，因此可以和帶正電的金屬離子形成結晶鹽，例如$K_2Pt(CN)_4$。不過，金屬的結晶鹽外表多半看起來像是透明或有顏色的礦物，這種化合物卻有金黃的金屬光澤。

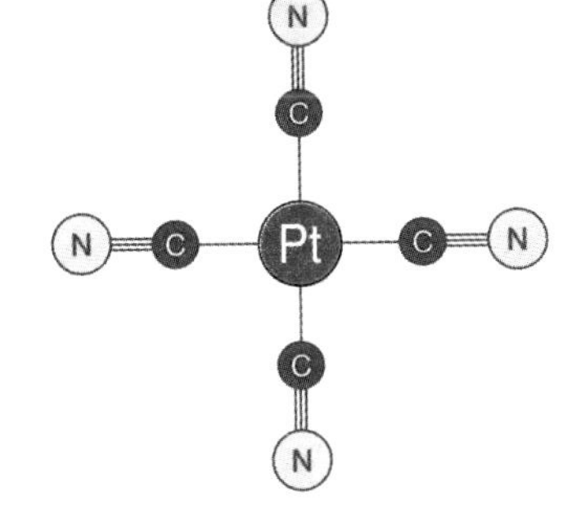

▲圖6.8
TCP離子的結構圖。

英國的伯特（Frank Playfair Burt）在1910年合成了另一種奇特的物質，這個聚合物也有金屬光澤，但更特殊之處，在於它的骨幹不含碳，而只是由硫與氮交替連結，組成彎曲的長鏈（圖6.9）。不含碳的聚合物是很特殊的，因爲沒有幾個元素可以像碳一樣，形成長鏈的分子。這個聚合物用化學符號來表示，可以寫成$(SN)_x$，右下角的x代表SN單位重複多次，但沒有確定的數目。

一直到了1970年代，才有人深入研究這些物質的導電性質。研究人員發現，這些物質的導電性很高。我們現在知道，$(SN)_x$有

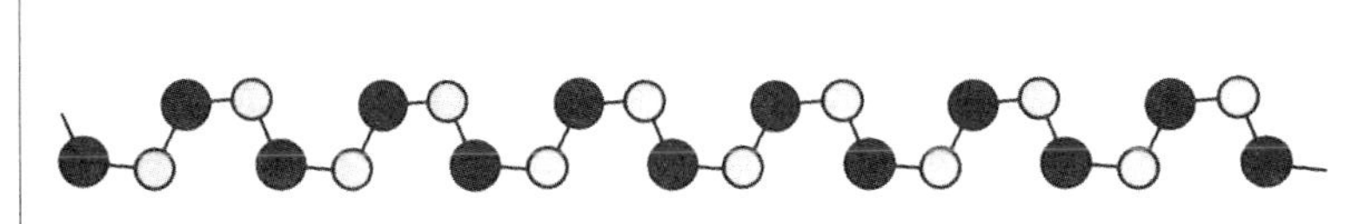

◀圖6.9
可以導電的$(SN)_x$含有扭曲的聚合物長鏈，其中硫（深灰色部分）與氮（淺灰色部分）原子交替排列。

1個全填滿的能帶與1個全空的能帶，而且兩者重疊，因此電子可以流動，產生導電性。

TCP的特殊堆疊

TCP的導電原理則不同。TCP不是高分子聚合物，它的內部是由獨立的$Pt(CN)_4$單位組成。TCP的晶體構造在1964年解出，是一個個正方形的$Pt(CN)_4$像盤子一樣層層相疊（圖6.10）。

鉑原子的某些軌域會指向氰化物，而啞鈴狀的d軌域，則與正方形的$Pt(CN)_4$垂直。當TCP單元層層相疊時，鉑的d軌域會重疊形成一維的能帶，其上的電子受限在重疊的直鏈軌域上。

比例很重要

TCP與帶正電的離子（通常是鉀離子）結合成鹽類時，帶負電的$Pt(CN)_4$與用來平衡電荷的正離子間的比例，會影響TCP的導電性，這兩者的比率不會剛好是整數。如此一來，由TCP單元層層相疊而產生的一維能帶，才會是半滿的狀態。

例如導電性相當好的$K_{1.75}Pt(CN)_4$，呈現的比率就不是整數。TCP的導電是「異向性」的（anisotropic），這是一維導帶的特性。也就是說，TCP在每個方向的導電性都不同。美國全錄公司（Xerox Corporation）在紐約州偉伯斯特（Webster）的研究單位發

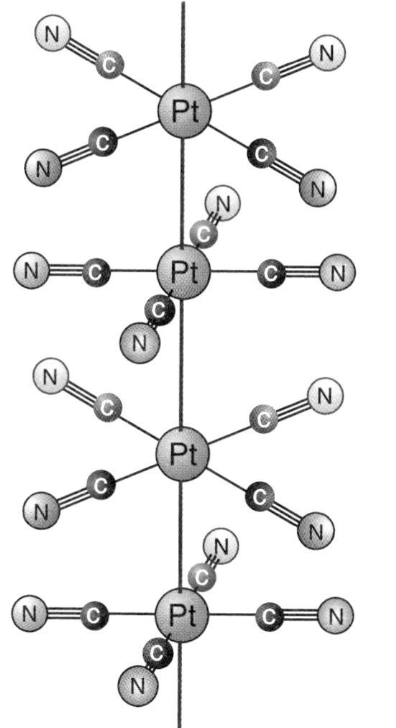

▲圖6.10
TCP離子鹽之中，每個$Pt(CN)_4$單位層層相疊，鉑原子的啞鈴狀軌域與每個單位垂直向上下伸出，因此會互相重疊（圖中的紅色線部分），形成一長條能帶。如果要使之具有導電性，需要稍加調整成分，使得能帶不全滿。

展出一種技術，可以產生幾乎完全不含雜質的$K_{1.75}Pt(CN)_4$，導電性比用一般方法產生的，要高出幾千倍。這種方法是在含有鉀離子與TCP離子的溶液中通電，在正極產生針狀的結晶（彩圖6），堆積起來的$Pt(CN)_4$與針狀結晶縱軸平行。

TTF-TCNQ的立體結構

1973年，當時在美國賓州大學的希格團隊，利用兩種有機化合物，產生一種離子鹽，在－220℃時導電度可以媲美銅在室溫下的導電度。用來當生成物的兩種有機化合物，都只含有碳、氫、硫、氮。其中一種名稱相當冗長：7,7,8,8-tetracyano-*p*-quinodimethane，但可以簡稱爲TCNQ。另一種是tetrathiofulvalene，簡稱爲TTF（圖6.11）。TCNQ容易接受電子，喜歡與金屬之類的電子提供者結合，而TTF則傾向於提供電子，形成正價的離子。這兩者一拍即合，形成穩定的構造。

在TTF-TCNQ晶體裡，TTF與TCNQ會堆疊，使得一連串相連分子的π軌域互相重疊，形成能帶。TTF與TCNQ分子都是扁平狀，且會各自進行堆疊。但與TCP鹽不同的是，兩個分子堆疊後並不是互相垂直，而是呈傾斜角度（見次頁圖6.12），比較有效率，而且突出於分子平面的π軌域，還是可以對位在它的上方或下方的π軌域，產生重疊。

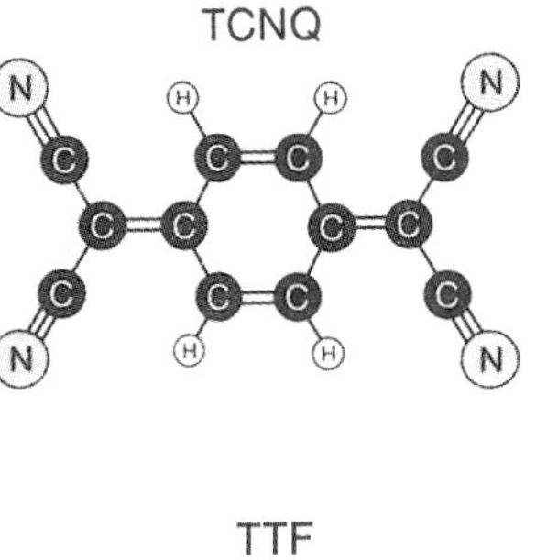

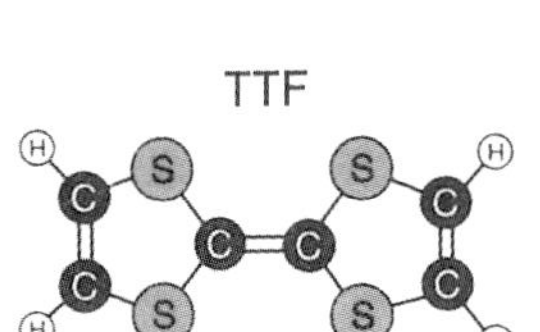

▲圖6.11
能接收電子的有機分子TCNQ與能夠提供電子的TTF。

不用整個給，也可以

如果每1個TTF分子都釋出「1整個」電子給1個TCNQ分子，那麼由TTF形成的價帶，會是全空的，而有TCNQ形成的導帶，會是全填滿的，這樣的化合物就算不是非導體（如一般的鹽類），充

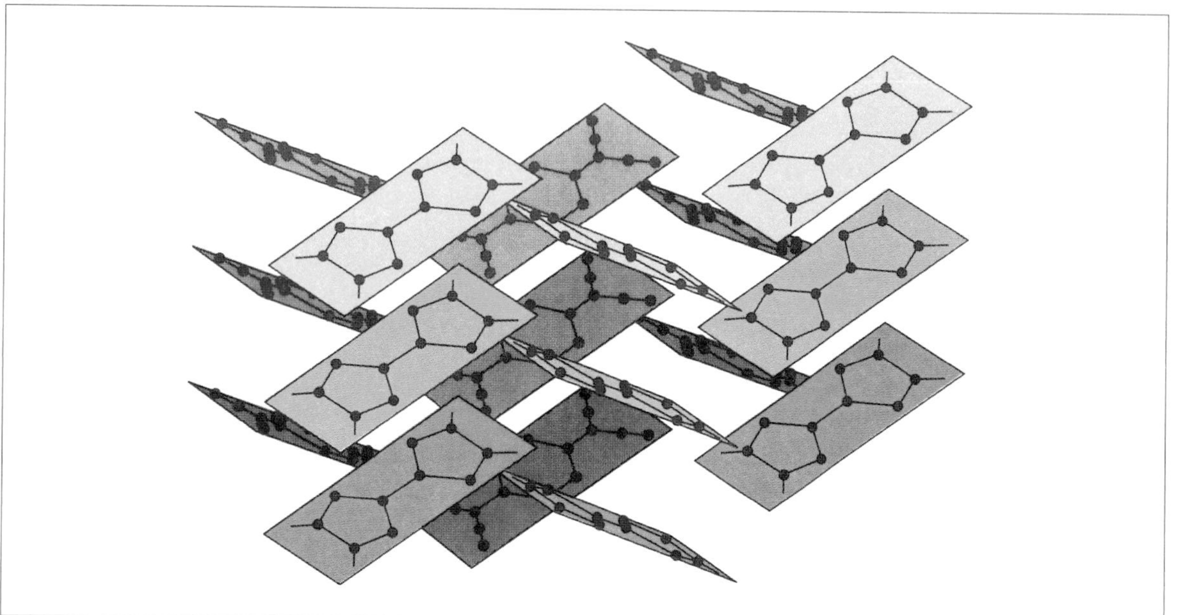

▲圖6.12
TTF-TCNQ 互相呈傾斜角度堆積，而相鄰的 π 軌域重疊，形成一維的能帶。TTF提供電子給TCNQ，使得TTF與TCNQ的軌域都不會全滿。

其量也只是半導體。但實際上，在TTF-TCNQ中，TTF的能帶並不是全空的，TCNQ的能帶也不是全滿的，因爲每個分子中，平均每1個電子都只有3/5的電荷轉移，因此電荷載子仍然可以流動。如果覺得電子可以只參與3/5，感覺很奇怪，別忘了這只是指平均而言的情況是如此，你也可以把它想成是每5個TTF分子中，只有3個分子會釋出電子到TCNO的導帶。

TTF-TCNQ這類的分子導體，因爲導電性來自組成分子間的電荷轉移，稱爲「電荷轉移化合物」(charge transfer compound)，因爲電荷會從某個能帶（提供電子的分子的），轉移到另一個能帶（接受電子的分子的）。由這些例子可知，不只是聚合物能導電而已，只要鄰近分子的電子軌域重疊，形成延伸的能帶，而這個能帶既非全塡滿也非全空，電荷就能流動進行導電。由於這類化合物的導電性來自於至少兩種不同分子的互動，因此科學家可以藉由不同的分子組合，或是改變組成分子本身的化學成分，而調整導電性。

導電聚合物的實際應用

種類繁多

自從科學家發現了聚乙炔能導電，有心研發分子電子學應用價值的人士，就對這類以碳爲主要成分的聚合物大爲青睞。部分原因是這類聚合物容易合成，成本低廉，化學性質穩定，機械性質也有可取之處（例如既堅固又有彈性）。錦上添花的優點是變化多端，只要稍微改變分子結構或組成分子，性質就會不同。

如今許多研發出來的含碳聚合物加入摻雜物後，都是相當好的導體，例如聚對次酚基（polyparaphenylene）、聚吡咯（polypyrrole）、聚噻吩（polythiophene）、聚苯胺（polyaniline）（見次頁圖6.13）。這些化合物中，有的已經用在某些電子裝備裡，取代了傳統上使用的金屬和半導體；而有些甚至創造了前所未有的新用途。

取代傳統導體

就取代傳統導體方面而言，聚合物電池就是一個例子。1980年代早期，希格和麥克戴阿密德研發出一種充電電池，電極就是用加了摻雜物的聚乙炔當材料。

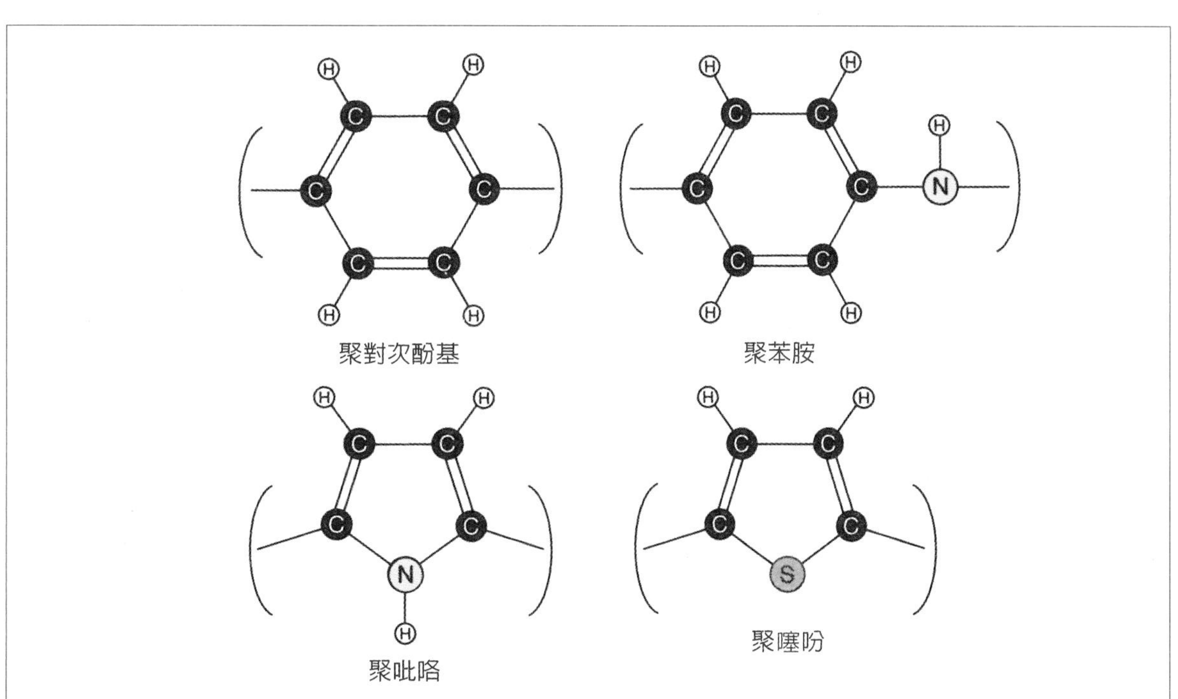

▲圖6.13
某些有機聚合物的基本組成單位。

傳統電池使用金屬當電極，電荷在電池裡流動時，電極會部分溶解，流出的金屬離子進入電解液中；充電的時候正好相反，把金屬離子重新放回電極表面。理論上來說，放電—充電循環並不會使電極產生改變，但實際上電極溶解、再生過程重複多次後，電極的效率會愈來愈差。

聚合物電池

如果電極的材料是聚合物，負責攜帶電荷與進行流動的離子，始終都只存在於電解液中，所以應該不會有電極效率變差的問題。此外，金屬電極很重，尤其是鉛蓄電池裡的鉛電極更是如此。在某些應用方面，重量的考量相當關鍵，電動車就是個例子：如果電池本身很重，產生的動力有不少都浪費在負擔電池本身的重量。

聚合物電池的電極，使用的元素都相當輕，例如碳、氫、氮之類，節省了很多動力。聚合物電池的另一項優點，是通常沒有毒性，不像傳統的鉛蓄電池和鎳鎘電池。如今市面上已經有聚合物電池，它們的使用壽命通常比傳統電池更長，電力也更強。

發光二極體

用聚合物當材料的微電子元件中，發光二極體是相當引人注目的項目。1988年，劍橋大學弗藍德（Richard Friend）的研究小組首先造出這種元件。在那之前，他們已經能夠利用聚乙炔，製造出微電子元件中到處都要用到的二極體和電晶體。

他們發現，另一種導電的碳氫聚合物「對苯伸乙烯」〔poly（paraphenylene vinylene）, PPV〕，在電子受激發時會發光。弗藍德對PPV薄膜通電，藉此把電子打入PPV分子的導帶中，並同時把電子從價帶移出，形成電洞。而電子與電洞都會在沿著聚合物的骨架流動，一旦相遇，電子與電洞因為電性相反，會互相結合，形成鍵結。在所謂「復合」過程，電子會落入價帶的電洞中，使這兩個電荷載子的總電荷為零。在這個過程中，電子會以光的形式放出能量。如果有大量電子與電洞進行復合，PPV就會發出黃光（彩圖7）。

劍橋的研究人員用不同的化學構造進行試驗，造出了會發出各種色光的發光二極體。放出能量的大小，決定了顏色的種類，而能量的大小，又取決於導帶與價帶的能隙大小。聚合物組成成分不同，能隙大小也不同，所以經過調整後，可使發光二極體放出紅、橙、黃、綠、藍等各種顏色的光。

各式偵測器

除了取代傳統電子元件之外，導電聚合物還有傳統電子元件所沒有的用途。舉例來說，聚合物加入摻雜物的過程非常簡單，通常只要把聚合物薄膜暴露於摻雜物的蒸氣中就行了。

利用化學感應器（未摻入摻雜物的導電性聚合物做成的），可以偵測環境中是否有摻雜物，因爲環境中的摻雜物原子會與聚合物薄膜作用，提高聚合物的導電性，且導電性增加的程度與摻雜物的量呈正比。因此只要持續測量感應器中聚合物薄膜的導電性，就可以測出空氣中摻雜物的量。

有的導電聚合物加入摻雜物後，會使顏色發生改變，例如原本是深藍色的聚噻吩在加入摻雜物後，會變成紅色。這種物質做成的薄膜，在施以電壓時也會改變顏色，可以當作「電變色」顯示器（electrochromic display）。另外有的聚合物會隨著溫度改變而變色，例如聚乙炔薄膜在低溫時是紅色，溫度升高時會變成藍色（彩圖8）。這種性質稱爲「熱變色性」（thermochromism），在研發新式溫度計時很有用。不過，聚合物的「電變色性」與「熱變色性」仍有待大力研究，才能實際派上用場。

醫學應用的展望

在種種可能的應用項目之中，最有意思的，可能是醫學方面的應用。有人認爲，聚合物耐用、有彈性，而且沒有毒性，說不定可以當作人工神經的材料。人體中攜帶神經訊號的神經元，宛如微小的電線，從人體的感官接收訊息，再傳送電流到大腦。有朝一日，受損的神經說不定能用聚合物來修補呢！聚蚍咯就可能擔當這種大任，因爲這種物質不含毒性，而且天然的肝素（heparin，一種抗凝血劑）可以當作摻雜物，使之成爲導體。

無電阻之路

第一個分子超導體

1979年，法國的研究員里鮑（Michel Ribault）、貝卡德（Klaus Bechgaard, 1945-）、傑若米（Denis Jerome）利用電荷轉移化合物tetramethyltetraselenafulvalene hexafluorophosphate，做了一項精細的實驗。這個化合物超長大名的前半段，可簡稱爲TMTSF，是類似於TTF的分子。TMTSF和TTF一樣，傾向於提供電子給別的物質。而化合物名稱的後半段，是簡稱爲PF_6的 hexafluorophosphate。在里鮑團隊實驗的化合物中，TMTSF的電子傳給PF_6，每兩個TMTSF共享1個PF_6單元，所以整個化合物的名稱也可以簡寫成$TMTSF_2PF_6$。

$TMTSF_2PF_6$晶體的外表像金屬，導電性也高，不過它雖然和TTF-TCNQ很類似，卻不像TTF-TCNQ會因爲溫度下降而降低導電性，而由導體變爲半導體。$TMTSF_2PF_6$晶體在絕對溫度僅20度的低溫下，仍然是良好的導體。

里鮑團隊想要研究更低溫狀況下的反應。他們先對晶體施以12,000大氣壓，然後非常緩慢的降低溫度，一直降到絕對溫度1度，在這個溫度下，電阻急劇下降，換句話說，導電性大幅上升。

降到絕對溫度0.9度時，電阻完全消失，電流通過時，電力完全不會以熱能的方式浪費掉。有這種完美導體性質的物質，稱為「超導體」（superconductor）。在此之前，世人所知的超導體只有金屬與合金，$TMTSF_2PF_6$是史上第一個分子超導體。

高壓影響超導性

在里鮑團隊的實驗中，高壓是很重要的條件。如果只是在正常的1大氣壓下，在絕對溫度12度（－261℃）時，$TMTSF_2PF_6$會變成絕緣體，即使再降溫也一樣。不過，如果晶體裡電子受體的成分不是PF_6，而是過氯酸（ClO_4），那麼不用施加額外的壓力，結晶鹽在就會絕對溫度1.2度時變成超導體。

科學家通常用絕對溫標來表示溫度，而不用攝氏溫標，絕對溫標可以簡寫為K。在這兩個溫標中，每1度的大小相等。絕對零度（0 K）相當於－273℃。

金屬的超導性

或許有人要問，當初這些研究人員為什麼會用這種奇怪的物質，在如此極端的環境下研究超導性。要回答這個問題，我們必須先回顧所謂的主流超導體研究。1919年，物理學家開默林昂內斯★發現了一些令人困惑的結果，因而開啓了超導研究的領域。

開默林昂內斯的研究興趣是金屬在低溫下的導電性。當時大家認為，在接近絕對零度時，金屬的電阻會降到微乎其微。前面說過，金屬結晶內部的結構振動會干擾電子的流動，因而產生電阻。

★
開默林昂內斯（Heike Kamerlingh Onnes, 1853-1926），荷蘭物理學家，研究低溫下的物質性質，並製成液態氦，1913年諾貝爾物理獎得主。

理論上，如果溫度降到絕對零度，原子就不再振動，電阻應該會下降。晶體如果含有雜質或原子排列不整齊，也會干擾電子流動。如果結晶的結構完美，那麼在絕對零度下，電子流動應該就沒有阻礙，而在此情況下，完美結晶有可能出現超導性。

當年開默林昂內斯既沒有製造絕對零度的實驗環境，也無法產生零缺點的結晶，但他認爲，溫度下降後，金屬多少應該會出現近似超導性的現象。

尋找超導溫度

然而結果出乎他的意料。

開默林昂內斯用液態氦冷卻汞做實驗，來觀測汞的電阻時，居然在絕對溫度4.2度就測不到電阻了，這個溫度大約是氦的沸點溫度。此時，汞原子必然仍在振動，而且內部結構一定有些不規則現象，可是這些情形似乎不影響電子的流動。

不久，科學家發現其他金屬也有這種現象，例如錫在絕對溫度3.7度就成了超導體，鉛在「高達」絕對溫度7.2度時，就出現了超導性。

合金的特性

接下來經過多年的低溫實驗，科學家發現，大多數金屬在冷卻時都有超導性質。純金屬要在相當接近絕對零度的低溫，才會出現超導性，但是兩種以上金屬元素構成的合金，就比較容易呈現超導性，例如：釩矽合金與鈮錫合金成爲超導體的「相變溫度」（transition temperature）分別在接近絕對溫度17度與18度，而鈮鍺合金更在絕對溫度23.2度時成爲超導體，這個超高的超導相變溫度紀錄保持了許多年。科學家不斷嘗試新的組合，但是似乎面臨了瓶頸，無法把超導體的相變溫度再向上推。由於這個緣故，超導體雖然有許多潛在的價值，但卻很難實際應用，因爲超導體一定要靠笨重昂貴的液態氦冷卻系統，才能保持超導性。

整個1970年代到1980年代早期，大家對超導體的實際應用價值都相當悲觀。

陶瓷革命

到了1986年，局面一夕之間改觀。IBM（國際商業機器公司）位於瑞士蘇黎世的實驗室，物理學家貝德諾茲（Georg Bednorz, 1950-）和穆勒（Alex Muller, 1927-）發表報告說，他們合成出一種化合物，能夠在絕對溫度35度出現超導性。這比先前的紀錄高出了12度左右，令物理學界爲之驚喜。

除了破紀錄的相變溫度，這種物質引人注目的地方，在於成分完全不同於以往所知的超導體。它並不是金屬合金，而是由鑭、鋇、銅三種金屬的氧化物形成的。這種金屬與非金屬混爲一體的物質，屬於陶瓷類，堅硬但易碎，不像金屬或合金那麼強韌又有延展性。

貝德諾茲和穆勒由於這項突破性的發現，而獲得了1987年的諾貝爾物理獎。

然而當時陶瓷超導領域又有了更戲劇性的進展。物理學家認爲，發現室溫超導體或許是個遙不可及的目標，但至少可以退而求其次，造出在液態氮的沸點（77K）下有超導性的物質；如果眞能如此，那就很棒，因為可以用較不昂貴的液態氮冷卻系統，取代之前必備的液態氦冷卻系統。

華裔有貢獻

鑭鋇銅氧化物的相變溫度低於液態氮沸點的一半，離目標還有段相當距離，可是不到一年，當時在美國休士頓德州大學的朱經武*研究小組就有所突破，在1987年報告說，陶瓷類的釔鋇銅氧化物在絕對溫度93度有超導性，比液態氮的沸點高出16度。

這些發現在當時科學界引起的研究狂熱非同小可。科學家拚命研究，在實驗室通宵熬夜，猶如古代煉金術士，混合各種古怪物質，都希望能領先群倫，找出神奇組合，說不定還能名利雙收。

研究遇到瓶頸

1988年，東京恩益禧（NEC）公司的研究單位報告說，他們研製的鉈鋇銅氧化物在絕對溫度125度（－148℃）仍然有超導性。然而之後過了5年之久，超導體的相變溫度只上升了區區8度而已：那是在1993年由瑞士蘇黎世工業大學的研究人員研製的銅氧化物，成分含有汞，超導溫度為絕對溫度133度。超導體研究的狂熱似乎又遇到了新的瓶頸。

超導體的應用

超導體研究人員於是轉移焦點，把注意力集中在如何實際運用現有的超導體。銅氧化物的一大問題是比金屬容易碎裂，但更主要的問題，在於無法通過較高的電流，使得大部分的應用都不可行。當電流高到某種程度時，超導體會失去超導性，金屬超導體固

★
朱經武與吳茂昆於1987年，在著名的學術期刊《物理評論通訊》(*Physical Review Letters*)上發表高溫超導的報告，迄2003年，這篇報告是該期刊歷年來被引用次數第二高的，共被引用4千1百餘次。朱與吳都是中央研究院院士，朱現任香港中文大學校長，吳現為中央研究院物理研究所所長。

然如此，銅氧化物的電流門檻更低，然而在日常實際用途上，往往需要相當高的電流，這是銅氧化物超導體受限之處。

超導體的應用價值之一，在於傳送電流的過程中，不因電阻生熱而無謂消耗電力。用傳統的銅纜線長距離傳送電力，不少電力會在途中白白消耗掉。如果改用超導電線，電力完全不會浪費。（嚴格來講，這只針對直流電而言，不包括交流電。）

超導體對於電腦與微電子工業也有應用價值。由於超導體通電時不會發熱，所以電路板可以做得更密集，更節省空間，而無虞擔心電路會過熱熔化。對於有開關訊號的微電子元件來講，如果用超導體當材料，對訊號的反應會比用半導體的更快。

超導磁浮列車

超導體除了能傳送電流，還有其他特殊性質具有應用價值。1913年，德國科學家麥士納（K. W. Meissner）和歐赫森菲德（R. Ochsenfeld）發現，磁場會排斥超導體。如果把一小塊釔鋇銅氧化物超導體放在磁鐵上，用液態氮冷卻至超導相變溫度，釔鋇銅氧化物就會浮在空中，這種現象稱爲「麥士納效應」（Meissner effect）（圖6.14）。

研究人員認爲，這種現象的用途之一是用來建造磁浮列車，由於列車不與鐵軌接觸，只要稍許能量就可以推動列車飛快前進。這種現象也可以用來製造無摩擦的機械零件。

超導體由於對磁場的反應敏銳，早就已經用來製造「超導量子干涉儀」（superconducting quantum interference devices，簡稱SQUID），以偵測極低的磁場，例如大腦神經細胞間微量電流產生的磁場，就可以用這種儀器來測量，幫助神經學家瞭解神祕的大腦

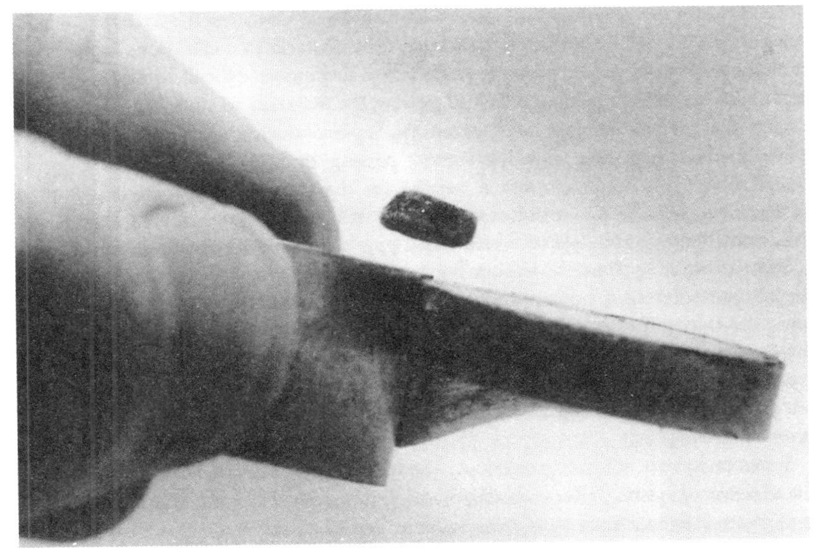

◀圖6.14
超導體會排斥磁場，因此會漂浮在磁鐵上空。圖中是一小塊高溫超導體釔鋇銅氧化物，冷卻到液態氮溫度（低於這種超導體的相變溫度）後，飄浮於磁鐵上的現象。

如何運作。這種儀器已經問世好幾年，目前市面上可以買到用釔鋇銅氧化物當材料的超導量子干涉儀。

BCS理論

銅氧化物這類「高溫」超導體的發現，爲超導體的應用研究注入了新的活力。但是早在貝德諾茲和穆勒的突破發現之前，美國史丹福大學的利特爾（William Little）在1960年代就提出假說，認爲一維的線性分子導體，在相當高的溫度可能會有超導性。

要瞭解利特爾爲何認爲這類物質可能是高溫超導體，我們要先回顧傳統超導體，爲何是在低溫時才具有超導性。

神奇庫珀偶

1957年，美國科學家巴丁★、庫珀、施里弗提出現今所謂的BCS理論◆解釋超導性的來源。這種理論乍看之下有違常理，它主張超導體內的電子和一般正常情況不同：超導體內的電子不會同性相斥，反而會互相吸引，形成所謂的「庫珀偶♣」，超導電流就是這些電子偶在晶格中流動造成的。

電荷相同的粒子怎麼能互相吸引呢？其實超導體裡的電子還是互相排斥的，但是由於帶正電的金屬離子介入其中，所以蓋過了同性相斥的現象。電子在晶體間流動時，會吸引四周的離子聚集。電子本身非常輕巧，金屬離子相較下笨重得多，因此受電子吸引而互相靠近後，即使電子已經飛快離去，離子還要稍候才會回到原狀（圖6.15）。

當金屬離子彼此靠近時，這個區域的正電荷增加，吸引了其他電子。換句話說，前面的電子等於留下了瞬間即逝的強正電荷，抓住了下一個電子，看起來好像兩個電子彼此吸引似的。

這種效應有兩點要注意。第一，後來的電子受吸引而來時，前面的電子早已遠走高飛，所以庫珀偶的兩個電子彼此距離相當遠。庫珀偶的「大小」可以高達兩個金屬離子距離的10萬倍。

第二，庫珀偶的兩個電子間，吸引力相當弱，任何能干擾金屬離子聚集的力量，都能打斷這種吸引力。熱能引起的離子振動就有這種效果，因此只有在振動很小的時候，才會形成庫珀偶，而極低溫的時候正符合這個條件。

如果要想像超導體內超導電流的情形，不妨以庫珀偶為單位，而不是考慮兩個個別電子（因為兩個電子未必朝同一方向移

★
巴丁（John Bardeen, 1908-1991），電晶體發明人之一，提出說明超導性的理論（BCS理論），1956年以電晶體研究、1972年以超導體理論，兩度獲得諾貝爾物理獎。

◆
BCS理論，是取巴丁、庫珀（Leon Cooper, 1930-）和施里弗（R. Schrieffer, 1931-）這三位科學家姓氏的第一個字母，做為理論名稱。庫珀是巴丁的博士後研究員，而施里弗是巴丁的學生。他們三位因為BCS理論而於1972年共同獲得諾貝爾物理獎。

彩圖 6
美國全錄公司發展出的技術，可以製出高純度的 $K_{1.75}Pt(CN)_4$ 。他們的方法是在含有鉀離子與 TCP 離子的溶液中通電，從正極得到 $K_{1.75}Pt(CN)_4$ 的針狀結晶。

彩圖 7
史上第一個發光二極體發出的是黃光，是由聚合物 PPV 所製成。它的發光原理是：PPV 通電後，產生的電子與電洞相遇結合，釋出光能。調整聚合物的化學構造，造出的發光二極體，可以放出不同色光。現有的發光二極體已經可以發出紅、橙、黃 、綠等色的光。（此圖由劍橋大學化學系提供）

彩圖 8

此圖顯現出聚乙炔的熱變色性。圖中聚乙炔的下半部浸入冷水中，形成紅色；而上方以電熱絲加熱的部分，呈現藍色。（照片由加州大學洛杉磯分校 Richard Kaner 提供）

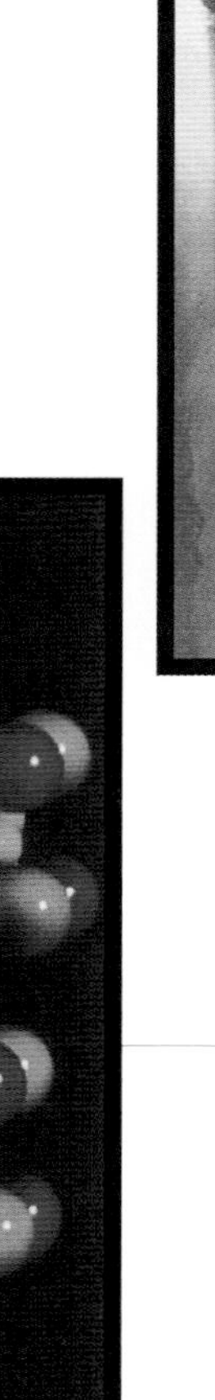

彩圖 9

摻雜了鉀的碳六十（K_3C_{60}）在 18K 時有超導性。此處碳六十分子以藍色表示，紅與粉紅色的是鉀離子。（照片由加州大學洛杉磯分校 Richard Kaner 提供）

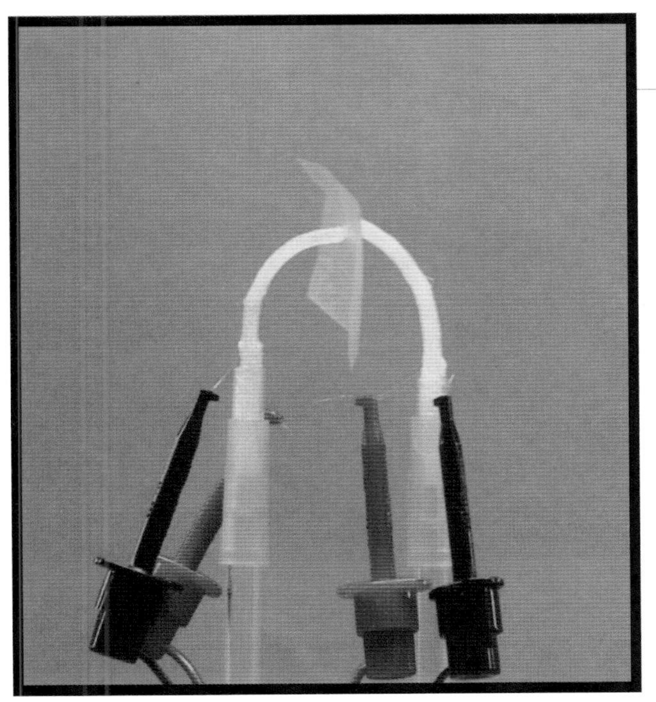

彩圖 10
這個「聚合物手」的材質是聚合物膠體，這種膠體在電場中會改變形狀，所以手指可由電子訊號來操控。

彩圖 11
在有界面活性劑的微乳液中，如果彎曲或伸張界面活性劑薄膜，會出現有序且有週期性的結構。圖中顯示的表面，是由兩個網絡交互穿透的作用所形成，就像在雙連續微乳液中一樣，這種表面會保持極小曲面。
此圖的結構稱為「sherk 第一極小曲面」，是在所謂雙團鏈塊狀共聚物中觀察到的。雙團鏈塊狀共聚物就是聚合物上有兩個鏈，而這兩個鏈的端點性質不同，無法相溶，因此會行成兩個交互作用的網絡。水／油／界面活性劑混合物系統的界面中，雖然有許多極小曲面，但是從未發現過 sherk 第一極小曲面這種特殊結構。
水中的界面活性劑雙層膜，因為需要最小曲面，所以也會形成週期性的極小曲面。

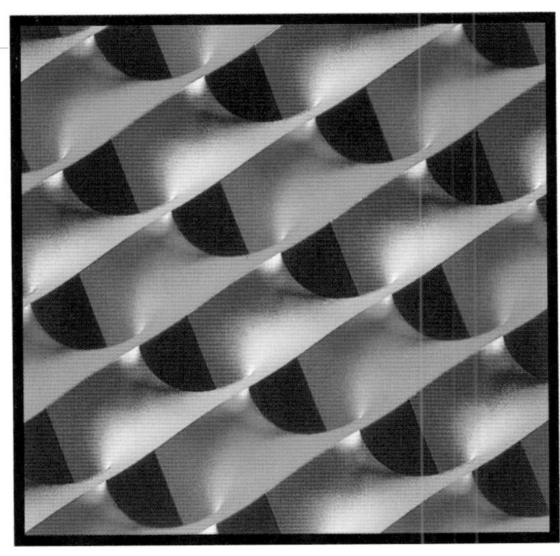

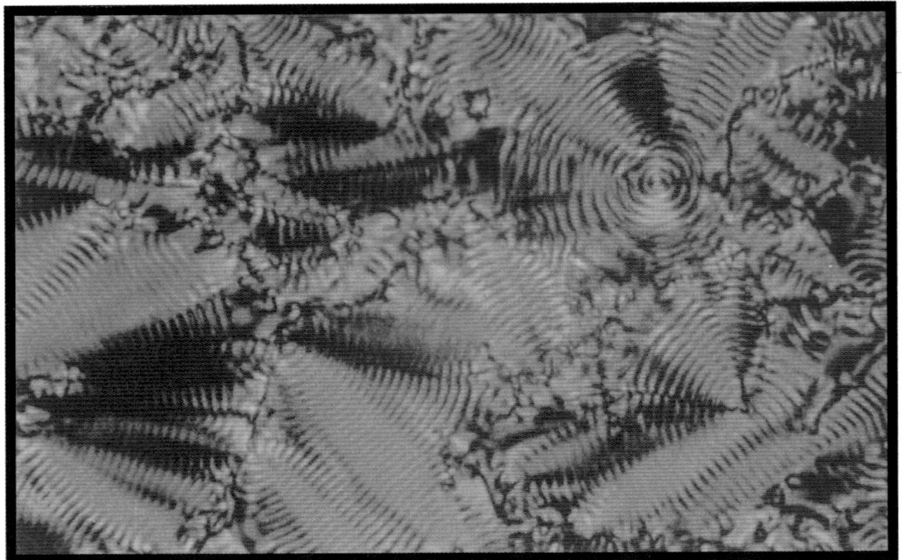

a

b

彩圖 12
液晶因為有雙折射性質，所以會產生千變萬化的各種肌里。圖 a 中的液晶，是屬於鐵電性液晶，廣泛的用在液晶顯示器中。圖 b 的液晶，就是所謂的層列相 A 液晶。

彩圖 13
中洋脊的熱泉噴口。熱泉噴孔噴出的熱水通常含有豐富的礦物質以及甲烷與氨離子等化合物。（照片由漢城大學的 Kyung Ryul Kim 提供）

a

b

c

彩圖 14

a、b、c 三圖都是利用賀爾修槽產生的模式。賀爾修槽的運作原理，是在壓力下把液體（此處使用澄清液體）注射入密度較高的流體。在不同的入射壓力以及其他條件下，會產生不同形狀的泡泡，與電鍍時產生的形狀很類似。a 圖類似 DLA 碎形聚集物，b 圖是密枝形態、c 圖是樹突狀形態。c 圖是以方形晶格溝槽劃過兩塊平板的表面，產生的四重對稱的雪花狀型態。（照片由特拉維夫大學 Eshel Ben-Jacob 提供）

彩圖 15

BZ 振盪反應中的化學波。因為混合尚未完全，導致局部的反應物濃度有所不同，因而產生同心圓波心與螺旋波前。（照片由蒲郎克研究院的 Stefan C. Muller 提供）

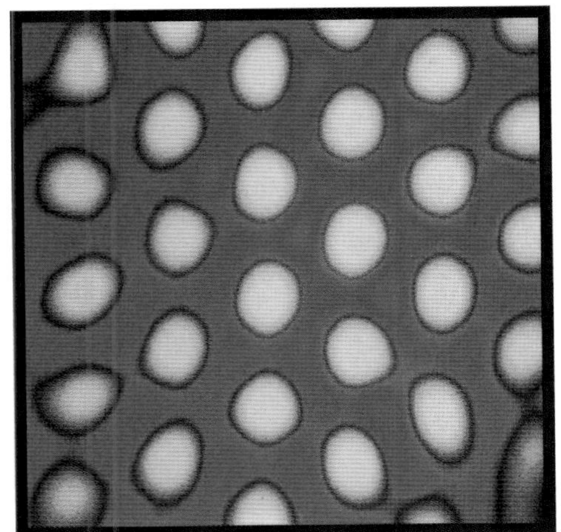

a

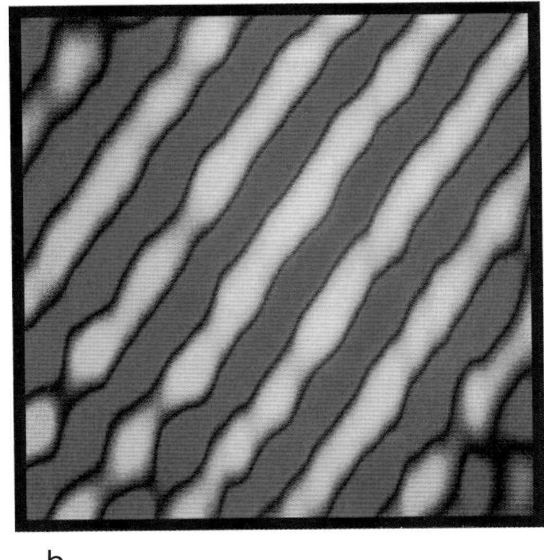

b

彩圖 16

二維的涂林結構，可以利用 CIMA 反應，在適當的溫度與反應物濃度下產生。在某個溫度會出現圖 a 由黃色斑點組成的六角形模式（中心 1 個斑點，外圍 6 個）；改變溫度時，會出現圖 b 的橫條模式。（照片由德州大學奧斯丁分校史文奈提供）

彩圖 17
南極冰芯中的氣泡，含有遠古時代的大氣。埋得愈深的冰塊中，捕獲的氣體年代愈久遠。分析冰核中氣泡的化學組成，可以得到大氣中化學物的歷史紀錄。

彩圖 18
在極地同溫層中，當溫度低到可以使冰粒凝結時，就會有雲產生。照片中顯示的是挪威外海的極地同溫層冰雲，包含了冰、冰水、硝酸。分解臭氧的一些重要反應，得靠冰雲中的粒子進行催化。（照片由美國太空總署艾米斯研究中心的 O. B. Toon 提供）

動）。我們可以把庫珀偶想像成名爲「準粒子」（quasiparticle）的複合粒子，而電荷與質量與兩個電子相當，然而性質與電子很不同。這正是超導性來源的關鍵。

♣
庫珀偶（Cooper pair）是存在於超導體內的實體，由兩個具有相反動量及自旋的電子所組成。電子只能兩個一起移動而不能各自活動。請參閱天下文化的《凝體Everywhere》一書第12章〈超導體〉。

費米子與玻色子

電子這種基本粒子屬於「費米子」（fermion），在同一個量子力學狀態下，不能有兩個費米子同時存在。而庫珀偶則屬於「玻色子」（boson），光子就屬於這一類。根據量子力學法則，相同的量子態中，可以有任意個玻色子同時存在。基於這個道理，低能態填滿後，電子就須跳到較高能態，而庫珀偶則不同，可以同時有很多庫珀偶處於同一個量子態，所以庫珀偶都擠在最低的能態。這就像

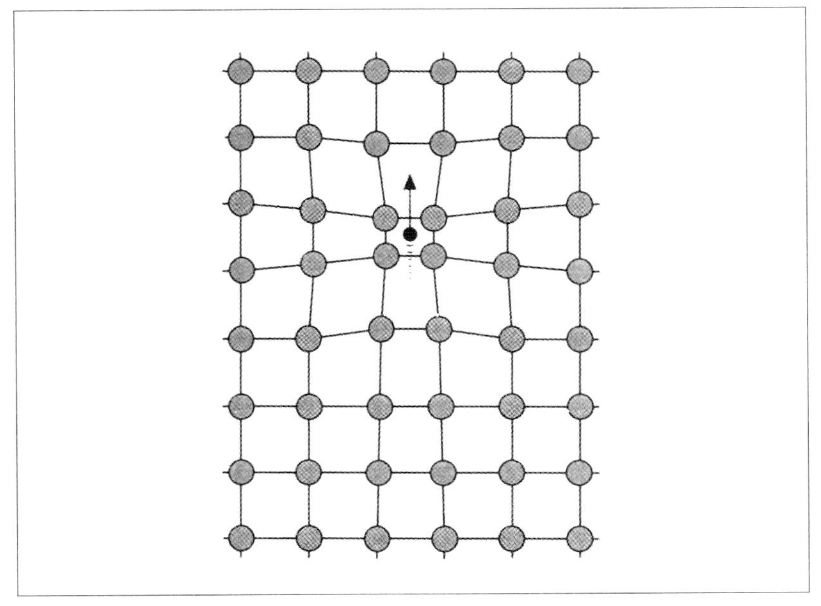

◀圖6.15
根據超導性的BCS理論，通過的電子把晶體內部的離子拉近距離，使得該區域暫時帶有許多正電荷，因而能夠吸引另一個電子。

是在超導相變溫度時，能帶上的導電電子全都崩陷入單一能階，而這個能階也有足夠的空間，可以容納全部的電子。

處在這種低能階「凝聚態」(condensed state) 的庫珀偶，除非能量有了變化，否則不易有變動。在連續能帶中，要把一般的電子激發到另一個能階並不難；但對於庫珀偶而言，激發到高一層的能階，需要花費相當高的能量，單靠離子振動的能量是做不到的。因此，晶體中的庫珀偶有如一整片來去自如的粒子群，不受離子振動的干擾，完全沒有受到阻力。

BCS理論把金屬的超導性解釋得相當合情合理，不過並不適用於新發現的陶瓷「高溫」超導體。BCS理論無法解釋絕對溫度30度以上的超導性。物理學家一般認爲，所有超導性都與庫珀偶玻色子本身以及它們凝聚在同一量子態有關，但是這些現象在高溫超導體中究竟如何形成，目前仍不清楚。

分子超導體

利特爾認爲，一維線性的分子超導體，能夠在高溫仍有超導性，可能是由於另一種電子偶機制造成的。前面說過，金屬內形成庫珀偶，是由於電子移動時會留下暫時的正電荷，利特爾把同樣的原理用在長鏈聚合物上，認爲電子在聚合物骨幹上移動時，也會有類似的效果。他的理論是，聚合物上側鏈的分子，電子雲較容易極化，當電子通過主鏈時，會推開側鏈分子的電子，形成帶正電的區域（圖6.16），而吸引第二個電子，有如超導金屬裡，在稍扭曲的晶格中，庫珀偶第二個電子受吸引的情況。

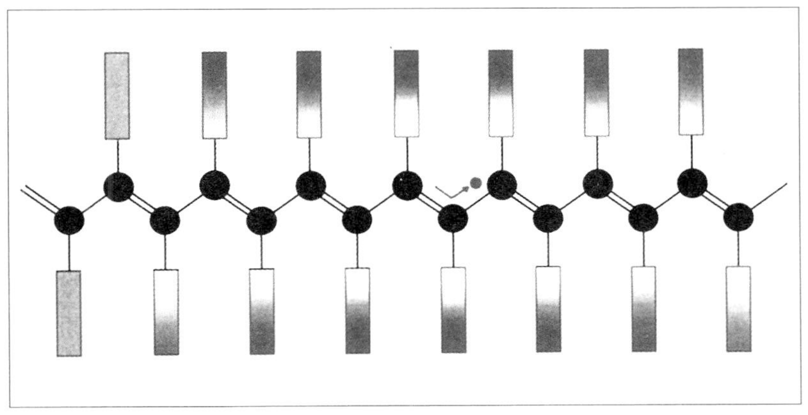

◀圖6.16
按照利特爾的理論，聚合物骨幹上有向外延伸的化學基，當電子也沿著聚合物骨幹移動時，會排斥這些化學基的電子雲，形成帶正電的區域，之後可吸引另外一個電子。這種情形只有電子之間的互動，離子本身並不移動。

高溫超導體理論

利特爾的機制與金屬超導體理論的最大不同處，在於長鏈聚合物的電子偶不涉及原子移位，只有電子在動，而電子又很輕，因此利特爾指出，這種狀況下電子偶比較容易形成，也可能在高溫還時也能形成。照他的推算，這種超導體照理在室溫仍有超導性，甚至他還覺得在高達2,000℃ 都還可能有超導性。當然，前提是超導體本身在如此高溫下還能保持穩定，而事實上這是不太可能的。

利特爾的理論引起很多爭論，不過如果成眞，應用價值會相當大，因此科學家還是著手研究這類分子超導體。不幸的是，如今仍然沒有人能夠發現具有類似性質的分子。

雖然如此，希格等人在1973年研製TTF-TCNQ成功時，科學界猜測，這種一維堆疊的構造，是否會如利特爾的理論，成爲室溫超導體。可惜實驗結果證明並非如此。前面說過，這種物質在低溫失去導電性，成爲半導體（見第83、84頁）。

佩爾斯不穩定

根據英國物理學家佩爾斯（Rudolf Peierls, 1907-95）在1954年提出的理論，低溫時，整齊排列的長鏈狀分子能夠扭曲，調整分子間距，因而降低能量。

這種現象稱爲「佩爾斯不穩定」（Peierls instability），能夠把最上層的半滿能帶一分爲二，產生一個全填滿的能帶與一個空的能帶，兩者之間有能隙。這時物質就成了半導體。

由於TTF-TCNQ在絕對溫度53度時，會有「佩爾斯不穩定」作用，顯示長鏈聚合物或分子堆很難成爲超導體。有人試過擠壓TTF-TCNQ，希望能夠減少扭曲的現象，但結果反而助長了不穩定性。傑若米、貝卡德、丹麥科學家安德生（Jan Andersen）用類似於TTF-TCNQ的TMTSF-DMTCNQ做實驗，這個電荷轉移化合物在1大氣壓時的性質，與TTF-TCNQ差不多，也就是在室溫下是導體，而絕對溫度41度時成爲絕緣體。但是如果TMTSF-DMTCNQ受擠壓，則低溫時並不會變成絕緣體，即使降到了液態氦的沸點（絕對溫度4.2度），仍然能夠導電。傑若米等人認爲，應該繼續朝這個方向，進行超導體分子的研究。

根據他們的研究，導電性主要取決於提供電子的TMTSF，於是他們用其他能接受電子的化合物代替DMTCNQ，結果發現使用PF_6離子時，效果最好。

偶有斬獲

根據這個理論，後來科學家又陸續發現了許多類似的化合物，有更好的超導性。其中效果最好的，是以TTF的變形體當電子

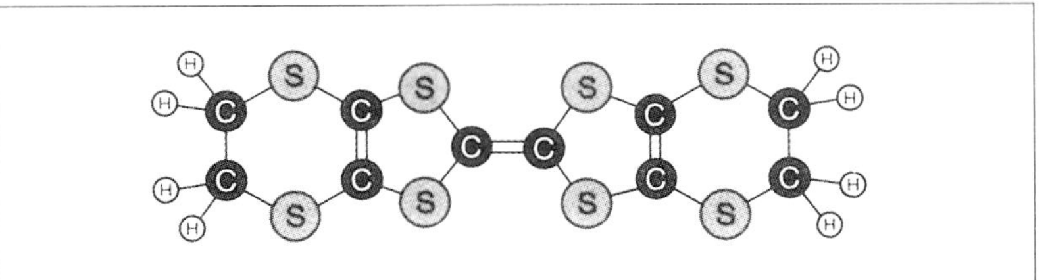

◀圖6.17
圖中顯示BEDT-TTF的構造。用BEDT-TTF，可以製成目前有機超導體中，相變溫度最高的分子。

提供者，這分子名爲 bis(ethylenedithio)-tetrathiafulvalene，簡稱爲BEDT-TTF或ET（圖6.17）。

1988年，日本筑波的恩益禧公司研究室中，由齊藤軍治（Gunzi Saito, 現為日本京都大學教授）率領的團隊發現，BEDT-TTF的電荷轉移鹽與電子受體硫氰酸銅$Cu(NCS)_2$（copper thiocyanate）形成的化合物，超導相變溫度是絕對溫度10度，高於許多金屬。

截至1990年，超導相變溫度的最高紀錄，是由美國阿崗國家實驗室（Argonne National Laboratories）的威廉斯（Jack Williams）等人研製的超導體，成分與齊藤軍治的化合物相當類似，超導溫度約在絕對溫度13度。這種超導性是否像前述的BCS理論所說，來自於電子與移位原子的互動，還是另有成因，目前並不清楚。

超導足球

1990年左右，分子導體新出現了一顆耀眼明星，變化多端，多才多藝，光芒蓋過了之前眾人辛苦研究的長鏈聚合物。這顆明星就是在《現代化學I》第1章曾提及的，由60個碳原子組成的足球分子——巴克球C_{60}。

貝爾實驗室領風騷

固態的純C_{60}導電性差，但是1991年初，在美國AT&T公司的貝爾實驗室，由哈登（Robert Haddon，現爲加州大學河濱分校化學與環境工程系教授）與賀巴（Arthur Hebard, 1940- ，現爲美國佛羅里達大學物理系教授）領導的研究小組發現，如果摻雜一點鹼金族元素（鋰、鈉、鉀、銣、銫、鍅），導電性就變得相當不錯，而且過程很簡單，只要把C_{60}放在金屬蒸氣中就可以了。

在C_{60}晶體中，各分子彼此相當靠近，所以軌域會互相重疊，與TTF-TCNQ的情形類似，會形成全填滿的價帶與空的導帶，能夠接受鹼金族元素等電子施體提供的電子。C_{60}與添加摻雜物的聚合物，差別只在於C_{60}不是長鏈線性分子，所以導電沒有方向性。

雖然摻入鹼金族元素會提高C_{60}的導電性，但當鹼金族元素原子與C_{60}的比例超過3：1後，導電性會開始下降。這應該是由於如果金屬會提供電子到C_{60}的導帶，當摻雜物的濃度很高時，導帶很快就會塡滿，而每6個金屬原子提供的電子，就可以塡滿1個C_{60}分子的導帶，使C_{60}成爲絕緣體。

貝爾實驗室是美國研究超導體的大本營之一，哈登與賀巴當然會再接再厲繼續研究，而且他們的運氣超乎想像的好，他們只是把鈉離子摻入C_{60}（以3：1的比例，形成K_3C_{60}），結果溫度剛降到絕對溫度30度以下，電阻就開始下降，到了18度，電阻跌到零，這個添加摻雜物的富勒烯，果然是個超導體（彩圖9），而且超導相變溫度比當時所知的最佳分子超導體還高出6到7度。

好戲還在後面。貝爾實驗室的研究人員，改用銣離子當摻雜物，發現會使超導相變溫度達到絕對溫度30度，除了比不上二氧化

表6.1　有超導性質的巴克球化合物

化合物	相變溫度 (K)
K_3C_{60}	19
Rb_3C_{60}	29
K_2RbC_{60}	23
K_2CsC_{60}	24
Rb_2KC_{60}	27
Rb_2CsC_{60}	31
$RbCs_2C_{60}$	33
Na_2KC_{60}	2.5
Na_2RbC_{60}	2.5
Na_2CsC_{60}	12
Li_2CsC_{60}	12
Ca_5C_{60}	8.4
Ba_6C_{60}	7
$(NH_3)_4Na_2CsC_{60}$	30

銅超導體以外，可說傲視群倫。

科學家很快又研製出類似的超導體，都是由3個金屬離子配1個C_{60}分子。其中有些超導體含有的金屬不只一種（表6.1）。目前超導相變溫度的最高紀錄保持者，是$RbCs_2C_{60}$，超導溫度是33度。雖然陸續有更高溫超導體的報告出來，但尚未完全證實。1992年，有人用鈣離子配上C_{60}，形成Ca_5C_{60}，首開用鹼土族金屬當摻雜物的先例，做成的超導體經過測試，超導溫度是8.4度。後來又研製出了Ba_6C_{60}，超導溫度是7度。

這些成果實在稱得上成就非凡。在發現C_{60}超導體以前，科學家都相信，只有含有氧化銅的物質，才有可能達到室溫超導體的目標，分子超導體似乎注定只能在象牙塔內進行研究而已。如今有的科學家認爲，C_{60}的潛力比氧化銅更大。根據美國阿崗實驗室的威

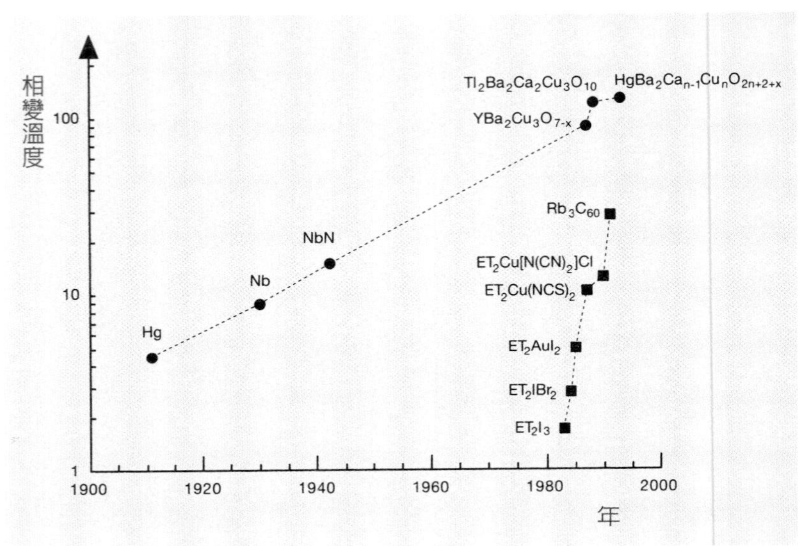

圖6.18 ▶
在未來幾年之內，分子超導體會超越銅氧化物高溫超導體嗎？如果圖中的趨勢不變，這就會成為事實。此趨勢圖由美國阿崗國家實驗室的威廉斯提供。

廉斯所對照的傳統超導體、氧化銅、分子有機超導體的超導表現（圖6.18），如果趨勢不變，用不了幾年，分子超導體就會勝過所有其他種類的超導體！

第 7 章

又軟又黏的膠體

神奇的自組裝膠體

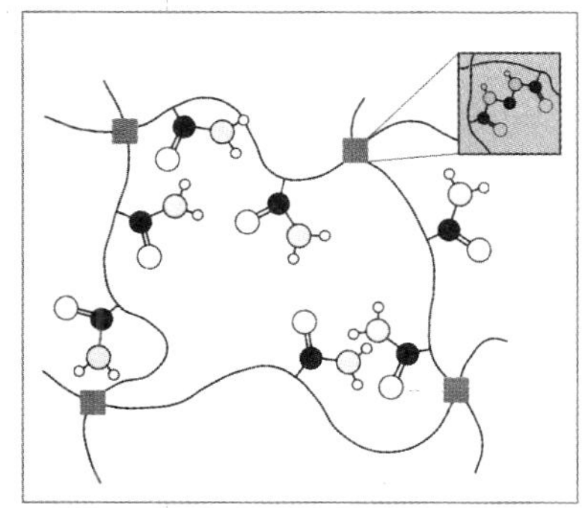

我很快就發現，油漆製造是相當古怪的行業。

——李維★

★

李維(Primo Levi1, 1919-1987)猶太裔義大利人，化學家兼作家，代表作有《週期表》和《猴子的扳手》等書，此段文字摘自《猴子的扳手》。李維的作品通常把化學元素、物質與物質之間的交互作用與反應，與人與人之間的相互關係，以及他個人的生活經歷互相結合，並對歷史提出反思。

在本書的序言，我簡短提過，油漆是相當有趣的東西。乍看之下，讀者或許會覺得油漆有什麼了不起，只有在室內裝潢的時候，才會注意到不會濺得到處都是的油漆有多好。這種油漆很有意思，放在容器裡或是沾在刷子上的時候，簡直就像固體，能夠用刀切成兩半，可是一塗開來，又像液體一樣流動。這豈不是相當奇妙？爲什麼它會有這種性質呢？

像固體又像液體

同樣令人大惑不解（且屢見不鮮）的是，油漆攪拌後，黏性反而增加。就像做奶凍的時候，原料加水攪拌，就會變成濃濃的蛋糊。慢慢攪拌時沒什麼問題，一旦速度加快，反而很難攪動。如果速度放慢，又變成濃稠的液相。

這種由於機械力量攪動而使黏性大爲改變的性質，稱爲「搖變性」（thixotropy）。早在中古世紀，就有人注意到這種現象。

舉個例子，義大利羅馬天主教會就保存了一些14世紀的小瓶子，據說裡面裝的是聖徒的血液，外觀是棕色的固體，但是在宗教儀式中稍微搖晃後，又變得好像液體一般。

教士當然把這視爲神蹟，絕對不會把這種現象和不會四濺的油漆聯想到一起。雖然義大利的宗教人士站在神蹟這一邊，但義大利的化學家倒是證明了，類似的物質是可以人工合成的，而且材料在14世紀並不難找，例如當時的維蘇威火山山腳下，就可以找到所需的氧化鐵。

今日的化學家如果要研製類似的物質，應該如何下手？這類物質的特殊性質，並不是化學反應所產生的結果，因爲其中既沒有新生的化學鍵，也未打斷原有的化學鍵，更沒有原子互換，反而比較接近第5章提過的，由一堆超分子互動而組合的現象，只不過規模更大、參與的分子更多。

隨處可見的膠體

上述的物質屬於「膠體」（colloid），小可至1奈米左右（相當於C_{60}之類的中型分子），大至1微米（相當於細菌）。照這種定義，許多物質都可以算作膠體，例如油漆、油脂、牙膏、瀝青、液晶、肥皂泡等等，通常特性是既柔軟又容易改變形狀，而且能夠流動。人體是由細胞組成，而細胞又是由微小的分子組成，所以人也算得上是膠體。

應用範圍廣泛

膠體這門學問非常偏重應用，所以研究人員多半是在工業界工作的科學家。膠體研究的範圍不只油漆而已，還包括食品科學、化妝品、潤滑劑、農業應用等等。

我們如今對於膠體的瞭解，主要來自於幾項基本原理，有的早爲人知，有些則是後來從表面上無關的物理、化學、生物學研究而發現的。

古埃及人已經能夠製造性質穩定的膠體，例如把煤灰溶於阿拉伯樹膠，成爲我們今日所知的黑墨水（Indian ink）。古代羅馬人和巴比倫人也曾發現膠體的優點，知道把瀝青塗在船隻和建築的接縫處，用來防水。

膠體這門學問包羅萬象，一本書都談不完，更不用說一章了，不過在此我們姑且挑幾個項目來談，希望能概略介紹這個廣大的領域。

化學基影響體積

首先讓我解釋前面所說的油漆現象。油漆裡面，除了水性或油性的溶劑與顏料粒子之外，還有長鏈聚合物分子。這些聚合物長鏈上，含有一些不溶於溶劑的化學基（例如離子基就不溶於油性溶劑），因爲這些化學基與溶劑不相容，爲避免與溶劑接觸，同類型的化學基會聚集，造成只與相同類型的化學基接觸的環境。

這樣的化學基可以想成是一種黏片，這種黏片會與其他分子上的黏片相黏，但是黏力相當弱，很容易分開。每個聚合物分子都有許多這樣的黏片，它們結合起來的力量，會把分子連結成某種堅實的網路，而形成的構造內會包覆著溶劑。當有外力介入時（例如插進油漆刷子），會打斷微弱的聯結，使聚合物分子、溶劑、色素，都得以自由流動。但一旦外力消失，化學基黏片又會互相連結（圖7.1a）。

調整型態伸縮自如

利用同樣的條件，可以製造出另一種物質，這種物質在外力介入後，黏性反而會增加。這回是調整聚合物的形狀，並挑選適當的化學基掛在主鏈上，讓分子內的化學基黏片，傾向與相同分子上的化學基黏片相吸。這種情況下，分子間並沒有密布的網絡，而是每個聚合物分子各自捲起，聚合物分子間並沒不會相黏。等到有外力介入，會把捲起的聚合物分子伸展開來，不同分子間的黏片才有機會互相連結，形成網絡（圖7.1b）。

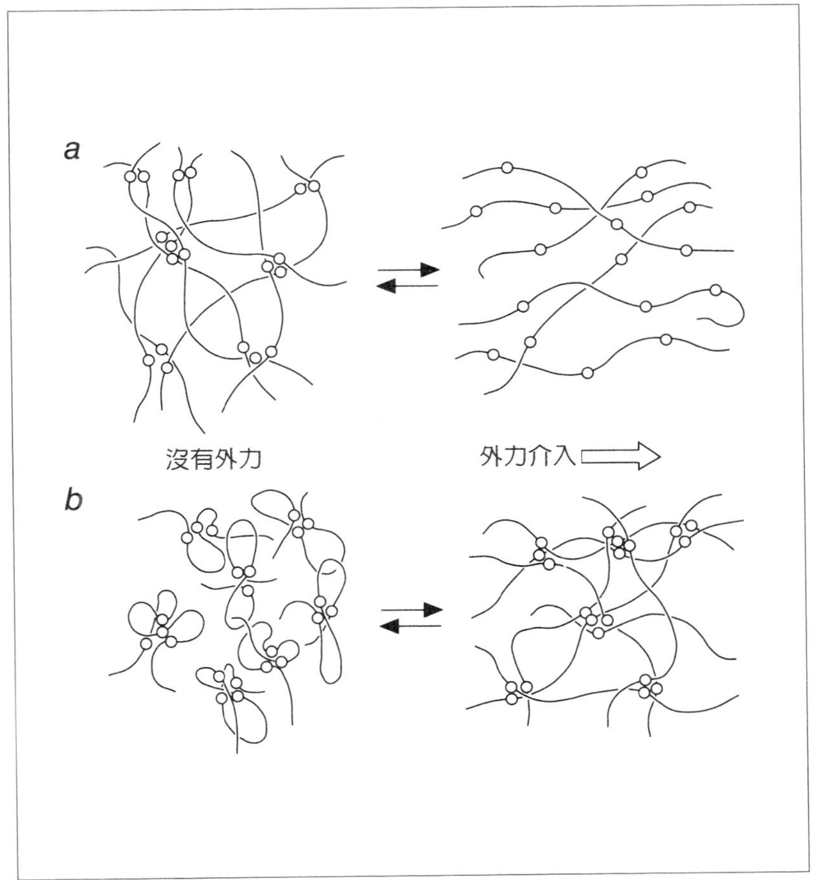

▲圖7.1

具有膠質搖變性的聚合物，黏性會由於攪動而改變。聚合物含有離子基(圖中的圓圈)，如果處在某些有機溶劑之中，會聚成一團。

a. 如果聚在一起的是性質相異的化學基，就會形成網絡，一旦遇到外力，便會斷開。

b. 如果聚在一起的是性質相同的化學基，聚合物分子本身會捲成一團，可是遇到外力之後，分子之間會互相連結。

這類物質都屬於膠質（gel）。大家一聽到膠質，常會想起骨膠或果凍。膠質介於固體與液體間的模糊地帶，能夠切開，所以很難算是液體，然而卻也能隨著容器而塑造出不同的形狀，所以也算不上是眞正的固體。

固體與液體相混

膠質其實是固體與液體的混合體，由聚合物分子形成固體般的架構網絡，而空隙間有液體存在，支撐起整個網絡。有的膠質比較像濃稠的液體，有的則比較像固體，但總而言之，膠質的軟硬取決於聚合物分子間互相連接的程度。

自然界有許多地方都用到膠質。如果情況需要既能像液體一樣流動（例如體液必須能在組織間流動）、又能像固體一般承受重量的物質，膠質就派上用場了。

膠原蛋白與骨膠

舉例來說，我們的眼睛和關節都有膠質。骨膠（gelatin）是由膠原蛋白（collagen）分子組成網絡，再加上水分所形成的。筋腱、皮膚、骨頭、眼角膜都有膠原蛋白。

膠原蛋白原本是長鏈狀的蛋白質分子，互相纏繞，形成螺旋狀。一旦加熱，蛋白質分子會彼此分離，成爲一條條長鏈。冷卻後，分子又重新纏繞在一起，但是不再形成井井有條的螺旋狀，而形成立體網絡，成了骨膠（圖7.2）。

膠質網絡內部的液體含量，影響膠質體積大小。聚合物網絡富有彈性，如果吸收的液體增加，就像海綿吸了水一樣，體積會增大。反之，體積會隨著液體減少而縮小。然而除此之外，還有別的

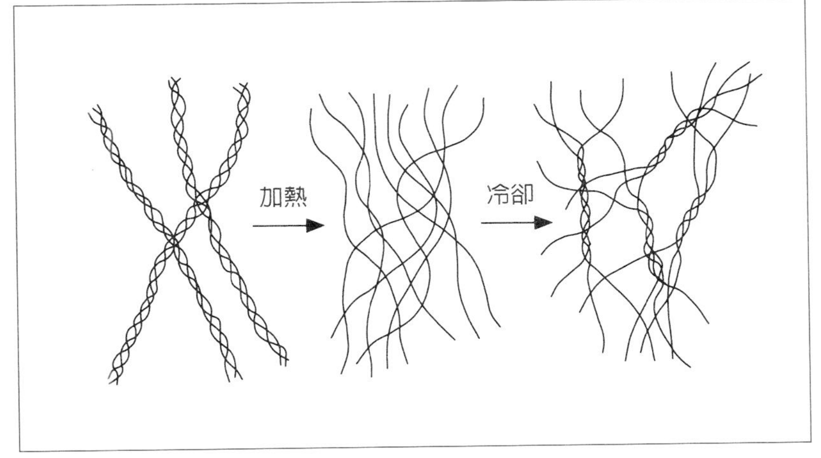

◀圖7.2
膠原蛋白可組成骨膠。膠原蛋白本來是三條蛋白質長鏈互相纏繞，形成螺旋狀的結果。經過加熱，蛋白質長鏈會分離，冷卻後，長鏈隨機組合，會形成錯綜複雜的網絡，不再像原來那麼規則。

因素這也會影響膠質的體積。例如，聚合物分子間的吸引力與排斥力，兩者之間的比例消長，會影響分子的距離，改變整體體積。又如環境溫度、酸鹼度、溶劑種類等等，都會改變聚合物分子間的吸引與排斥程度，所以這些因素可以用來調整膠質的大小。

控制膠質的大小

美國麻省理工學院物理系教授，田中豐一（Toyoichi Tanaka, 1946-2000）用聚丙烯醯胺凝膠（polyacrylamide gel）當研究材料，利用不同的環境條件，改變凝膠的體積。

聚丙烯醯胺的骨幹由碳與氫組成，加上醯胺基（amide group, $-CONH_2$）平均分布在骨幹上，分子間是以共價鍵連結，力量相當強，形成的網絡不像骨膠那麼鬆散。而由於連接處不多，所以整個網絡仍然伸縮自如。

田中豐一把聚丙烯醯胺浸泡在鹼性溶液中，調整凝膠的性

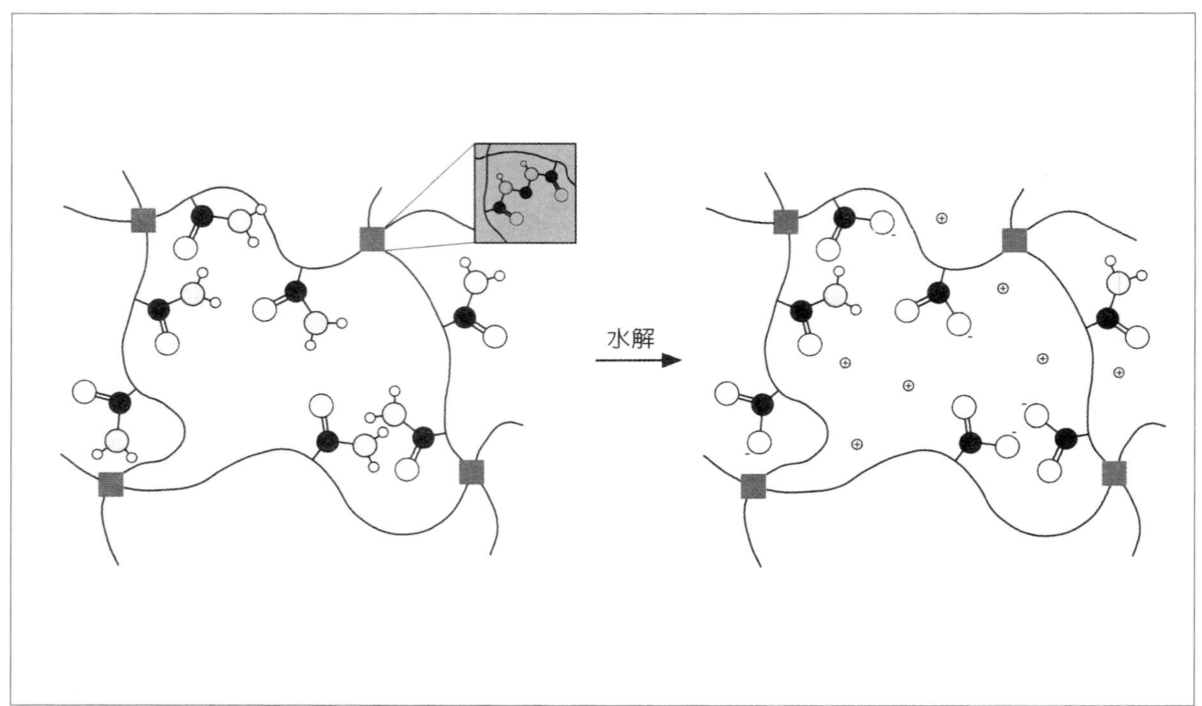

▲圖7.3
聚丙烯醯胺的網絡由共價鍵相連（圖中的紅色塊），如果遇到鹼性溶劑，醯胺基會水解成為羧基，羧基脫去氫離子之後，形成羧酸根。水解是很慢的反應，所以可以在過程中，控制羧酸根的比例。水解的程度會影響聚丙烯醯胺的漲縮程度。

質。經過鹼處理的醯胺基，會有部分水解成羧基（$-COOH$）。羧酸能夠放出氫離子（H^+），形成帶負電的羧酸根（$-COO^-$）。這麼一來，整個網絡散布著帶負電的區域，而這才是網絡能夠伸縮的主因（圖7.3）。

如果把已水解的聚丙烯醯胺凝膠放入丙酮與水的混合液中，凝膠的體積會隨丙酮含量的增加而縮小。如果聚丙烯醯胺含有的羧基不多，那麼體積會逐漸隨著丙酮增加而變小。然而如果羧基很多，會出現奇怪的現象：起先沒什麼變化，等到丙酮在溶液中達到某個比例時，凝膠的體積會突然急遽下降（圖7.4）。如果把聚丙烯醯胺凝膠在鹼液中浸泡60天，此時幾乎所有的醯胺基都水解成羧酸根，把這樣的聚丙烯醯胺放入丙酮水溶液，體積可以瞬間縮小到原來的1/350。

同樣的，除了改變溶液的比例外，改變溫度或是溶劑的酸鹼度，也可以快速改變凝膠體積。不論是天然或人工的膠質，大多都有這種體積急遽變化的現象。

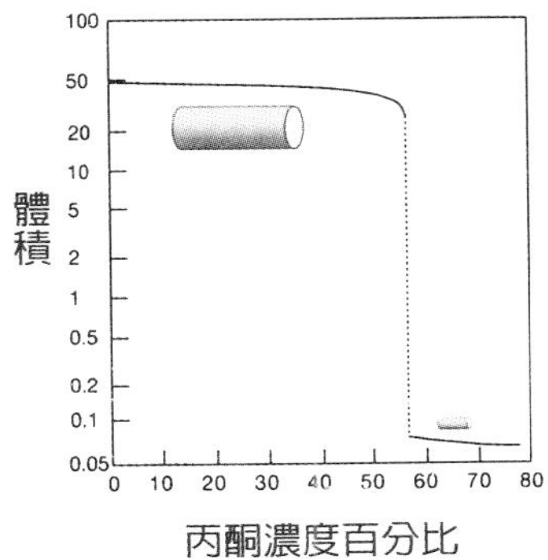

▲圖7.4
丙酮與水的混合液中，丙酮的比例會影響聚丙烯醯胺是漲是縮。
對於水解程度很高的聚丙烯醯胺而言，當丙酮的比例上升到某個程度，體積會突然直線下降。

三方角力

彈力

凝膠體積變化的現象是3種力量競爭的結果。第一種是聚合物網絡的彈力。聚合物分子有捲縮的天性，所以整個網絡有點像許多連結起來的彈簧，雖然可以拉長產生形變，但始終受欲恢復原狀的彈力牽制著（見次頁圖7.5a）。

同樣的道理，聚合物的體積雖然會受擠壓而縮小，但是也有彈力撐著體積，這是來自聚合物分子鏈中各成分受熱能而產生的振動，促使分子鏈保持距離。

與溶劑的吸引力

另外兩種力量是來自充滿凝膠間的溶劑。（其實溶劑也和聚合物網絡的彈性有關，因爲聚合物與溶劑分子的互動，會影響聚合

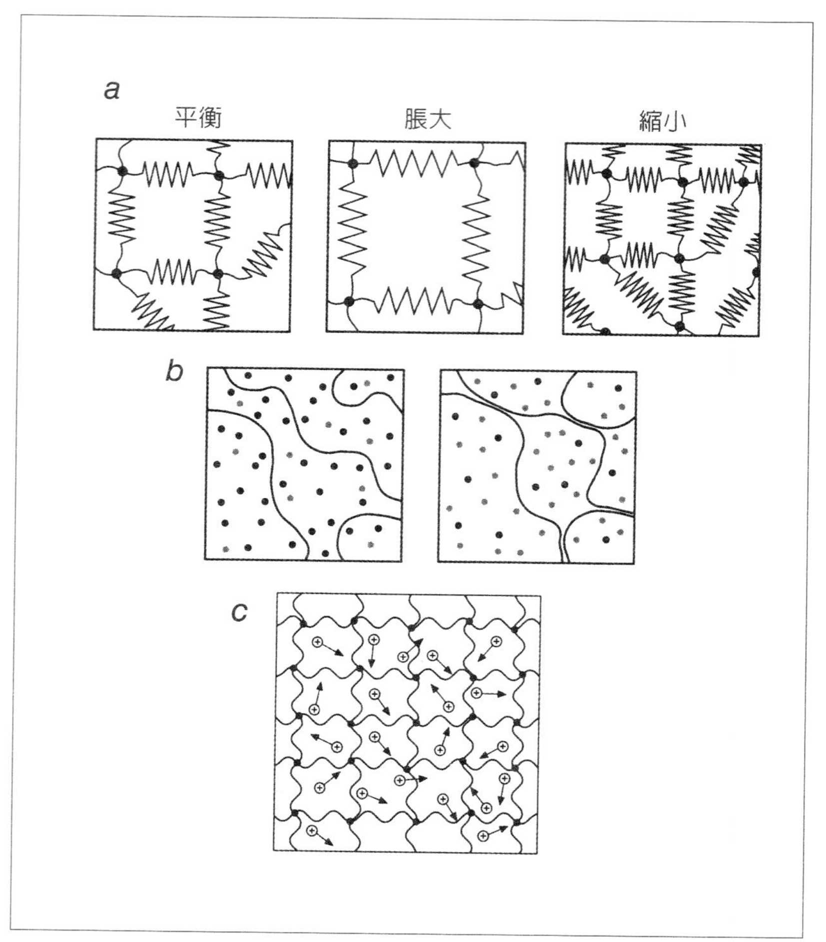

▲圖7.5

膠質的體積由三種力量決定。

a 聚合物本身像彈簧，會保持一定的大小，不會過度伸縮。

b 聚合物與溶劑是否容易親近，也影響膠質的大小。

c 氫離子的「滲透壓」防止膠質網路縮成一團。

物捲縮的程度。）有的聚合物喜歡與溶劑親近，有的則只喜歡親近其他的聚合物。對於喜歡與溶劑親近的聚合物來說，不同的溶劑也有親疏之分。

田中豐一造出的膠質，含有聚丙烯醯胺鏈，這種聚合物與各物質之間的吸引力大小，依序是聚丙烯醯胺鏈、水分子、丙酮。因此，這種膠質有縮小的本性，聚合物單位會互相吸引，把溶劑向外擠。

由於水分子比較能夠抵抗聚合物的這種天性，所以膠質泡在水中的體積會大於泡在丙酮中的時候。如果把膠質泡在水與丙酮的混和溶劑中，丙酮的比例增加時，膠質的體積就會縮小（圖7.5b）。

氫離子也有影響

第三種力量來自於氫離子。前面說過，聚丙烯醯胺在溶液中，其上的羧基會失去氫離子，所以溶劑中有許多氫離子流動。這些帶正電氫離子與帶負電羧酸根間的互動，對聚合物網路造成的影響，與氣體分子在多孔海綿中的狀況類似：產生滲透壓（這是因爲，在與溶液相比之下，聚合物中的氫離子濃度顯得相當高），於是撐大網絡（圖7.5c）。膠質中氫離子濃度愈高，滲透壓也愈高。溶劑的種類會影響羧基失去氫離子的程度，例如水比丙酮容易使羧基失去氫離子。氫離子產生的滲透壓與氣體產生的壓力一樣，都會受溫度影響。

這些力量的互動結果，決定了膠質的體積。改變溶劑的比例、酸鹼值（也就是氫離子的濃度）或是溫度，都會影響這些力量的消長，因而改變膠質的體積。有些情況下，體積變化非常急遽，好像某種決定力量突然消失了，而只由另一種力量主導。

調整電場也可以

田中豐一的實驗發現，許多因素都能影響這些力量，而改變膠質體積。例如，電場會影響聚合物網絡上帶負電的羧酸根，因而影響滲透壓。如果只把膠質的一角暴露於電場中，那麼只有暴露的部分會縮小，像圖7.6般使直筒形的膠體局部變細。這種現象將來說不定可以應用在人工肌肉方面，用電力來控制人工肌肉的鬆弛或收縮程度。

此外，實驗結果也顯示，如果在膠質網絡中放入會吸光的葉綠素（chlorophyllin），那麼照光後，膠質會縮小。

智慧型新材料

這類能夠隨著光線、電場、溫度等因素而變化的物質，有相當大的潛在應用價值。機器人的人工肌肉就是個例子，研究人員已經研製出了一些實驗性質的「聚合物手」（彩圖10）。

另一個例子是聚合物做成的「假魚」，能夠隨著電場改變而在水中游動。由於聚合物膠質放在生物體內不會出什麼大問題，所以或許可以用來替換人體出了毛病的器官，例如當作人工心臟瓣膜之類。金屬與半導體就不適合這種用途。

目前，聚合物膠質已經有實際的醫學用途。例如，膠質遇酸膨脹的特性，可以用來傳送藥物到人體的特定部位：病人吞下包著藥物分子的膠質後，藥物起先不會流出，等到膠質遇到胃酸而膨脹，藥物分子才乘隙而出。

這類研究是材料科學的新興領域，專門研發會隨環境改變的「智慧型」材料。例如，電流變流體（electrorheological fluid）受

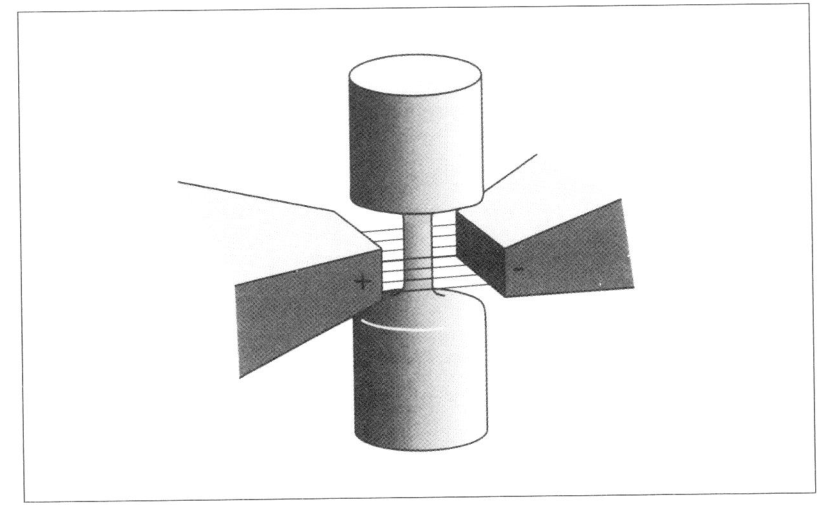

◀圖7.6
電場能夠影響溶劑的帶電化學基，改變其體積，使得圖中受到電場影響的部分縮小。

到電場的影響後，會從液態變成固態，如果用來做新型的汽車離合器，可保離合器超光滑且永不磨損。有的智慧性材料能夠自行修補裂縫，或在受損時會變色示警。這類研究啓發了材料科學的新觀念，那就是新材料並不被動受環境因素宰割，而是有應變能力，甚至能視情況轉變成另一種材料。

界面活性劑

廚房水槽裡的化學

洗衣粉廣告都喜歡強調去漬效果，可見油漬很不容易清洗。油漬不易去除的道理很簡單，因為油脂類不溶於水，所以用水清洗時，油漬會抓著布料不放。肥皀能除去油漬，是由於肥皀分子包住油漬，提供油漬水溶性的外層。

肥皀分子的一端溶於油脂，所以能夠進入油脂表面，另一半則是水溶性，突出於油脂表面之外。換句話說，肥皀分子一半像水，一半像油脂。

雙親和性功效好

這種分子有雙親和性（amphiphile），可以親近兩種不同性質的物質。肥皀裡的雙親和性分子稱爲「界面活性劑」（surfactant），通常在性質不同的物質交界處，對物質表面進行作用。

一般而言，同性才會相溶。油脂含有碳氫鏈，界面活性劑也有一部分是如此。

界面活性劑溶於水的那一端，則通常是帶負電的官能基，例如羧酸根（COO^-）或磺酸根（SO_3^-）（圖7.7）。市面上的肥皀大部分都是含有羧酸根的界面活性劑。

界面活性劑爲了要保持中性電荷，既然有一部分帶負電，一定還要有帶正電的部分。肥皀通常是以鈉離子來達到電荷平衡，化學式通常寫成〔$CH_3-(CH_2)_n-CO_2-Na^+$〕，其中n值介於10到18之間。

界面活性劑溶於水的一端爲親水端，溶於油脂的一端爲疏水端，當溶於水時，疏水端傾向於遠離水分子；疏水端要達到這個目的，除了可以埋藏在油脂群中，還有許多別的方法也有相同效果，這表示我們可以在界面活性劑的分子結構上玩很多花樣。這是目前膠體化學的熱門研究項目。

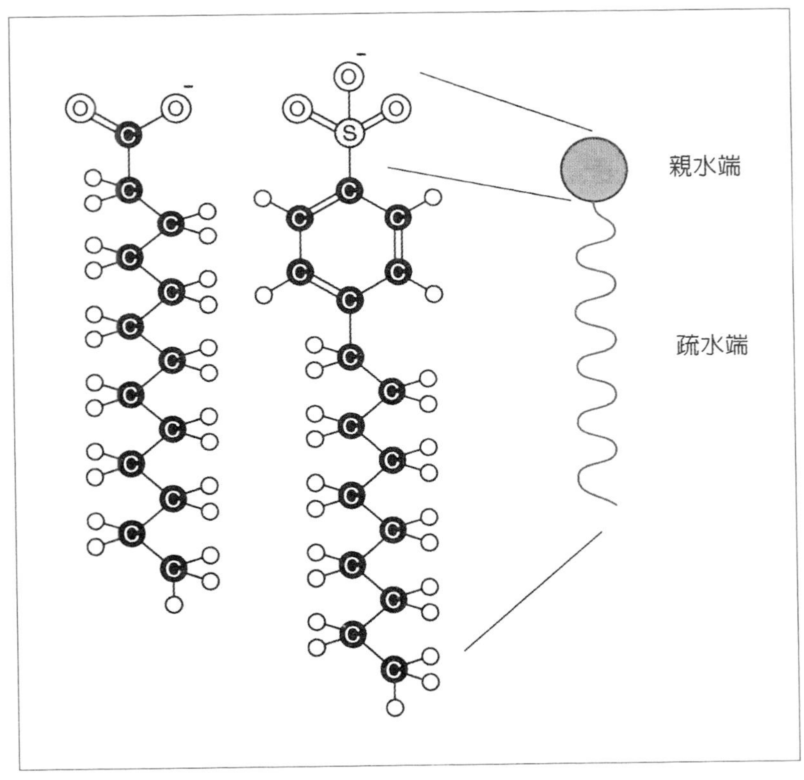

◀圖7.7
界面活性劑的其中一端帶負電，可以溶於水，另一端是碳氫鏈，可以溶於油脂。

微胞的世界

水溶液中，如果只有少量界面活性劑，這些界面活性劑分子會聚集在水的表面，以親水端與水分子接觸，疏水端則朝向空中避開水分子。

純水表面的水分子比較自由，能量也比較高，而不像內部的水分子受到彼此牽制的重重束縛。水的表面積愈大，能量總和就愈高，會使液體凝聚，減少表面積，形成我們所說的「表面張力」。這就是爲什麼水珠是球形，也是爲什麼水滴在塑膠或油性表面會聚在一起，而不受重力拉動蔓延（圖7.8）。

不過只要水的表面有一層界面活性劑，就能有效的降低表面張力，因爲這時液面會布滿界面活性劑的疏水端，而疏水端對水非常排斥，所以只要加一點肥皀，水珠就會散開。

處於水溶液表面的界面活性劑，會在空氣與液體之間形成薄膜，讓水產生細柔的泡沫。純水本身無法形成泡沫，因爲表面張力會把水分子拉住，凝聚成小水珠。水中如果加一點界面活性劑，就

圖7.8 ▶
落在疏水性表面的水珠，由於表面張力的作用，所以會聚集在一起。如果加入界面活性劑，降低了表面張力，水珠就會攤平開。（此圖由Isao Noda, The Proctor & Gamble. Co., Cincinnati提供）

能夠降低表面張力，形成泡沫。許多小泡泡聚集形成的泡沫群有許多商業與工業價值，例如用來滅火，或是萃取礦物。泡沫雖然密度很小，卻相當強韌，油料起火的時候，泡沫可以浮在油料上方，阻隔空氣，達到滅火的目的。

液體中的界面活性劑如果太多，導致水溶液表面無法完全容納，界面活性劑分子就必須另想辦法，使疏水端不碰到水。方法之一，是使界面活性劑分子聚成一團，親水端朝外，疏水端朝內（圖7.9）。

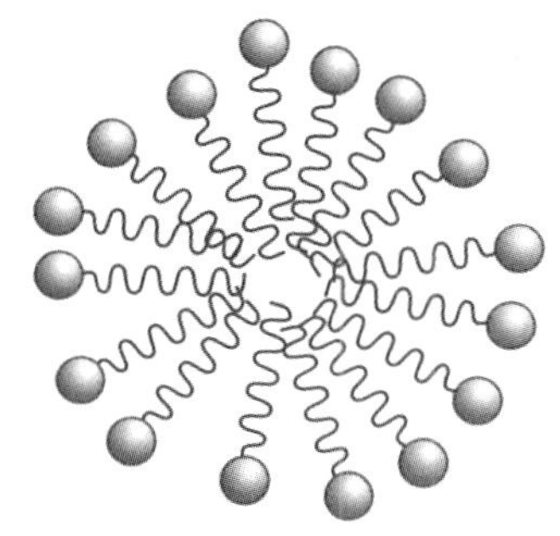

▲圖7.9
水溶液中的界面活性劑可以形成微胞，把疏水性的一端藏在內部，避免與水分子接觸。

愛散射光線的微胞

像圖7.9的這種構造稱爲「微胞」（micelle），情況與界面活性劑包住油脂時一樣，只不過此時內部空無一物，只有疏水端彼此相對。當界面活性劑量超過了所謂的「臨界微胞濃度」（critical micelle concentration），就會產生球狀的微胞。把溶液照光，如果可以清楚看到穿越溶液的光徑，就表示有微胞產生。

這個現象稱爲廷得效應，因爲它是由19世紀的英國物理學家廷得★所發現。而這個現象的產生，是由於微胞會散射光線的緣故，微胞的大小多半與可見光的波長差不多，所以散射光線的現象很強。

★
廷得（John Tyndall, 1820-1893），英國物理學家，研究領域包括光學、聲學等，曾於1883年發表有關冰河成形的研究成果。

又見自組裝

乍看之下會以爲，水溶液中雙親和性分子，要花費相當多功夫才能形成微胞。其實只要水分子與界面活性劑的疏水端互相排斥，就能造成微胞。第5章提過，有些分子能夠自組裝，這裡的情形也一樣，只是規模較大，有成千上萬的分子參與其事，自動自發

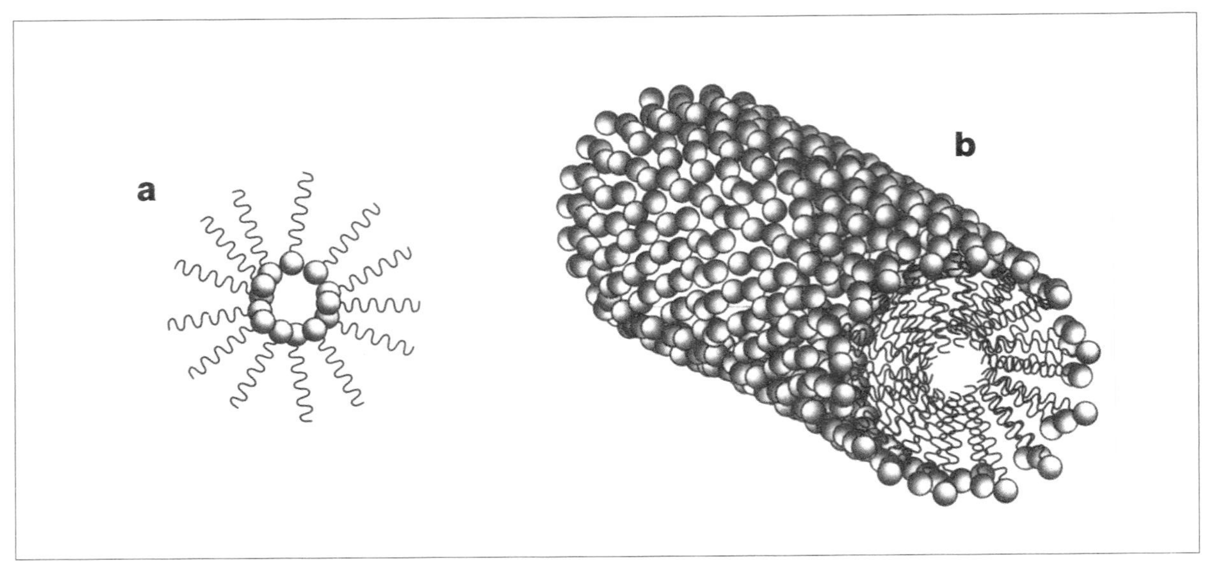

▲圖7.10
a. 油性溶液裡，界面活性劑形成的反微胞。
b. 圓柱形微胞。

組織成微胞。不過這種組織相當鬆散，所以有時界面活性劑分子的堆疊有缺陷，使微胞的結構扭曲。此外，界面活性劑分子也可以在微胞間來去自如。

界面活性劑在油性溶液裡的情形，正好與在水中相反，因此會形成「反微胞」，也就是親水端朝內，疏水端朝外（圖7.10a）。此外，還可能形成圓柱形的微胞（圖7.10b），而且能夠像一根根木頭排列起來，形成類似於液晶（本章稍後會談到）的構造。

水乳交融成乳液

微胞如果很小，內部就只有界面活性劑分子的疏水端而已，但較大微胞的中心就有空隙，可以包住非水溶性的物質。一般情況下，不溶於水的液體摻入水中，會與水形成楚河漢界，互不侵犯。

如果加入界面活性劑，就能夠使兩者水乳交融。

以油和水爲例，油與水混合後，如果大力搖晃，水中會有小油滴，而油中會有小水滴，整個液體顯得混濁。靜止一段時間之後，兩者又分得一清二楚，水是水，油是油。如果在油水混合液中加一點界面活性劑，界面活性劑能包覆小油滴與小水滴，讓它們溶入另一種溶劑中。

這種由兩類液體互相溶合形成的膠體，稱爲乳液（emulsion）。對於工業界來說，如何形成穩定的乳液，使得兩種液體不會隨便分開，是膠體研究的一大課題，尤其食品業與油漆業對此更是非常重視。自然界中也有乳液，牛奶就是一例。牛奶的成分是散布在水中的脂肪與蛋白質。由於脂肪形成的膠體顆粒散射光線的能力很強，使牛奶呈現不透明的白色。如果把牛奶的成分一一分離，單獨來看都是透明的。

反微胞也當容器

目前有些化學家用反微胞，當作超小型的化學反應容器，用來合成膠體大小的固態粒子，而這些產物多半有特殊的催化力或有用的電子特性。

如果把含有這些固態粒子的水溶液（多半是離子溶液），加入含有反微胞的油性溶劑中，這些離子會自動進入微胞的親水性內部，不斷累積，直到產生沈澱爲止。反微胞猶如鑄模，能夠決定沈澱物的大小與形狀。

化學家如果利用體積一致的微胞當作鑄模，就能產生大小幾乎相同的圓珠狀沈澱物。新墨西哥州的山迪亞國家實驗室（Sandia National Laboratory）以及IBM公司在紐澤西州的貝爾實驗室，都曾利用此原理，製造出細微顆粒的硒化鎘（cadmium selenide）半導體材料，科學家希望這種材料能有新型態的發光性質。

微胞與生命現象

第5章說過，科學家能夠設計出自我複製的人工分子，複製情況與攜帶生命藍圖的DNA分子的一樣。科學家希望，這些人工分子可以使我們一窺生命演化的奧祕，這一點在第8章我們還會更進一步談到。

在瑞士蘇黎世工業大學工作的義大利化學家魯以西（Pier Luigi Luisi）與同仁致力於研究微胞的自我複製方式，希望能夠增加複製效率，與雷貝克研究的「模板」分子複製現象相仿（見第5章第54頁）。在某種程度上，微胞也和雷貝克的分子一樣，具有生命現象的某些特質。

用微胞造微胞

魯以西的主意很簡單：既然微胞內部可以當作化學反應的容器，那麼能不能當作產生微胞本身組成成分的場所？如果能，而且產生的速度比在溶液中的反應更快，就等於能自我催化，提高產生微胞的效率。

實驗結果證明，這種反應果然在許多種微胞中都可進行。第一個成功的例子，是在異辛烷與辛醇（9：1）的混合液中加入辛酸鈉皂鹽（$CH_3-(CH_2)_6-CO_2-Na^+$）。異辛烷是不溶於水的碳氫化合物，所以界面活性劑（辛酸鈉離子）會形成反微胞，而辛醇在此的角色很微妙，它對碳氫化合物與水，都可以稍微相溶。如果系統中加入一點水，水分子會進入反微胞的內部。

魯以西團隊接著在系統內加入辛酸乙酯（ethyloctanoate）和氫氧化鋰。氫氧化鋰會水解辛酸乙酯，產生辛酸離子與乙醇，使界面活性劑的含量增加。氫氧化鋰不怎麼溶於異辛烷，若只加入氫氧化鋰，水解的作用很慢。然而如果有內部含水的反微胞存在，水解反應就可以在充滿水的小環境中快速進行（圖7.11）。產生的辛烷離子會跑到反微胞外，再形成新的反微胞。所以廣義來說，加入了原料之後，微胞會進行複製。

魯以西團隊早先進行實驗，需要在溶劑裡先加幾個反微胞，才能開始反應。後來經過改進，只要用酯類當作界面活性劑的先驅物，並加入促進水解的化學物，一旦酯類水解成界面活性劑的量，到達足以產生微胞的程度，微胞就會催化加速水解反應，產生更多

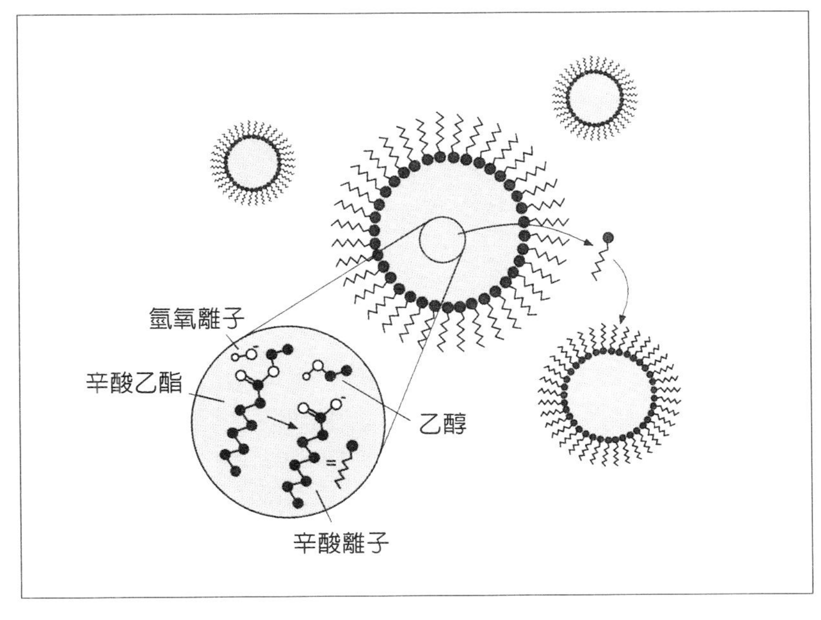

◀圖7.11
反微胞能自我複製。反微胞內部的辛酸乙酯水解成為辛酸離子（和乙醇），然後跑到微胞之外，形成更多的反微胞。這種情況下的反微胞會自我催化，加速本身的製造。

的界面活性劑，且不斷造出新的微胞，而雪球就愈滾愈大。

地球上的生命起源，會不會類似這種能自我複製的微胞？細胞膜與微胞的相似之處，在於兩者都是由雙親和性分子，自動組合而成的構造。當然，細胞裡面除了水，還有許多其他成分。如果光有一層細胞膜，裡面空無一物，即使能夠複製，也算不上是生命體。因爲這樣的構造不能儲存遺傳訊息，也就不能把遺傳訊息傳給下一代，換句話說，並不能夠演化。

模型細胞

如果溶液裡面的界面活性劑濃度高於「臨界微胞濃度」，就會出現新的結構，而這種結構的自我組織的能力更高。

其中最常見的爲雙層膜（bilayer），是由界面活性劑分子排排站，形成背對背的兩大片，疏水端都朝內，避開水分子。這樣的雙層膜可以繞成密閉球狀，形成液泡（vesicle，見圖7.12），如此一來，疏水端就都不會碰到水分子。細胞膜其實就是液泡構成的，這種液泡是天然雙親和性分子組成的雙層膜形成的，其中的雙親和性分子通常爲磷脂質（phospholipid），是具有親水的磷酸鹽基，接上兩條碳氫長鏈所組成（圖7.13a）。

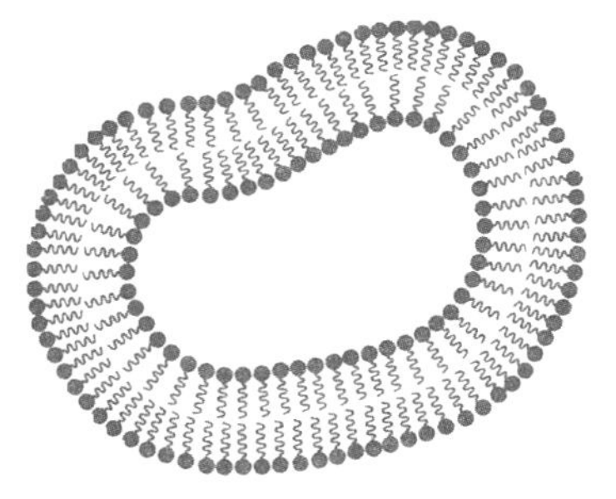

▲圖7.12
雙親和性雙層膜形成的液泡。雙親和性分子排排站，背對背，而且雙層組織首尾相連，形成囊狀的構造。這裡顯示的是橫切面圖。

液泡模擬真實細胞

英國劍橋動物生理研究所的班漢（Alec Bangham）首先在1961年發現，磷脂之類的雙親和性分子能自動組成液泡。由於有這種現象，科學家便可以利用「模型細胞」來研究細胞的某些行

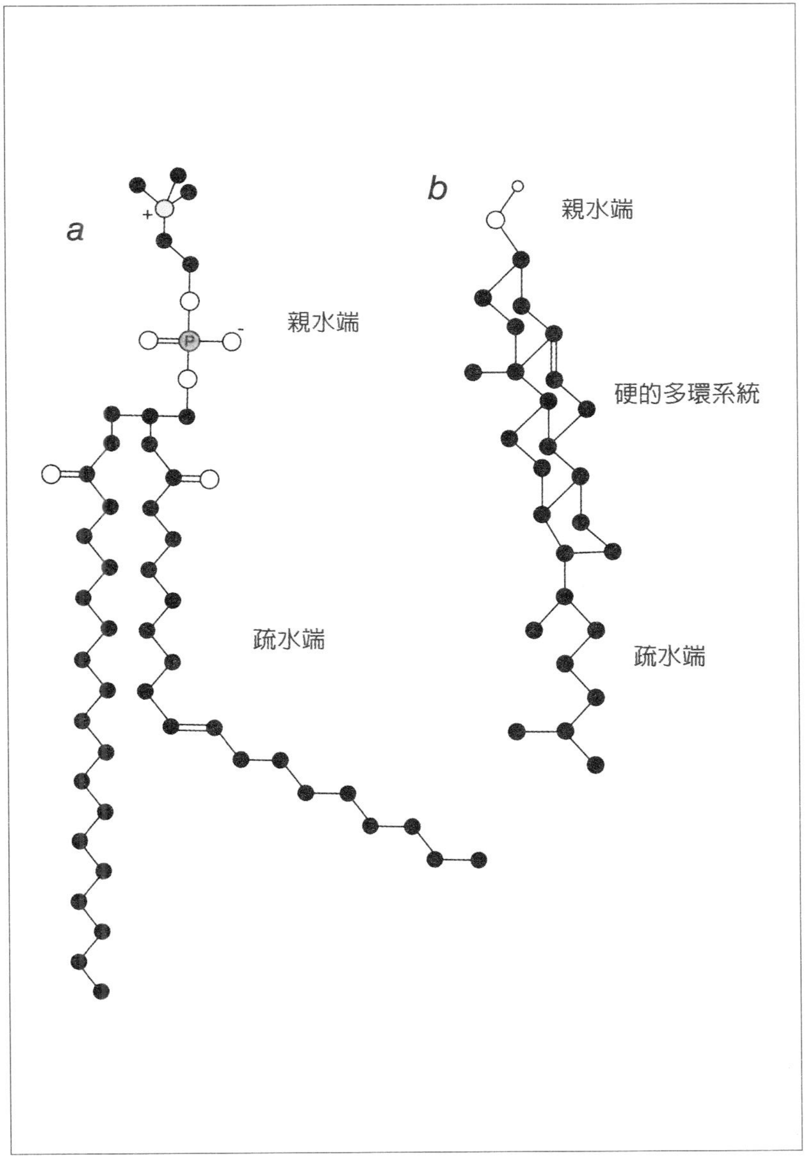

◀圖7.13

a. 細胞膜的主要成分是磷脂雙親和性分子。

b. 膽固醇分子使得細胞膜的形狀比較固定。

爲。所謂「模型細胞」，只不過是內部充滿水的液泡。

雙層膜的液泡和微胞一樣，是相當鬆散的構造，各成分間並不是由化學鍵相連，而只是憑藉著微弱的疏水力（hydrophobic force），這種力來自於疏水端盡力避開水分子的本性。每個雙親和性分子都可以相當容易的藉著相互推擠，移動到別的位置，就像我們擠過滿滿是人的大廳一般。以細菌來說，磷脂分子能夠在1秒內，就從細胞膜的一側移動到另一側。

膽固醇易硬化

不過，並不是所有的細胞膜流動性都這麼好。例如，有的動物細胞含有膽固醇分子，而膽固醇是雙親和性分子，疏水端比較僵硬，不像碳氫鏈那麼有彈性（圖7.13b），所以這種細胞膜的形狀會比較固定。

紅血球的細胞膜含有收縮性蛋白（spectrin）所組成的骨幹，因此細胞有一定的形狀。收縮性蛋白是經由崁在細胞膜上的其他種蛋白質，而接在細胞膜上。有些遺傳突變，會使人體無法正常製造收縮性蛋白，導致紅血球細胞的形狀異常，而造成球狀紅血球症（spherocytosis）與橢圓紅血球症（elliptocytosis）等疾病，產生貧血現象。

膜上有通道

一般來講，細胞膜的雙層結構，使得它的基質上含有不少活躍的蛋白質，可以控制細胞的一些行爲，例如對環境分子的反應等等。細胞膜蛋白質的分子辨識過程，是免疫生化反應中很重要的一環。此外，我們在第5章曾說過，多數的細胞膜上都有許多「通道」，可以讓物質出入。例如鈣、鉀等金屬離子可以通過神經細胞膜表面，造成細胞內外金屬離子的濃度差異，而產生神經系統所傳遞的電流訊號。

分子包裹

可分可合的液泡

由於液泡的組成分子間沒有化學鍵相繫，所以液泡會像肥皂泡沫一樣，相當容易散開。不過，液泡有另一項更引人注意的特性，是能夠輕易的「二合爲一」或「一分爲二」。

兩個液泡的表面一接觸，就能融爲一體，變成比較大的液泡。相反的，液泡也能像發芽一樣，長出分枝，然後脫離原液泡成爲另一個液泡。這種現象對細胞學來說非常重要，因爲物質可以藉由這種現象出入細胞。從細胞膜分離出來的液泡在包住外來物質後，會再與細胞融合爲一體，物質因而得以進入細胞（見次頁圖7.14a）。

這種現象稱爲「內噬作用」（endocytosis）。同理，細胞內部的物質也能包在液泡中，然後與細胞膜融合，釋放到外面，這種現象稱爲「外釋作用」（exocytosis）（見次頁圖7.14b）。

送藥入細胞

科學家發現，或許可以利用細胞膜融合與內噬作用的現象，用人工製造的磷脂液泡，運送藥劑等物質進入細胞。這類液泡早年稱爲脂質體（liposome），如今脂質體一詞已經是雙層液泡的通稱了。

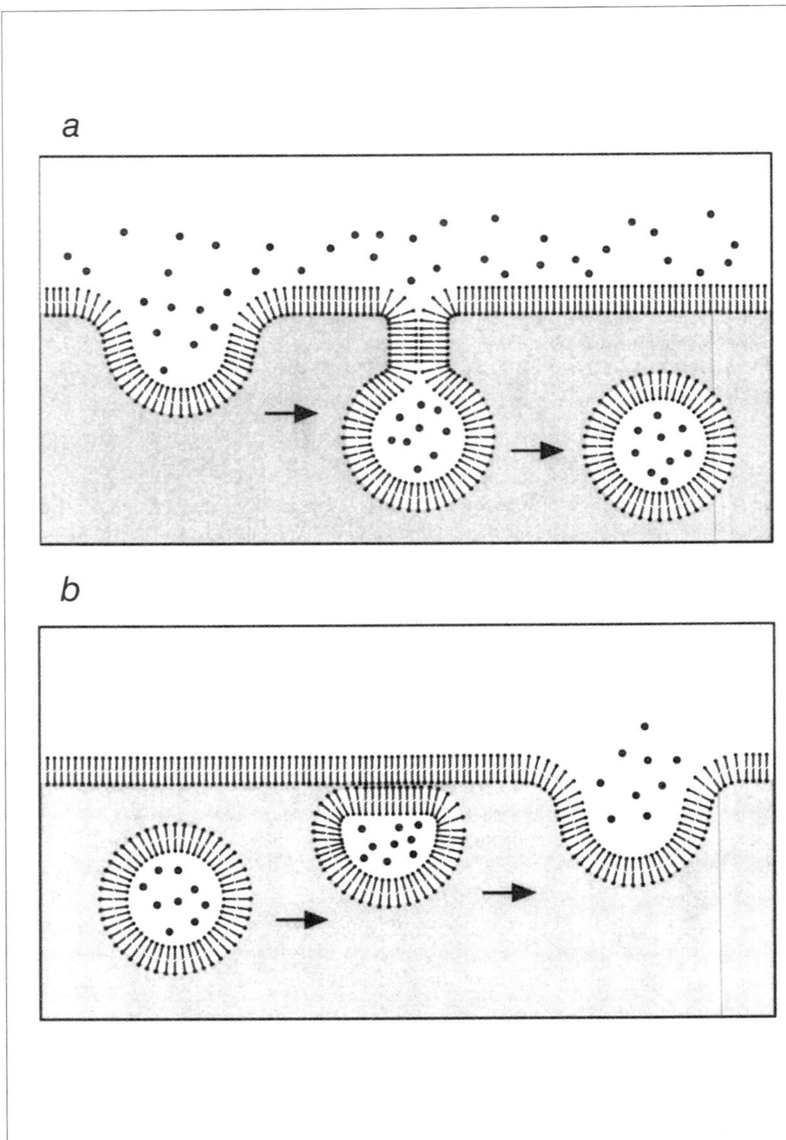

圖7.14 ▶
細胞以內噬作用（a）與外釋作用（b）的方式，把物質吞入或排出細胞。灰色部分代表細胞內部。

利用脂質體運送藥物進入細胞的做法，是先在實驗室內，用人工方法使脂質體包住藥物分子，接著注射入人體。脂質體移動到目標細胞後，才會釋放出藥物，達到藥效。

至於脂質體如何與細胞膜作用，取決於細胞膜上磷脂的化學性質。大多數脂質體會黏住細胞膜，然後藥物分子會慢慢滲出脂質體，再滲入細胞（次頁圖7.15a）。如果我們改變脂質體的組成成分，就能控制液泡只與某一類細胞反應，調整釋放藥物的速度，進而由此操控整個運送系統。

另一種運送藥物進入細胞的方法，是利用內噬作用的現象，把整個脂質體呑入細胞中，再逐漸分解脂質體，放出藥物（次頁圖7.15b）。還有一種方法，是先把藥物分子與脂質體的磷脂結合，等到細胞膜與脂質體的表面接觸後，磷脂分子從細胞膜的一側移動到另一側，藥物分子便跟著進入細胞（圖7.15c）。經由這種方式，細胞膜與脂質體偶爾也會融合（圖7.15d）。

成功實例

利用脂質體做爲運送藥物的方法，相當有前途。目前以這種方式治病已經有成功的例子，例如以脂質體運送抗癌藥物「杜薩魯比辛」（doxorubicin，俗稱小紅莓）進入細胞，治療惡性腫瘤與白血病時，可使副作用大爲降低。又如利用脂質體運送抗癌藥物anthacycline ，能針對定點釋放藥物，如此可以提高藥效高達十倍。

如今基因療法也打算利用脂質體，希望以脂質體包住DNA或RNA片段，送入細胞中，用來替換變異出錯的基因，治療遺傳疾病。

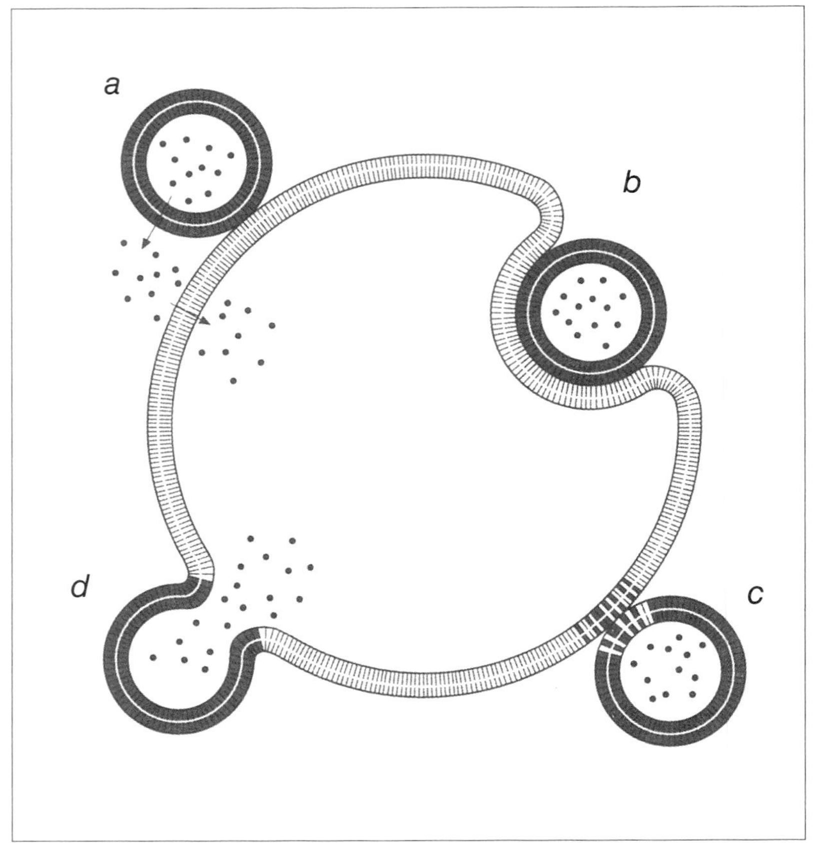

▲圖7.15

脂質體可以用來運送藥物進入細胞之中。

a. 許多種脂質體會附著在細胞表面，然後脂質體內部的藥物分子逐漸滲入細胞。

b. 細胞也可能把整個脂質體吞入細胞，加以分解，於是釋放出藥物。

c. 附著在細胞膜表面的脂質體也可能由磷脂分子移動到細胞內，連帶把藥物分子也帶入細胞。

d. 整個脂質體與細胞膜融合的情形，比較少見。

易遭免疫系統攻擊

不過，脂質體的方法也不是沒有困難之處。例如，免疫系統就是個大問題，因爲即使脂質體跟細胞很像，但在血液系統中流動時，免疫系統還是能夠察覺它是外來物，進而指揮抗體，消滅脂質體。

三方會戰

前面說過，有些不同的液體混合後，不會互相融合，但界面活性劑能夠使溶液形成穩定的膠體乳液。例如，油與水混合後，如果有微胞包住油滴，油就能夠溶於水；同樣的，如果有反微胞包住水滴，水就能夠溶於油。

微乳液現象

由此可見，有了界面活性劑，可以使根本不可能發生的事發生。一般來說，界面活性劑到底是使得水溶於油，還是油溶於水，要看油、水以及界面活性劑的比例而定。原本不能互溶兩種的液體，經由界面活性劑的作用後，形成穩定的膠體，使得分子能夠互溶，這種結果稱爲微乳液。

如果在包著油的微胞中加入更多的油質，那麼微胞便會漲大。包著油的兩個微胞相碰，有可能會二合爲一，如果溶液中有很多微胞碰在一起，油滴便會連成一大片，外層包覆著界面活性劑。此時很難說究竟是水中含油，還是油中含水。

溶液中的三種成分，由界面活性劑則介於水與油之間，隨機形成水路與油路兩套迷宮（見圖7.16a）。而在微乳液中，油路與水路，多少都會不斷接觸，產生所謂的「雙重連續雙重迷宮」（bicontinuous double-labyrinth）構造。

油水界面多變化

油跟水之間布滿界面活性劑的分界面，形狀很不規則，而且彎來彎去，暴露出雙親和性分子原本應該「隱藏」的部分，因此是要耗費能量的。如果油與水各自形成一層層平坦的構造，互相重疊，此時相隔兩者的界面活性劑，就不會彎彎扭扭的（圖7.16b）。這種狀況稱爲板層相（lamellar phase）。

然而最神奇的現象，應該算是規則化的雙連續構造。爲了降低不規則界面之間耗費的能量（也就是減少界面面積），雙連續微乳液會出現與圖7.16a的不規則網絡非常不同的現象，雙連續構造會有最小的表面積，稱爲極小曲面。

德國人史瓦茲（H. A. Schwartz）早在19世紀就已經研究過這種原理，而數學家也早就知道這種現象。這種規則化的重複構造有如單位晶胞（參見《現代化學I》第4章），形狀漂亮得令人匪夷所思（彩圖11）。有些構造會形成不斷重複的通道，彼此連結得錯綜複雜，因此外號叫做「水管工人的夢魘」。

平面晶體

在水面上稀稀疏疏的界面活性劑分子，排列方式通常毫無秩序可言，疏水端亂翹，各分子間互無影響。但如果界面活性劑的數

a

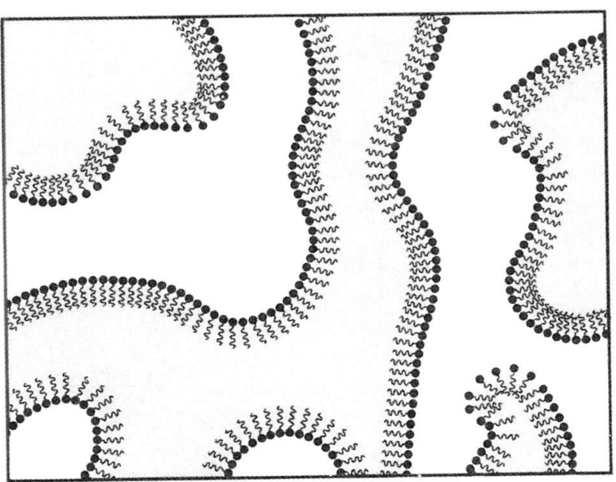

b

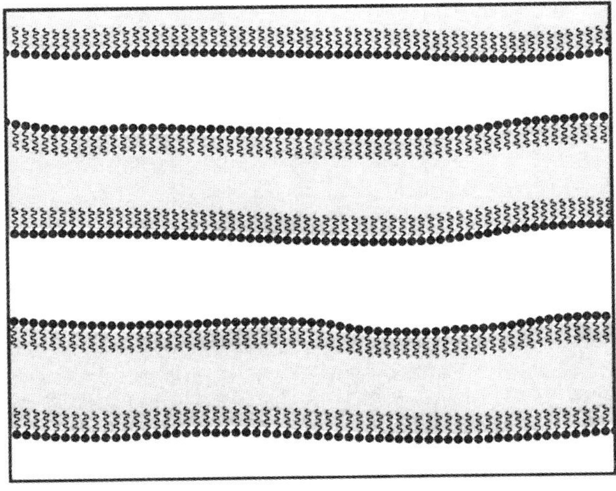

◀圖7.16
油（灰色部分）與水（白色部分）能夠混合，是由於界面活性劑位在兩者之間，才能形成穩定的微乳液。

a. 有些狀況下，油與水各自構成不規則的網絡；
b. 在板層相的時候，油與水各自形成大塊平坦的重疊狀況，兩者之間隔著界面活性劑。

量很多，一堆分子擠在一起，分子排列就自然井井有條，並肩而立。而分子愈多，排列就愈整齊，幾乎像晶體分子般規則。

藍穆爾造薄膜

20世紀初期，蘇格蘭裔美籍科學家藍穆爾★發現有2個簡單的方法，可使界面活性劑分子整齊排列。他在長方形淺水槽裝滿水，在水面布滿界面活性劑，然後用棒子架在水槽上，並使棒子與水面接觸（圖7.17）。把棒子從水槽的一端向另一端推進，擠壓水面上的薄層，薄層的結構會立即產生數種變化。而水面的界面活性劑形成的薄層，就稱爲「藍穆爾薄膜」（Langmuir film）。

★
藍穆爾（Irving Langmuir, 1881-1957），物理化學家，生於美國紐約布魯克林，從哥倫比亞大學獲得博士學位後，教了兩年書，旋即進入奇異公司從事研究工作。因爲對表面化學的卓越貢獻，在1936年獲得諾貝爾化學獎。

且讓我們對這種二維空間的「平面」現象，與我們所熟知的三維空間世界，進行比較。三維空間裡，物質可以分爲三種相（或「態」），從低密度到高密度分別爲氣相、液相、固相。如果我們改

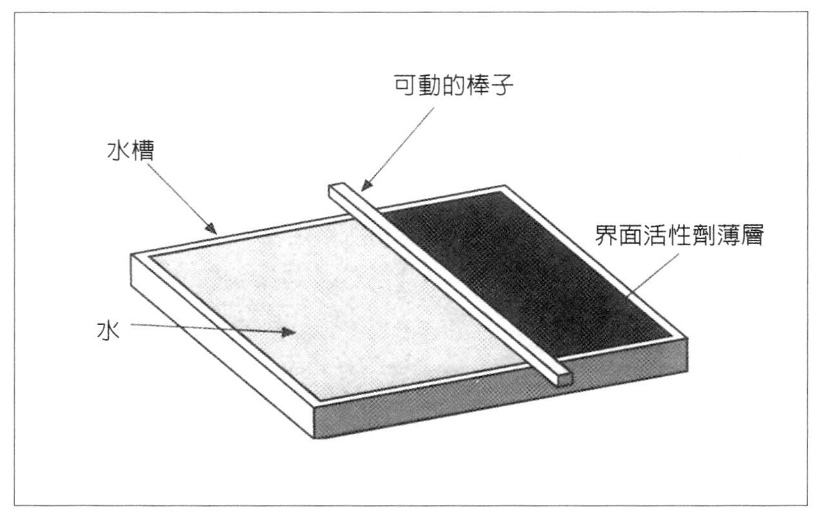

圖7.17 ▶
藍穆爾薄膜水槽。如果移動架在表面的棍棒，就能改變表面面積，也就改變了水面界面活性劑分子的密度。

變物質的密度，就會改變它的相。藍穆爾薄膜的情形也是一樣，水面如果只有少數界面活性劑分子分散四處，互不干擾，可以看成是二維（2D）的氣體。如果要增加密度，只要像藍穆爾一樣，設法縮小水面面積就行了。

用螢光探測結構

藍穆爾薄膜的結構，可以用螢光顯微技術（fluorescence microscopy）來觀測。方法是在界面活性劑中加入少量「探測」分子，這些分子吸收雷射光後，會發出螢光。而這種分子在溶液中的溶解程度，會因界面活性劑的密度而改變，因此不同密度（相）的界面活性劑，發出的螢光程度各異。

當界面活性劑處於密度不高的2D氣相時，螢光分子會分散各處，因此發出的螢光很微弱，只見黑漆漆的一片。如果利用棒子擠壓，使界面活性劑的密度增加，達到2D液相，探測分子的密度也會增加，此時就會開始看到光點。如果密度再增加，光點會連成一氣，發出整片螢光，原先2D氣相的黑色氣泡，至此完全消失。

液相凝結或擴展

然而這類二維薄膜有種特殊情況，如果表面壓力繼續增加，會形成一種特殊相，這種相是介於液體（界面活性劑四處散布）與固體（界面活性劑緊密排列）之間。因爲X光繞射的數據顯示，分子有規則性的重複排列，所以並不算是液體，但也不是完全是排列整齊的狀況，所以也不像固體。

在這個相中，疏水端從水面向上伸出，彼此大致平行，但是從整個分子來看，分子間的排列卻又沒什麼規則。這種相稱爲「液相凝結相」(liquid-condensed phase, 簡稱爲LC相),而之前密度較低的相,則稱爲「液相膨脹相」(liquid-expanded phase, 簡稱爲LE相)。在LC相下,用來標記的螢光分子並不密集,所以在螢光顯微鏡下看起來相當漆黑,可以看到黑色斑點出現(圖7.18)。如果界面活性劑的密度增加,就會從LC相轉變成2D固相,使得分子排列整齊,疏水端也平行並排(圖7.19)。

LE相只在某個溫度以上才能形成,如果低於這個溫度,2D氣相會直接凝結成LC相。如果驟然降低LE相的溫度,薄膜就會處於過冷狀態,呈現圖7.20這種夢幻般的圖案,其中亮光的部分即爲LE相,內含有「花瓣狀」的LC相,以及花心與黑色圓形的2D氣

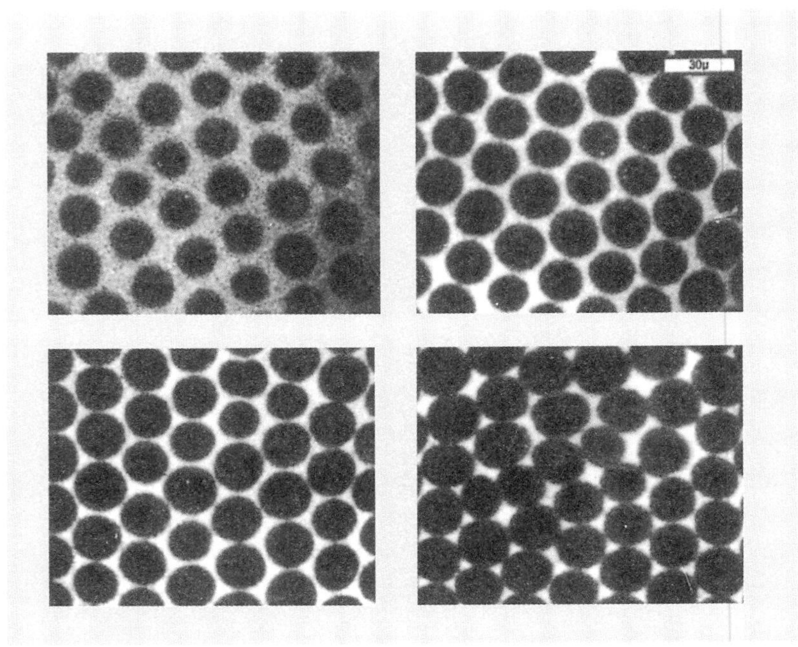

圖7.18 ▶
螢光顯微鏡下的藍穆爾薄膜從LE相轉變成LC相。黑色圓形是LC相,如果界面活性劑密度增加,黑色圓形的面積也會擴大。

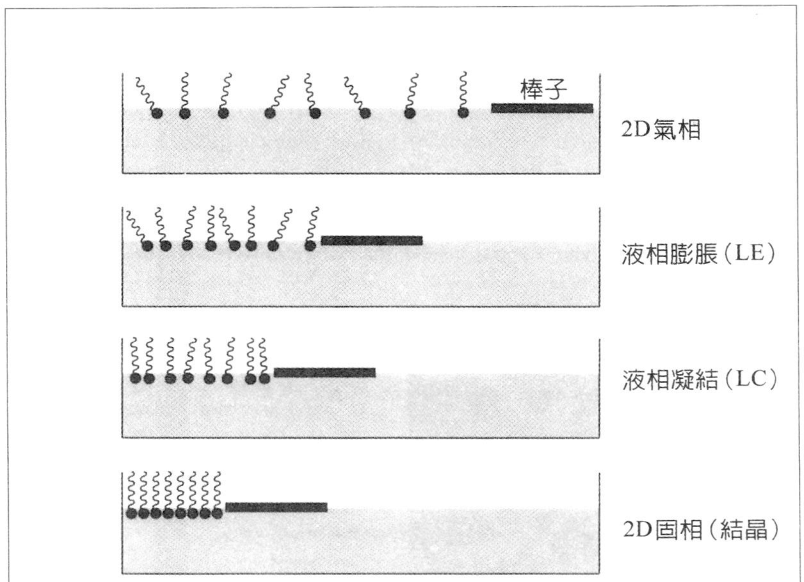

◀圖7.19
藍穆爾薄膜在2D氣相、LE、LC、結晶（「固相」）四種不同相下的情況。

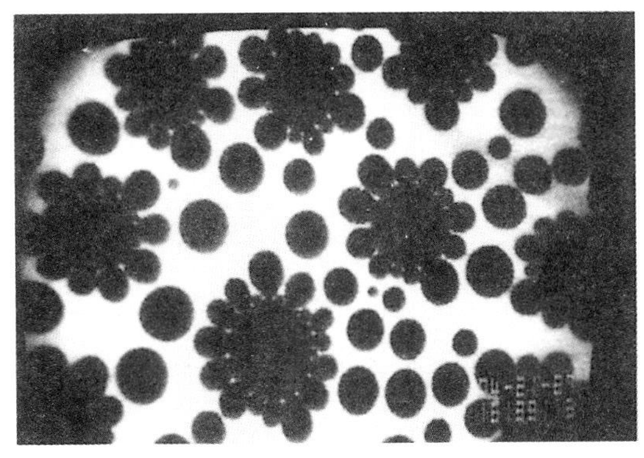

◀圖7.20
LE相的溫度如果驟然降低，可能只有2D氣相與LC相能穩定存在，因而形成圖中的圖案。

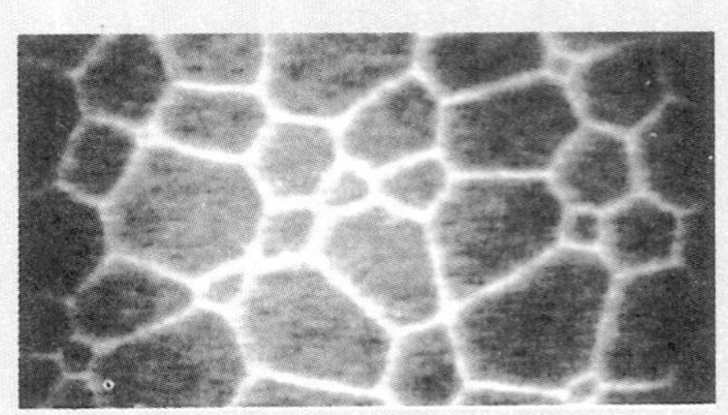

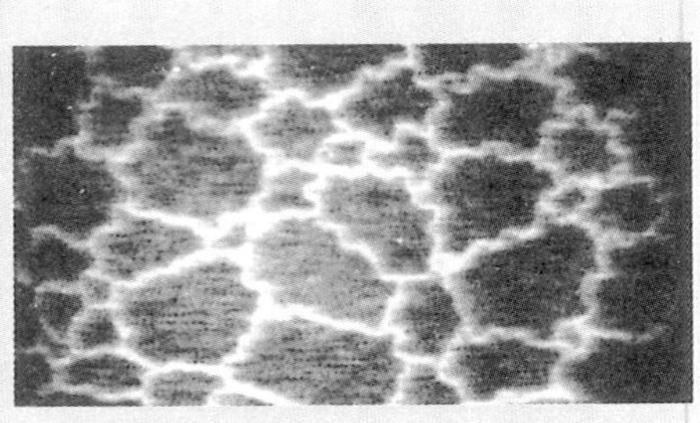

▲圖7.21
平面相的泡沫。
a. 深色部分是2D氣相，彼此之間隔著LE相。
b. 如果溫度上升，泡沫壁會扭曲。

相。LE相下的2D氣相還會形成泡沫般的奇怪構造，泡沫間以LE相的薄膜相隔（圖7.21）。

美國加州大學洛杉磯分校的諾布勒（Charles Knobler）研究小組發現，如果慢慢提高溫度，泡沫會突然扭曲，這是由於泡沫之間的LE相緩慢增加，互相推擠，導致整個網路無法承受。

圖7.22a則顯示藍穆爾薄膜在相變時，出現的另一種複雜圖案。如果LE相中出現了LC相，就可能形成這種條紋。LC相剛出現的時候，是會互相排斥的黑色圓形斑點，這是界面活性劑分子作用的結果；等到LC相的面積增加，彼此排斥擠壓，會使圓形變成蠕蟲狀。圖7.22b顯示另一種特殊的樹枝狀圖案，是由在液相中，形成2D固相磷脂所造成的。這種樹枝狀圖案之所以產生，通常是由於某種相急遽形成的結果。第9章還會看到其他類似的例子。

★
布洛姬（Katharine Blodgett, 1898-1979），美國科學家。女科學家的先驅，為女性在科學研究上鋪路。1926年她成為劍橋大學的首位女性物理博士，她也是奇異公司的首位女研究員。布洛姬在1918至1924年間，與藍穆爾進行實驗合作。

藍穆爾薄膜的應用

在1910年代，藍穆爾和學生布洛姬★設計出方法，可以把經過擠壓而排列整齊的藍穆爾薄膜，從水面移到固體表面。先把玻璃片小心的插入水中，界面活性劑分子的親水端就會黏在玻璃的親水性表面，再從水中抽出玻璃片時，只要動作一氣呵成，就可以把薄膜轉移到玻璃表面，形成所謂的「藍穆爾—布洛姬薄膜」（簡稱LB薄膜，見次頁圖7.23）。

這種薄膜可以是多層的。如果玻璃上有了一層「藍穆爾—布洛姬薄膜」，只要把這片玻璃再浸入水中，就會再黏上另一層薄膜，只是這一次是以疏水端相接而成（圖7.23）。如此形成的雙層膜和細胞膜很類似。

如果不厭其煩重複這種過程，就可以堆成多層構造。不同的

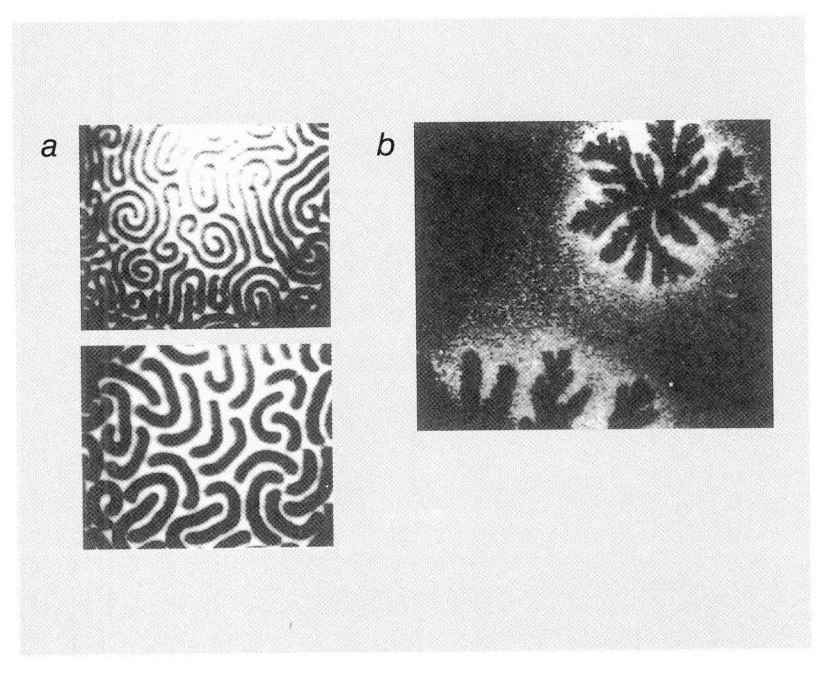

◀圖7.22
藍穆爾薄膜所形成的一些複雜圖案。

a. LE相內部形成的LC相，能夠造成斑紋圖案。

b. 2D固相可形成樹枝狀。這種結構稱為「碎形」，第9章會談到詳情。

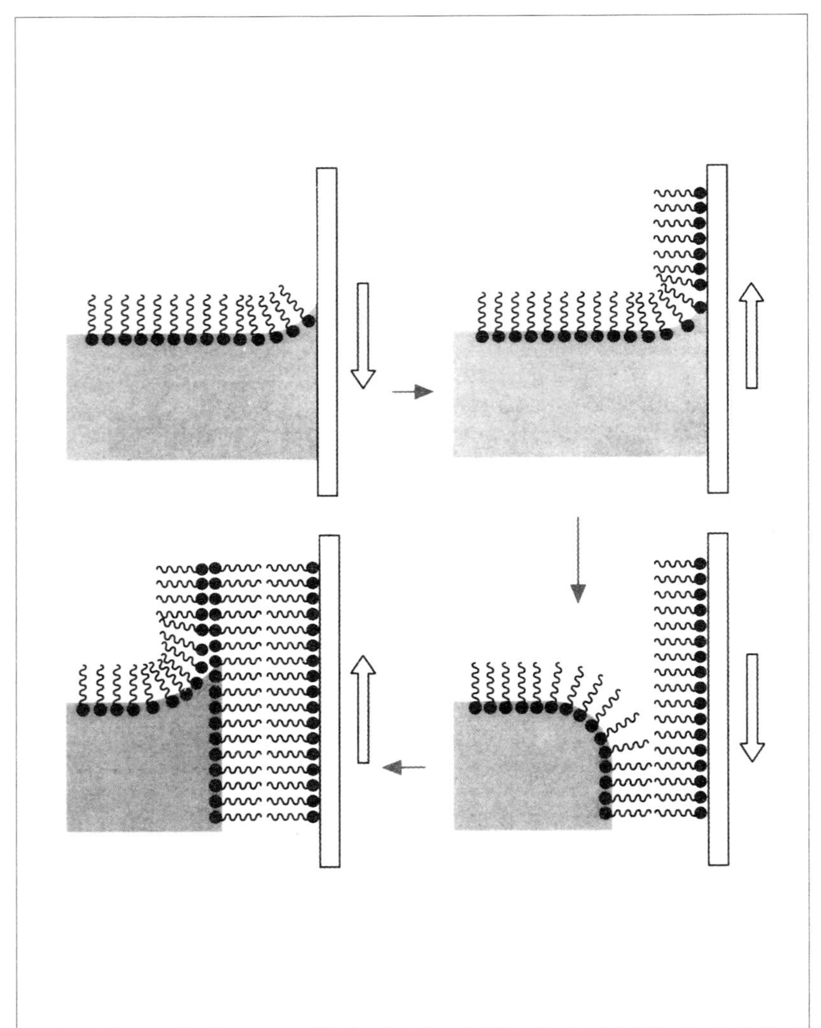

▲圖7.23
把玻璃小心插入水表面的藍穆爾薄膜，可以把薄膜轉移到玻璃表面，形成藍穆爾－布洛姬薄膜。如果重複這個過程，就能形成含有許多層的薄膜。

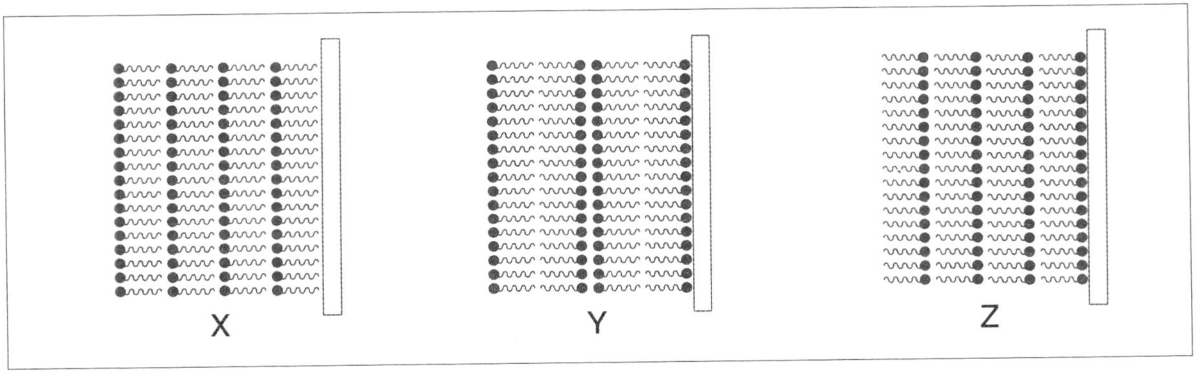

▲圖7.24
LB薄膜有不同的堆疊方式。最常見的是Y形式，親水性的一面輪流朝向相反方向（見圖7.23）；X形式則是親水性的一面統統遠離玻璃表面；Z形式是親水性那一面全部朝向玻璃表面。

浸泡方法和不同的界面活性劑，能夠改變堆積的方式。例如，有些雙親和性羧酸分子如果處於鹼性溶液之中，親水端就全都朝向遠離玻璃表面的方向（見圖7.24）。有的分子則正好相反，親水端全部朝向玻璃表面。

分子工程來挹注

藍穆爾和布洛姬雖然發現了這個現象，可是往後至少四十幾年，都沒有人對此多加注意。但近年由於分子工程技術問世，才又受到相當的重視，因爲透過分子工程技術，就能夠利用這種現象，產生各種應用價值。

既然LB薄膜類似生物膜，就表示說不定它可以用來代替生物膜，載送生物分子，例如可用來模擬細胞表面，研究免疫反應現象，或是把細菌視紫紅質（bacteriorhodopsin）等能夠吸收光能的蛋白質，放在LB薄膜上，做成太陽能電池，改革傳統的半導體太陽能電池。而包含著酵素的LB薄膜，則可以用在生物感應器方面（見《現代化學I》第2章）。

LB薄膜也可以當作選擇性化學過濾膜，就像天然的細胞膜一樣，只讓某些化學分子通過，而擋住其他的分子。

非線性光學

有些LB薄膜可以和光線產生特殊作用，有光學方面的應用價值。光線照射在大多數物質表面時，物質頂多吸收一部分頻率的光線，不論得到的是穿透光還是反射光，都與入射光相差無幾。不過有些物質很特別，得到的穿透光或反射光，會比入射光的頻率高出兩、三倍，遠超出入射光的頻率範圍。

添增雷射光彩

舉例來說，紅外線穿透這類物質後，可能會變成藍光。這種現象稱爲「非線性」光學性質。通常雷射光等強烈入射光，比較容易發生這種狀況。

鈮酸鋰（$LiNbO_3$）之類的無機晶體，就有這種把光頻加倍的能力。大多數的雷射（例如二氧化碳雷射、氬雷射、氦氖雷射）都是單一頻率的光。所以這類材料的重要性在於，如果它能改變光頻，科學家就能利用它，產生各種顏色的雷射光。

科學家發現，有些LB薄膜的非線性光學性質比無機晶體更好，而且只要改變薄膜的厚度或是化學組成，就可以調控它的非線性光學性質。

非線性光學性質還有其他用途，例如當作光學開關，這可以藉由改變入射光的強度，控制薄膜透光或不透光，來達成目的。如此一來，科學家就可改用光線而非電流，控制電腦與邏輯電路。將來，LB薄膜很可能在這方面的應用成為主力。

光儲存

科學家研究如何以LB薄膜做為光資訊儲存元件，已經有了初步的成果。

這裡所用的薄膜，組成分子有兩種穩定相，照光後，就能在這兩種相之間互換；也就是說，薄膜上整齊的分子陣列，成為二維的「光操縱開關」儲存槽。

如果薄膜的組成分子有兩種異構物，而分子照光後，可以在兩種異構物間轉換；那麼只要用精確的雷射光照射薄膜，就可以讓這兩種異構物形成某種圖樣，這等於儲存了資訊。由於這是以微小的分子為單位，因此可以儲存非常多的資訊，理論上能達到每個分子儲存1位元資料的地步。

用光存、用光取

如果實驗設計得好，分子的兩種異構物應該有不同的吸收光譜，所以讀取資料時，只要用特定光線掃瞄薄膜表面，根據兩種異構物的不同吸收波長，就能辨認出儲存的資訊。

科學家已經利用偶氮苯衍生的雙親和性分子，組成LB薄膜，研發這種元件。這裡選擇偶氮苯為材料，是因為偶氮苯分子照光後，能在兩種異構物間互變（參考第5章第38頁）。

新三明治化合物

在第6章曾說過，某些物質能夠形成可導電的晶體。LB薄膜是由許多層分子晶體堆積成的，科學家想知道，既然TCNQ-TTF分子能轉移電荷（第83頁），那麼由TCNQ-TTF構成的LB薄膜，是否能導電？已有研究人員把碳氫鏈加在TCNQ-TTF上，形成雙親和性分子。位於日本筑波的物質工學工業技術研究所，由松本睦良（Mitsuhiro Matsumoto）領導的研究小組，利用偶氮苯和TCNQ-TTF做成薄膜（圖7.25），能導電也能用光控制導電與否。

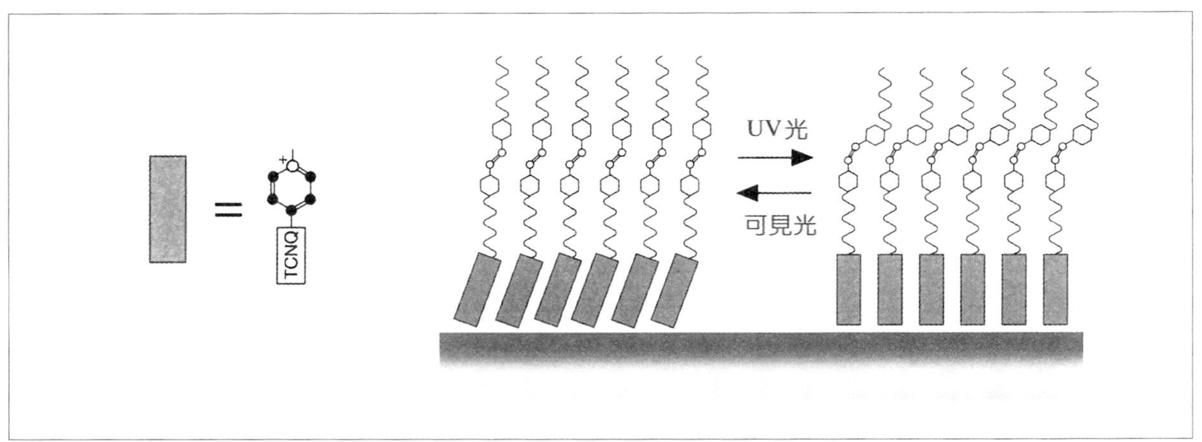

▲圖7.25

可隨光線改變性質的LB薄膜，可以當作光學開關或記憶體。圖中顯示的是利用光線來控制LB薄膜的導電度。LB薄膜之中含有接上碳氫鏈而成為雙親和性的TCNQ，而碳氫鏈上面含有偶氮苯，能夠隨著可見光或紫外線而在兩種異構物之間轉換，TCNQ的堆積方式也隨之改變，影響了薄膜的導電度。這種分子構造是由日本的物質工學工業技術研究所的松本睦良研究小組所研發。

有機薄膜更勝無機分子

目前以「金屬／絕緣體／半導體」構成的「三明治式」電子元件，都還是使用傳統的無機材料來製造，能導電的LB薄膜如果研發成功，在這方面有很大的價值。不過到目前爲止，這種LB薄膜的導電性並不很好，因爲大面積的LB薄膜，不太可能完美無瑕，而只要構造上有缺陷，導電度就會降低。

未來LB薄膜的應用，可能多半只在「被動」的應用上，也就是說薄膜只是做爲材料表面的塗層，而沒有其他特殊功能。例如，塗在物質表面做爲抗腐蝕層，或是在製造電子電路的過程中，於半導體受X光、電子或離子束蝕刻時當作光罩，遮住要保護的部分。

LB薄膜說不定也可以用來保護磁帶，並充當磁頭與磁帶間的潤滑物。只有薄薄幾層分子的硬脂酸鋇薄膜，能夠大爲降低磁頭與磁帶之間的摩擦。其實，當年藍穆爾就曾經想到用LB薄膜減少儀器內零件的摩擦！

液晶

是液體也是晶體

LB薄膜的雙親和性分子由於壓擠的作用，所以排列得整整齊齊，就像是平面的晶體。細胞膜之類的雙層膜則不然，上面的分子多少還能夠移動，排列沒有那麼固定，可說像是LB薄膜仍然處在液相凝結相LC相。這些雙層膜呈現的是液相的結晶，也就是我們熟知的「液晶」。

如今液晶隨處可見，例如鐘錶和音響上面就有液晶顯示幕，然而正由於我們習以爲常，所以很容易就忽略了這個名稱本身的矛盾之處。試想：晶體按照定義，分子必須整齊排列，位置固定，而液體卻是能流動的，也就是說分子能自由移動位置，沒有那麼僵化。物質怎麼能夠既是液體又是晶體呢？

植物學家與物理學家攜手

液晶的發現者也曾對此大惑不解。液晶是由奧地利植物學家萊尼澤（Friedrich Reinitzer, 1857-1927）與德國物理學家萊曼（Otto Lehmann, 1855-1922）共同發現的。

1888年，萊尼澤用膽固醇分子（前面提到過，膽固醇是某些細胞膜的成分）製造出膽固醇苯甲酸（cholesteryl benzoate），並且得到晶體，然後按照當時有機化學家的標準做法（與今日的做法相去不遠），測量其性質。

萊尼澤測量這種結晶的熔點，但奇怪的是，它的熔化過程有兩個階段：先在145.5 ℃變成渾濁的液相，到了178.5 ℃，才會轉爲清澈。看起來好像有兩種液相，萊尼澤從未見過這種情形。

他滿心疑惑，於是送一份樣本給萊曼，因爲萊曼是用顯微鏡研究晶體的專家。萊曼發現，膽固醇苯甲酸處在渾濁的液相時，有雙折射現象（birefringence）。許多晶體都有雙折射現象（見《現代化學I》第3章第147頁），這是由於光通過物質時，不同方向的光，光速有所差異而造成的。當平面偏振光通過這種物質時，會發生偏轉，這種現象就稱爲雙折射。

液相分子，結構有序

萊曼看到液相的膽固醇苯甲酸，居然有晶體的雙折射性質，不免大感意外。晶體由於內部排列整齊，具有方向性，所以容易產生雙折射，而液體內部的分子自由流動，沒有什麼方向性，通常應該不會有這種現象。

唯一合理的解釋是，膽固醇苯甲酸內部應該有某種程度的有序結構。這種相與我們熟悉的氣相、液相、固相都不同，是這三種相以外的第四相，是一種「軟」晶體或「液相」晶體。如果放在偏光顯微鏡下觀察，液晶的雙折射性質會產生各種美麗的彩色圖案（彩圖12）。

分子的方向性

1924年，德國的渥蘭德（Daniel Vorlander）發現，液晶是由桿狀分子所組成的。科學界於是瞭解到，液晶之所以會有某種程度的有序結構，以致產生雙折射現象，就是由於這些桿狀分子的方向性。

如果物質是由球狀顆粒所組成，那麼結構有序與否，只需要考慮顆粒的排列位置即可；但是如果是由桿狀分子所組成，那就還需要考慮桿狀分子的走向。位置的規律性與走向的規律性，兩者未必有關係。

由桿狀分子組成的晶體中，最簡單的有序結構是分子排排並列，且長軸方向相同，使位置與方向都是有序的（見次頁圖

7.26)。等到溫度高過熔點，桿狀分子的位置開始動搖，但方向性大致不變，而且由於分子互相擠壓，不太容易傾斜。這就是我們所看到的液晶相，分子位置沒有規則，但大致有個統一的方向。

層列相與向列相

液晶熔化時，會出現幾個階段的不規則相。如果溫度剛好超過熔點，那麼能量還不足以破壞多層結構，層次仍然分明，只是在

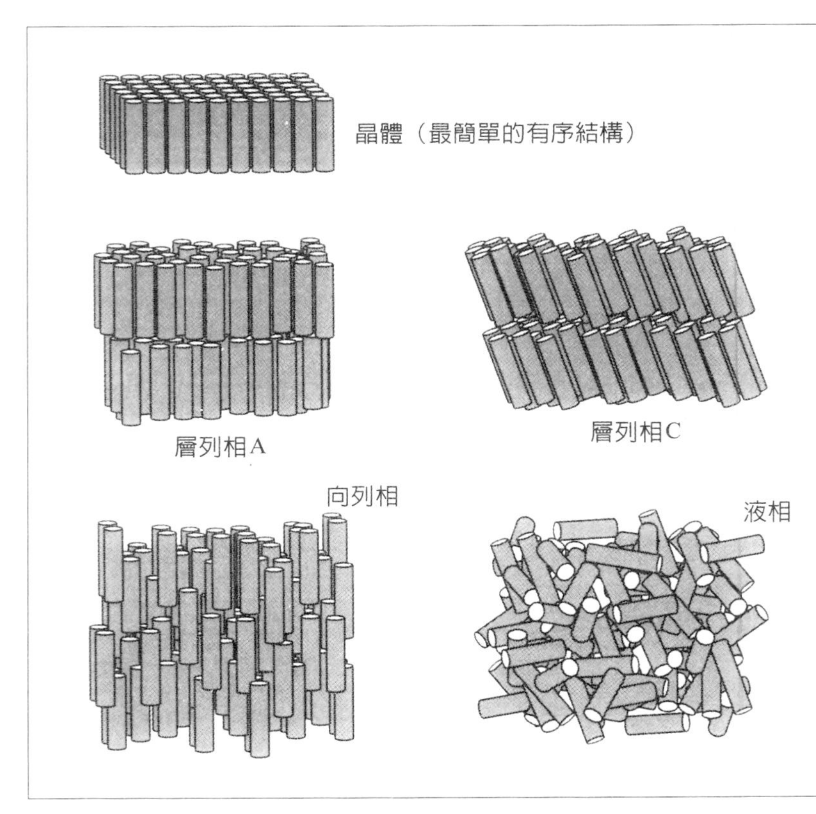

圖7.26 ▶
桿狀分子的3種液晶構造（液晶是介於晶體和液體之間的中間相）：層列相A、層列相C、向列相。在此為了簡化，液晶分子的傾斜度都畫成一模一樣，事實上每個分子多少都有所差異。

每一層之內，桿狀分子已經不再排列整齊了，不過長軸方向卻仍然與多層構造約略垂直。這種情形稱爲層列相（smectic phase），常見的有兩種，一是桿狀分子與多層構造垂直，稱爲層列相A，二是桿狀分子傾斜，稱爲層列相C（圖7.26）。目前已知的層列相有7種。

如果溫度再上升，就會破壞層列相的多層結構，但長軸的方向性仍然大致存在。這種相稱爲向列相（nematic phase）。如果熱能繼續增加，分子過度振動，每個桿狀分子各有指向（就是所謂的均向），那就不再是液晶，而是眞正的液體了。液晶是介於晶體與液體之間的中間相（圖7.26）。

膽固醇相

萊尼澤與萊曼所觀察到的清澈液相，確實是眞正的液相，可是混濁液相既非層列相也不是單純的向列相。這是由於膽固醇苯甲酸分子有非對稱的「對掌性」（chiral）。對掌性的向列相分子，自由能比較低，這是因爲鄰近分子間，並不像一般向列相完全平行，而是稍微有一點角度，造成沿著分子的方向形成螺旋狀（圖7.27）。

由於這種情形最先在膽固醇苯甲酸中觀察到，所以就稱爲「膽固醇相」。

這種螺旋的螺距，通常和可見光的波長差不多，因此能夠反射光線，就像晶體會散射X光的現象一樣（見《現代化學I》第4章）。這種反射造成彩虹般斑斕的顏色，甲蟲外殼與蝴蝶斑點，就是因爲組成分子處於膽固醇相的緣故。

並不是只有桿狀分子才能形成有方向性的液晶。理論上，只要分子不是球形，應該就能顯出方向性。在結晶相下，許多分子確

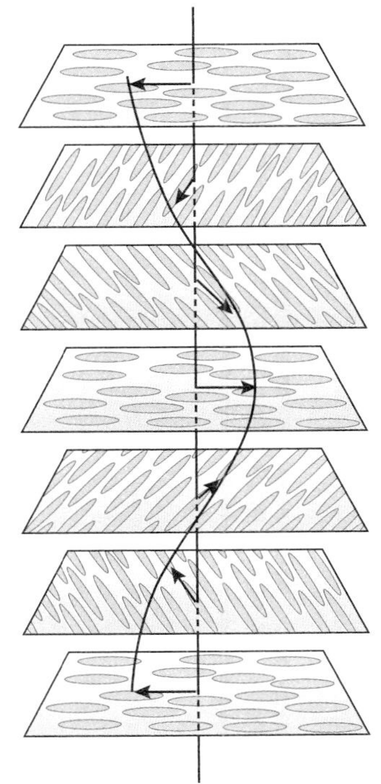

▲圖7.27
膽固醇相的分子排列成螺旋狀。由於散射光線的性質很強，所以能夠造成蝴蝶翅膀或昆蟲甲殼的彩虹光澤。

實有一致的方向，然而在液相時，分子必須不是球形，才能保持這種方向性。例如，以碟狀而言，雖然型態與桿狀相反，卻一樣會有明確的方向性。只要想想一堆碟子或是唱片的樣子，就可以知道這是什麼意思。

拉曼研究中心★的印度物理學家錢卓斯卡（Sivaramakrishna Chandrasekhar）在1970年代預測，碟狀分子可以堆積形成液晶相。1977年，他首先發現了第一個如此的例子（圖7.28）。

★ 拉曼研究中心（Raman Research Institute）位於印度，主要研究液晶與其他物理學。是爲了紀念印度的物理學家拉曼（Sir Chandrasekhara Venkata Raman, 1888-1970）而設立的。拉曼本人在光的散射方面的研究貢獻卓著，發現拉曼效應，1930年獲頒諾貝爾物理獎。

研究人員推測，如果這些分子能夠接收或提供電子，就能像電子線路一樣，讓電子從中通過。後來實驗證明，中央含有金屬離子的吡咯紫質（porphyrin）分子，像碟子一樣堆積起來之後，確實能夠導電。

液晶顯示器

桿狀液晶通常兩端的電荷不相等，因此在電場中，會順著電場方向而排列。換句話說，如果改變電場的方向，桿狀液晶的方向也會跟著改變。

由於這種現象會影響材料的折射與光學性質，早在1930年代，科學界就希望能利用這種原理，做出電子顯示裝備。不過一直要到了1960年代，科學家才研發出耐得住光與熱的液晶材料，可實際派上用場。

向列型液晶顯示器

液晶顯示器利用的是雙折射現象。在兩層偏光濾鏡中間放一

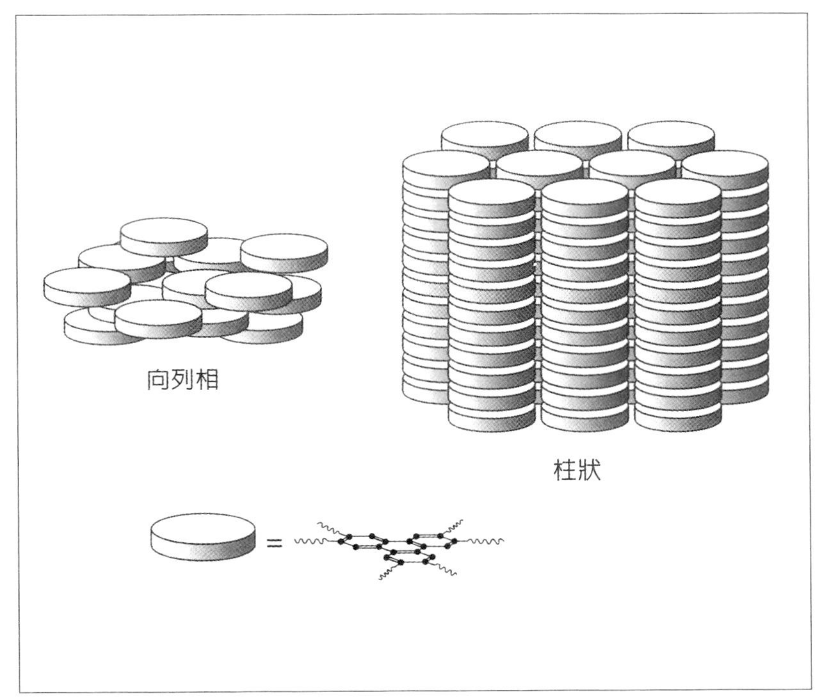

◀圖7.28
碟狀分子堆積成柱狀的液晶相，有如疊得又高又整齊的餐盤。如果是堆積成向列相，分子雖然沒排列得那麼整齊，但方向卻仍一致。

層液晶，如果液晶處於向列相，旋轉的角度又恰當，光線從第一層偏光濾鏡進去，穿透過液晶，會從另一層偏光濾鏡出來（見次頁圖7.29）。研究人員把聚合物聚醯亞胺（polyimide）塗抹在濾鏡表面，首度成功控制液晶的旋轉角度，造出第一個液晶顯示器。

只要朝某個方向搓揉，就會使得液晶也朝那個方向排列：只要在上、下兩片濾光鏡上塗抹聚醯亞胺，然後揉搓聚醯亞胺，且兩片濾光鏡揉搓的方向互爲垂直，就可以造出扭曲的向列型液晶。如此一來，偏振光就可以通過這兩片濾光鏡。

如果要擋住光線，就用電流改變液晶的方向。做法是在上下層之間，塗一層氧化銦錫（indium tin oxide），這是一種透明的導體，通上電流之後，就會使得液晶沿電流方向排列（圖7.29）。如此一來，從濾鏡進入的光線，再也不能沿著螺旋狀的液晶排列，到達另一層濾鏡，玻璃因此呈現暗色。

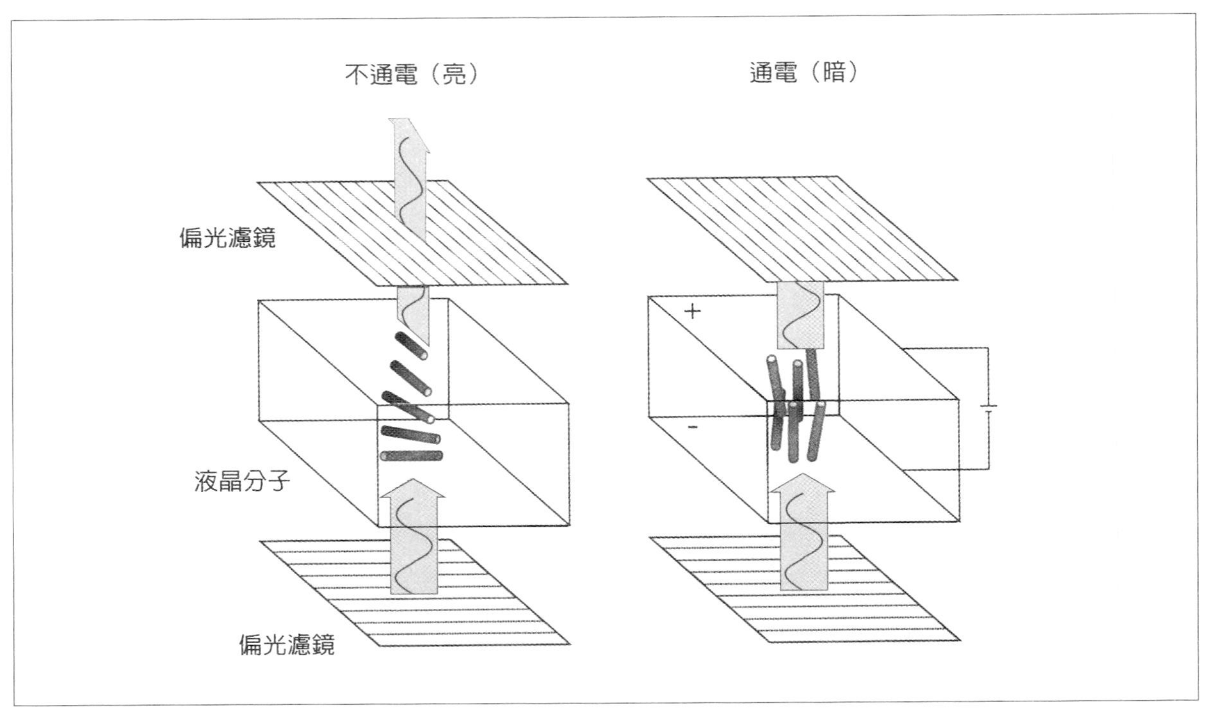

▲圖7.29
向列型液晶顯示器利用分子排列方式，控制光線是否能通過。
（左圖）上下層的偏光材料與內部的液晶分子安排成特定的扭轉陣列，所以光線可以通過。
（右圖）如果通上電流，就會改變分子的排列方向，於是光線無法通過，看起來一片暗色。

輕薄短小有潛力

液晶顯示器的一大優點是體積輕薄短小，可以做成信用卡那麼薄。要做得輕巧不是問題，問題在於要做成大面積的液晶顯示器並不容易，因爲要把那麼多「像素」（pixel）連接在一起，又不會互相干擾，在技術上是一大難題。不過，1970與80年代研發出了所謂的旋向性強誘電性液晶（chiral ferroelectric liquid crystal），對這方面的發展大有幫助。以這種液晶做出的液晶顯示器，也是運用類似的「旋轉向列」原理，不過強誘電性液晶的旋轉反應更快，也能夠堆得更密集，卻又沒有像素互相干擾的問題。目前這種材料做成的螢幕已經至少能夠做出雜誌大小★。

★
本書寫成後，液晶顯示器的發展一日千里。1993年，日本開發出TFT-LCD（薄膜式液晶顯示器），至今已成爲液晶顯示器的主流。目前TFT液晶顯示器已經可以做到20吋以上。

液晶顏色的應用

液晶雖然有這麼多奇特性質，但是物質的這種「第四相」如果只能用在手錶或者電視方面，未免令人失望。幸好事實並非如此，如今液晶在材料科學方面有許多潛力無窮的應用。

許多種液晶像LB薄膜一樣，有非線性光學性質，因此應該也可以用來使雷射光的頻率加倍。液晶的光學性質能夠用電流控制，所以將來可以用來建造「光電」電腦，既用光又用電來處理信號。

聚合塑膠如果具有液相結晶現象，往往會有前所未見的有用性質。傳統塑膠的內部分子通常漫無秩序，而液晶相下的塑膠分子排列得相當有序，溫度降低到凝固點之下，仍然可以大致保存這種有序結構。由於這種統一的方向性，做出來的塑膠相當堅硬。杜邦公司研發出來的芳香聚醯胺（aromatic polyamide，簡稱aramid）的塑膠纖維，比鋼鐵更堅韌。

有些液晶聚合物具有非常好的光電性質，可以當作光學記憶體，用雷射把資料寫入，如果加上電場，就可以用雷射把資料去除。將來這類材料很可能會用在可重複讀寫的光碟上面。

與藝術結合

液晶有美麗的顏色，因此這方面的研究已經跨入了藝術與設計的領域，這在科學研究上是很罕見的例子。液晶的顏色可以變動，成爲藝術創作上的「動態」顏料。液晶彩虹般的顏色會因觀看角度而改變，所以觀賞者本身的位置也成了藝術作品的一部分。

更有意思的是，膽固醇相的液晶呈現螺旋狀，而它的螺距決定了散射的波長，而這個螺距又是根據溫度而變，也就是說，顏色會因溫度而變。已經有人把這種特性用在布料上面，使得布料隨著體溫而改變顏色。德國默克（Merck）藥廠在英國的分公司，已經在市面上推出用液晶製造的顏料，可以染在布料上面，變得五顏六色，還會隨著溫度變色。如此一來，或許可以一年到頭都穿同一套衣服，而無虞擔心顏色沒有跟上季節變換的腳步吧？

第3部

化・學
是・一・種・過・程

第 8 章

從化學說起

化學如何點燃生命

從花崗岩到牡蠣，這中間真是長路漫漫……

——愛默生★

★
愛默生（Ralph Wald Emerson, 1803-1882）是19世紀「美國文藝復興」時期的詩人、哲學家，也是當時最受美國人尊敬的人物。

美國麻省理工學院的化學家雷貝克（見第54頁）曾說：「從前的科學研究裡有物理學、有化學，但沒有所謂的生物學。」換句話說，除非你相信聖經上的觀點，否則終究會導致一個結論，那就是前兩者會自然的孕育出後者（即生物學奠基於物理和化學）。儘管生物學家關心從原始生命到複雜生命的演化過程，但說到地球上的生命如何起源，倒是丟下一個讓物理學家必須傷腦筋的難題。

化學營造生命

早期的科學家會問一個根本的問題：物質單是靠著化學的原理就「可以」形成生命嗎？

現在我們已從各種途徑知道了DNA的複製機制、蛋白質的製造過程、光合作用的化學原理、細胞的代謝作用、免疫系統的反應，以及其他生命賴以維生的各種分子過程，因此目前這個問題的答案是再肯定不過了，幾乎沒有科學家會再有質疑。

從荒蕪到蓬勃

於是科學家轉而去探索這些精準微妙的生化系統，是「如何」自然的崛起於這個充滿岩石、水和各種簡單氣體的星球上。

目前科學界對此尚無完整的解答，不過在這一章裡面，我們將檢視科學家已經研究到什麼地步，而還要走多遠的路程，才能對生命的起源，提出完整的科學論證。

有些人對於研究生命起源的問題感到厭惡，雖然他們也不是全相信人是上帝所造的。他們可能會說，如果純粹用科學來解釋生命的起源，將剝奪生命在精神層次上的內涵。

這下子可妙了，因爲這個觀點隱約透露，生命的起源有可能完全以科學的眼光來闡釋。問題在於我們不應該探索得太深入，應該「明知故犯」，保留一些生命起源之謎不去碰觸，即使這些謎團基本上可以經由理性的探測來解開。

追求知識無疆界

但對我來說，這才是對人類精神領域的殘害。沒有什麼事是比限制我們的好奇心或阻礙我們的探索疆界還糟糕。只要能知道分寸，且謹慎、負責，我們都可以大膽去探求。在我看來，這種阻撓科學研究的態度，完全是缺乏想像力的表現。我們不必害怕以科學解釋生命的起源。用科學解釋生命的起源，不僅不會讓我們失去尊嚴，還可能讓我們更謙卑。

探求生命的起源，並無法解答我們爲什麼會哭、會笑，也不會解釋爲什麼有些人對生命起源會感到好奇（有些人卻不會）；探求生命的起源不會讓這世界少一分神祕、少一分驚奇或少一分浪漫，而如果我們夠虔誠的話，它甚至不會粉碎我們的宗教信仰。

從各種方面來看，生命本身就是一種化學過程；不過「存活著」這件事，卻似乎是無法完全以科學方法來闡明。

有機無機造世界

19世紀之前，這些關於生命起源的紛擾之說尚未起步，當時的科學家對生命抱持著相當簡單的觀點。他們認爲世上的物質可分爲兩大類：無機物（例如組成岩石的東西）與有機物（主要是來自有生命的物質）。

有個基本的信念是：有機的東西可以轉爲無機的形式，變成「鈍物」，相反的，無機則不能變有機，也就是有機化合物不可能來自純粹的無機化合物。

知名的德國化學家李必希（Baron Justus von Liebig，1803-1873，現代化學的奠基者之一）指出：「我們不妨這樣想，在研究活的生物時，並沒有發現有類似簡單物體與礦物質產生的反應。」當然，他這樣說還是避開了「有機物質最初是打從哪裡來」的棘手問題，不過在達爾文時代來臨之前，上帝的手隨時準備伸出來，接手這類難以答覆的問題。

生物、化學本一家

因此，人們傾向把生物學和化學視爲截然不同的學問。不過當時一般認爲，生物學和化學之間，有明顯的相似性存在：和化學一樣，生物學也是關於物質從這個形式，到另一種形式的轉變。

活的生物體會吸收食物中的有機物質，把它變成身體組織的一部分，再排出剩餘的廢物。不過，科學家可不認爲這種生物性的轉變，需要遵循化學原理。他們認爲有機物質內存在一股「生命力」（vital force），使它們有別於沒有生命的東西。

無機物或死掉的物質進入活體內，可以獲得生命力，而成爲活體的一部分；還有，活體內的生命力會逐漸消耗，終至死亡。不過只有活著的生物（活體）有能力賦予生命力，沒有生命的東西是不會無端冒出生命力的。

其實，當時的人普遍相信，「化學」和「生命力」兩者的作用方式恰好相反：化學的力量是用來分解有機物質，使它們變成無生物的東西；而生命力是提供一股動力，促使生物成長、繁殖。

不過到了19世紀，這種有機化學和無機化學的說法，很快就支撐不下去了。當科學家把有機物質拿來做化學分析時，發現裡面除了含有碳、氫，還經常有氧、氮，有時還會出現硫、磷等，而這些都是無機的礦物質中可以找到的元素。

能量就是生命力

於是化學家開始發現，可以用無機物質製造有機化合物：1828年，德國的化學家維勒★從氰酸銨（ammonium cyanate，一種結晶鹽）製備尿素，數十年之後，法國化學家伯西拉特（Marcellin Berthelot, 1827-1907）也利用碳和氫製成乙炔。

同時，熱力學的到來幫助科學家展示，神祕的生命力和驅動無機反應的能量變化，兩者間並沒有太大的不同，無需特意區別，如此更加縮短有機化學和無機化學的距離。

以生物體內的呼吸作用爲例，它可以視爲是以大氣中的氧燃燒食物，而釋放能量（或熱能）的過程。儘管不可否認的，生物體內的生化反應和無機的化學反應，確實有所不同，譬如說，無機的化學反應似乎比較有節制，且比較井然有序，不過化學家和生物學家終究要被迫承認：從分子的層次來看，這兩種學問之間並沒有清楚的界限。自然界的許多物質可以在氧氣和無機物間來回遊走，生命的化學反應與無生命的氣體、鹽類、礦物、金屬等物都受制於相同的原理。

雷貝克的話隱含了這一切，也就是在過去的某個時期，化學自然而然的孕育出生物學。對於地球上一切有細胞核的生物，我們無需故弄玄虛搞個神祕的「生命火花」來解釋，也不用假設生命力是經由上帝之手灌入無生命的物質中。

★ 維勒（Friedrich Wohler, 1800-1882），德國化學家。他把無機物氰酸銨拿去加熱，產生了尿素；他的睿智之處在於，確認出反應產物就是尿素（有機物），因此推翻了有機物只能由活的生命體產生出來的觀念。

生命很自然的起源於無生命的東西。我現在就要來推測這是如何發生的；稍後第10章會交代更多關於生命起源於何時、何地的問題。至於「爲什麼會出現生命？」雖然這是最有趣的問題，目前還不屬於科學研究的領域。

地球上的生命起源

原始濃湯的配方

在第5章中，我們看到了蛋白質是生命的基本組成物。生物體內的大部分組織都是以蛋白質爲主要成分，生物體並含有各式各樣特化的酵素蛋白質，專司各種生化反應的催化，以維持生命。

因此，想要從化學的角度瞭解生命的起源，自然會先把焦點放在，在沒有生物參與的情形下，要如何製造出蛋白質？但我們不應該忘記，還有好多非蛋白質的分子也是生命不可或缺的物質，最起碼一定要有DNA的存在吧！所以我會在恰當的時機切入這些主題。

蛋白質的基本組成是胺基酸，它們藉由肽鍵串連成蛋白質分子。因此，想知道蛋白質如何出現在無生命（前生物期）的地球上，我們首先面臨的問題是：胺基酸是怎麼形成的？跟其他的問題比起來，這個問題簡單多了，因爲胺基酸不像蛋白質的結構那樣龐大複雜，胺基酸是簡單的有機分子，構成蛋白質的胺基酸共有20種。

化石紀錄顯示生物出現在地球上的時間，不會早於35億年前，也就是在地球形成後的10億年，才出現了生命的跡象。1920

年代，蘇俄生物學家歐帕林★分析遠古岩石的化學成分後，導出一個結論：構成胺基酸的基本組成——碳、氫、氧、氮，在遠古時期的分子形式，與當今大氣中盛行的有所不同。以氮爲例，今日的大氣中充滿的氮氣（N_2），在遠古時期氮則是以氨（NH_3）的形式存在；從前的碳原子是來自大氣中瀰漫的甲烷（CH_4），如今碳來源則是大氣中的二氧化碳。歐帕林指出，原始大氣中的甲烷、氨、氫、和水氣，可以藉由閃電或太陽的紫外線等提供能量，形成簡單的有機分子。

很巧的是，當時英國的生物學家霍登◆也提出與歐帕林頗類似的想法，儘管他們彼此對於對方的研究都毫無所悉。現在的人經常把這種生命起源的假說，稱作「歐帕林—霍登」之說，也就是大氣中的分子會形成有機化合物，然後沈積在海洋中形成「原始濃湯」，生命就從這樣的濃湯中發跡。

★
歐帕林（Alexander Oparin, 1894-1980），生命起源理論家，著有《生命的源起》，論點是：地球年輕時的大氣組成與現在的大氣極爲不同。以化學的語言來描述，年輕的大氣是一種有還原能力的大氣，基本上缺乏現在維持動物（包括我們自身）生命所需要的氧氣。

◆
霍登（J. B. S. Haldane, 1892-1964），英國遺傳學家、生化學家，在酵素研究及染色體研究方面有卓越貢獻。

游理—密勒實驗驗證

1950年代，美國的化學家游理（Harold Urey，1893-1981，美國化學家，1934年諾貝爾化學獎得主）和他的學生密勒（Stanley Miller, 1930-）在芝加哥大學做研究，他們準備驗證原始濃湯的假說。密勒認爲，要測試原始大氣是否眞能形成有機化合物，最佳的方法是在實驗中模擬當時大氣的狀況。

游理和密勒把甲烷、氨、水氣、氫氣等混合物（當時認爲這些東西是原始大氣的組成物）放進反應器中去循環加熱，在這循環系統中的某處有加熱裝置，另一個地方則安裝冷凝器。當混合物處於氣相時，模擬閃電的放電作用會通過這些混合氣體（見次頁圖8.1）。經過一個星期的實驗，游理和密勒發現在凝結器的水中，溶

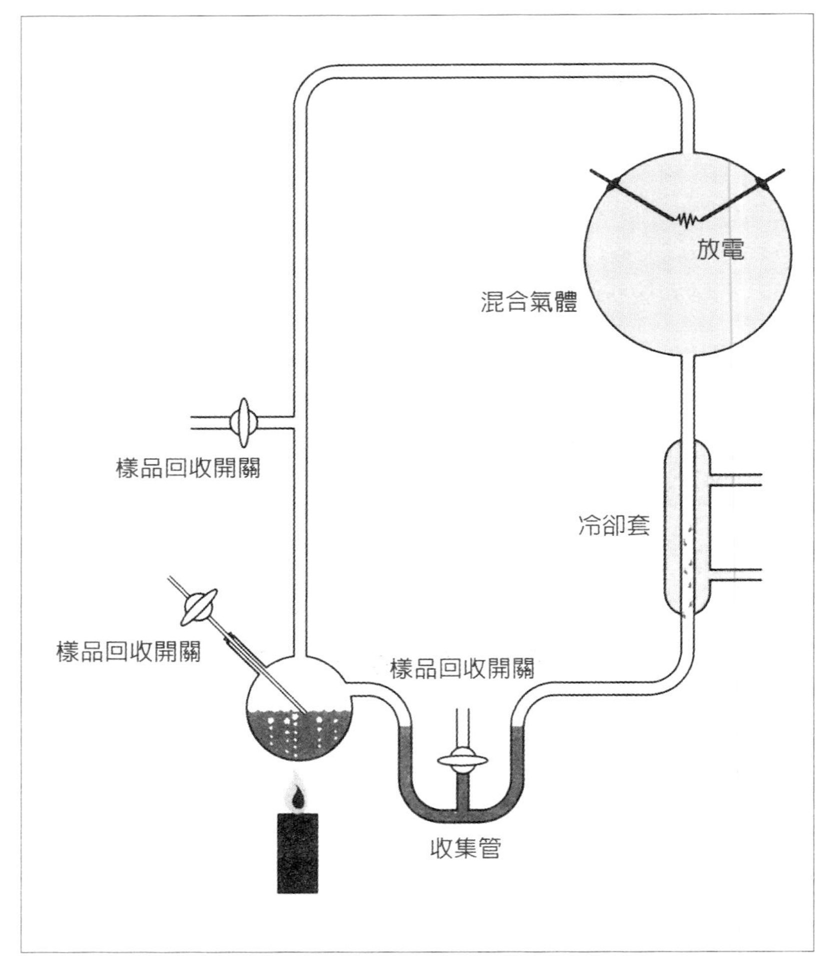

▲圖8.1
這是游理和密勒使用的實驗裝置，用來模擬早期地球大氣形成有機分子的情形。他們讓氫氣、氨氣、甲烷及水氣的混合物在系統中循環。在放電槽中，電能的釋放引發化學反應，產生有機化合物，包括簡單的胺基酸。這些化合物經由水氣冷凝的過程被凝聚收集起來（即溶解在水中）。

有各種有機化合物，其中有大量的簡單胺基酸分子，例如苷胺酸和丙胺酸。

繼這個突破性的實驗之後，其他的研究人員利用不同的能源，例如電子束或甚至只是簡單的加熱，也獲得相似的結果。游理一密勒實驗的重要性，在於它展示了形成生命所需的有機分子，可以在簡陋的條件下，從簡單的物質中產生；由這個角度來看，這個實驗對於探求生命的化學起源，可說是意義重大。不過，一開始有些人過度渲染了這個實驗結果的含意，有時候人們竟把它說成，好像生命可以在試管中創造出來似的。

現在，很多人開始質疑游理一密勒實驗中的化學混合物，是否確實反映了遠古地球的大氣組成。當時的大氣也許不是瀰漫著含氫的化合物（化學家稱這種混合氣體為「還原性分子」），而是充滿許多含氧的化合物，例如一氧化碳、一氧化氮。這樣的大氣組成很不利於胺基酸的形成，因為有機化物的形成過程充滿了能量，如果此時含氧化合物的量很多的話，這意味著有機化物會在還來不及生成時，就先被燃燒掉了。

海底熱泉孕生機

想要從無機的氣體中製造出有機分子，需要有能量來驅動反應的進行，大氣中的閃電、火山爆發、或陽光中的紫外線都是可能的能量來源。不過這些能源也有可能破壞脆弱的有機分子。

還有人提出完全迥異的觀點，來推測胺基酸最初是如何形成的，他們認為海底深處蘊藏一種能源，可以促使有機物形成，而且有機物生成後可以受到海洋保護，躲過地球表面的惡劣環境。

1970年代，科學家利用深海自動探測潛艇深入太平洋海底去調查，結果發現了許多海底熱泉（hydrothermal vent），噴發出高溫的熱水，有時甚至超過300℃（由於深海的壓力大，使得水的沸點提高，因此水在300℃時依然保持液相）。

這些海底熱泉的形成由來是這樣的：當海水經由海底岩石的裂縫與孔洞滲入地殼中，地球內部的岩漿會加熱這些海水，海水又因爲受到壓力而回升到海底。因此在海底火山活躍的地區經常會出現這種熱泉噴孔，像是在中洋脊（mid-ocean ridge）一帶即是如此。在這些地區，岩漿從地函（earth's mantle，介於地心和地殼間的地帶）深處湧出，形成新的海洋地殼。熱泉噴孔噴出的熱水通常含有豐富的礦物質，會沈積成煙囪狀的高聳結構（見彩圖13），噴孔中的液體則呈混濁不透明狀（因爲含有大量的礦物質微顆粒）。

熱泉中的生物

來自馬里蘭州高達太空飛行中心（Goddard Space Flight Center，隸屬美國航太總署）的柯利斯（John Corliss）曾是發現海底熱泉研究小組中的一員。他和同僚發現，在熱泉噴孔形成的煙囪物鄰近，有許多蚌、海蟲或細菌之類的生物聚集，形成各種群落。這些細菌多少都會從海底火山所形成的硫化物（經由熱泉噴孔釋出）中，汲取能量和營養。這些細菌叫做古細菌（archaebacteria），屬於很原始的物種，能自由自在的沐浴在高溫的環境中，不必靠氧氣存活——這些特徵或許也是最早期的生物所必須有的。

所以海底熱泉好像不是那麼酷熱，相反的，它給生物提供了舒適的環境。柯利斯認爲這些熱泉噴孔有可能是理想的生命起源地。混雜在熱水中的火山氣體，主要是由簡單化合物組成的，例如氫氣、氮氣、硫化氫、一氧化碳、二氧化碳，這些簡單分子可以再形成更複雜的有機物。

熱水提供能量

熱泉中的熱水也是能量來源，可驅動前生物時期的化學反應。再說，還有多種的礦物質營養素可提供原始的生命形式使用（即使在今日，無機養分仍舊是海洋微生物的食物之一）。柯利斯指出，如果早期生物居住在熱泉內，它們將能躲過地球形成初期的一些天然災難，例如巨大的隕石撞上地球。柯利斯的熱泉假說似乎讓西元前5世紀希臘亞基老（Archelaus）的一番話成了預言：「當地球的溫度開始升高時，在比較低窪的地方冷熱物質交雜，許多生物漸漸出現，它們靠著這些黏稠的東西維持生命。」

有爭議的論點

包括密勒在內的一些研究人員，根本沒啥時間理會熱泉假說。密勒指出，熱泉的熱液溫度極高，有機物遭破壞都來不及了，怎麼可能形成呢？由於整個海洋的海水從滲入中洋脊內，再循環出來的時間約是8百萬年到1千萬年，密勒認為海底下的火山活動可能會瓦解在其他海域形成的有機物（而不是促進它們的形成），所以生命的跡象很難由此而生。很難想像在攝氏幾百度的高溫下，會發生形成生物所需要的化學反應：就算有任何胺基酸和醣類在這種環境下形成，它們也可能存在不到一分鐘，就又在高溫中瓦解了。

支持海底熱泉假說的人則辯稱，在噴出熱水的區域以外，在稍遠且溫度比較沒那麼高的水域中，也還含有豐富的火山氣體與礦物質養分，這總說得過去吧。蘇格蘭格拉斯哥大學的一群地質學家曾報導，在靠近海底火山噴孔系統的鄰近地帶，會形成由黃鐵礦構成的迷你噴孔，噴出的水溫低於150℃。他們指出，這些礦物質構造內擁有的化學環境，是形成簡單有機分子與讓小分子串連成大分子的理想場所。

儘管這起關於生命起源的海底熱泉假說，看來可能會繼續爭辯不休，但不可否認的，它畢竟還是個猜測的觀念，實際上海底熱泉如何產生生命，許多細節都還不清楚。

坎恩斯史密斯破疑點

坎恩斯史密斯（A. G. Cairns-Smith，格拉斯哥大學的化學家）是海底熱泉假說的倡導者之一，多年來他試圖發明另一套生命起源的理論，去除這個學說的疑點。他提出這樣的想法：最初會自我複製的「生物」也許根本不是由有機分子構成的，而是來自無機的晶體。先不管這個想法有多怪異，它根據的原理可是和主導DNA分子複製的原理相似，且頗耐人尋味，禁得起探索。

坎恩斯史密斯指出，晶體的成長是透過模板的指引，晶體的表面就像框架，引導新一層分子的組成（因此許多晶體可以輕易的沿著分子平面裂開），這就好像單股DNA提供一個模板，讓新一股DNA得以形成。

坎恩斯史密斯指出，晶體的生長與後來的開裂也可以視為一種複製，就像細胞的生長與分裂一般。再者，不同的晶體小平面通常都以不同的速率生長，一旦完美的晶體結構出現不規則形狀或缺陷，也會影響晶體生長的速率。這樣可使形狀稍微不同的晶體，有機會發生突變，並且彼此競爭，就好像生物的演化過程一樣。

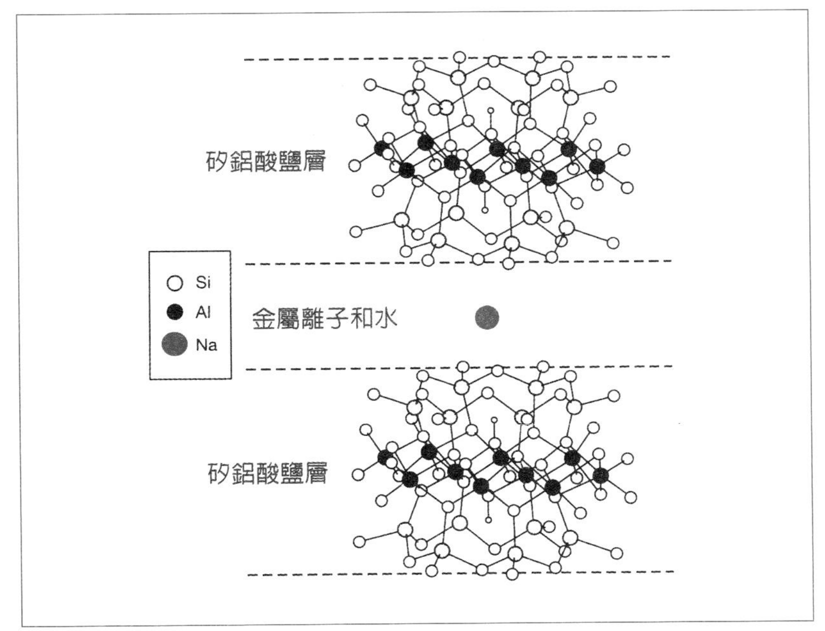

◀圖8.2
蒙脫土（綠黏土）的結晶構造是典型的黏土代表。它是由帶負電的矽鋁酸鹽層所構成，層與層之間被帶正電的鈉離子分開，且通常含帶許多水分。

黏土複製子

坎恩斯史密斯指出，黏土是扮演原始無機複製子的極佳礦物，這種物質是由多層次的鋁矽酸鹽（aluminosilicate，帶負電）分子平面相疊而成，層與層之間飽含水與金屬離子（見圖8.2）。這些金屬離子很容易與其他離子做交換，所以在淨化水質的過程中，常常利用黏土進行離子交換，移除溶液中的有毒金屬。坎恩斯史密斯認爲黏土的層與層間可能使用不同的金屬序列（好比原始的基因庫），可以把有利的性狀傳遞給新的黏土。

無疑的，黏土複製子的想法很牽強，不過坎恩斯史密斯並非主張這樣的系統可以視為有生命的物質（或甚至「無機生物」）。其實他的想法是，說不定黏土複製子曾經演化到某種程度，使它們能促成有機分子的形成。也許一開始，有機分子只是奴隸的角色，是為了要幫助黏土複製才創造出來；但久而久之，有機分子也熟練到能為自己複製。

這種想法也不完全是胡扯瞎說的，畢竟我們注意到有時候對一些有機化合物的反應來說，黏土是很好的催化劑，而且由於黏土分子層間的可變空間，使它們展現出催化劑的專長，讓人聯想到沸石（請見《現代化學I》第2章）的特殊能力。

再者，已知一些有機分子，能夠充當晶體的生長抑制子或生長促進子，藉以操控某些晶體小平面的生長速率。這種控制礦物質生長的機制，對生物體內形成牙齒、骨骼等生化礦物的過程很重要，牙齒和骨骼的成長正是受到蛋白質有機分子的嚴密調控。

愚人金不愚人

業餘科學家的狂想

描述生命起源的劇本愈演愈熱鬧，接下來德國人瓦許特蕭瑟（Gunter Wächtershäuser）進一步把礦物質的角色推上舞台。瓦許特蕭瑟曾經是有機化學家，後來轉行幹起專利律師。

他的理論主要專注在驅動原始化學反應所需的能量來源，而比較不去探討有機分子形成的細節。在大多數的生化反應中，能量通常是指電子；生化反應大都需要酵素的輔助，而酵素的工作經常是提供電子給反應物或剝奪反應物的電子。這樣的工作很多無機分子也辦得到，不過瓦許特蕭瑟特別挑出黃鐵礦（FeS_2，又稱愚人金）這種無機物，認爲它可能是電子的來源；這種化合物正是格拉斯哥大學的地質學家，在迷你噴孔發現的主要成分。

瓦許特蕭瑟指出，黃鐵礦可以做爲能源，驅動原始生物的代謝反應（這些原始生物還不具細胞構造，僅由若干層有機分子構成，且附著在帶正電的礦物質表面）。住在礦物表面的原始生物接收了鐵和硫化物FeS，轉化成黃鐵FeS_2，同時釋出電子以進行代謝反應。

瓦許特蕭瑟首先坦承，自己的理論猜測意味很濃，不過這一套構想卻也贏得了些許的重視，因爲有一種罕見的細菌，好像眞的是利用黃鐵礦的微小顆粒來進行代謝反應。如果瓦許特蕭瑟提出的這種住在礦物表面的「代謝專家」，眞的能瓦解部分的礦物質，並用有機的外膜把黃鐵礦包起來，形成囊袋，就能視爲是某種原始粗糙的生物——也就是自備能源的原始細胞。

來自外星的生命起源說

宇宙撒種論

早期地球上的有機分子到底如何形成，實在是眾說紛紜，也不乏各種奇特的想法。不過，某些研究人員認爲，沒有必要在地球上作文章，他們主張建構生命的基本組成，可能是來自外太空的現成物質。

1908年，瑞典化學家阿瑞尼斯★提出生命的種子可能來自從外太空播下的冷凍孢子，它們經由星球的輻射壓（電磁輻射作用於電磁場中物體上的壓力），而吹落到地球。阿瑞尼斯稱這種假說為「宇宙撒種論」（panspermia）。

這是個想像力豐富的點子，而且因為很難用實驗去證明，所以在科學上充滿爭議。儘管如此，卻不足以阻擋諾貝爾獎得主克里克在他的著作《生命本質》（*Life Itself*，1981年）中重新點燃這個想法。克里克曾經推測「導向式宇宙撒種論」（directed panspermia）的可能性，也就是某太陽系的某一種族，可能懂得鎖定目標，把孢子撒向一些適合生物居住的星球。

★
阿瑞尼斯（S. Arrhenius, 1859-1927），瑞典物理化學家，提出電解質溶液理論，1903年諾貝爾化學獎得主。

幻想與真實的界線

至此我們好像掉進科幻小說的世界了，不過克里克也有自知之明：他在書中探討宇宙撒種論，多半也是說好玩的（雖然他太太曾經差點以為，克里克得了諾貝爾獎後變得神經不正常）。

既然宇宙撒種論看似天馬行空、純粹是人們胡思亂想的產物，你可能好奇我們究竟衝著什麼樣的理由，非得認真的思考外星的生命起源說，再創一套地球生命起源之謎？雖然目前還沒有充足的證據顯示地球大氣外，存在有生命的物質，但構成生命的有機分子可以在太空中形成，是無庸置疑的。

太空人從星際氣雲團（gas clouds）的光譜中，可以偵測到簡單有機分子，例如甲醇、甲醛、氰化氫等。尤其氰化氫是合成各種較複雜有機分子（包括胺基酸）的理想起始物。儘管太空星際間的環境與條件，似乎很難催生前生物時期的化學反應，卻有強而有力的證據顯示，外太空的有機分子的確有可能掉落地球。

隕石撞地球

我們現在所知關於外星上的有機化學反應，很多都是源自隕石的分析（所謂的隕石是指從外太空掉到地球上的石塊）。這些宇宙裡的岩屑有幾個可能的來源。

小行星帶惹禍

大部分的隕石來自小行星帶（asteroid belt），這是由行星形成過程中，殘餘的大岩塊所構成的環帶，散布在火星與木星之間的繞日軌道上。有一些小行星跨過火星的軌道，進一步向太陽系內部漫遊過去，偶爾小行星走偏了，會跟地球靠得很近，甚至撞上地球。

1908年，西伯利亞的通古斯加（Tunguska）上空出現大爆炸，把方圓數英里內的樹木全數夷平（見次頁圖8.3）。現在一般認爲，這個威力駭人的爆炸，導因於一個直徑約莫10公尺的小行星崩落。

據估計，這種規模的隕石事件，大概每250年會發生一次，不過隕石的體積愈大，掉落地球的機率愈小。然而，要是遇上巨大的小行星撞擊地球，後果將十分慘重：直徑10公里的小行星釋出的能量，超過1億個1百萬噸的核彈頭的能量——這種毀滅力量比全世界所有核武器的威力，還高出許多倍，可以想見，地球要是遇上這種撞擊，人類將遭滅絕。

彗星也有威脅

隕石的另一種可能來源是彗星。儘管彗星類似小行星，但它

圖8.3 ▶
1908年，西伯利亞的通古斯加上空出現大爆炸，夷平了方圓數英里內的樹木。現在人們普遍認為這個威力駭人的爆炸，源自一個直徑10公尺寬的小行星發生瓦解。（本圖由位於紐約市的美國自然史博物館提供。）

舒美克－李維9號彗星（Shoemaker-Levy 9）這顆彗星，是根據發現者的名字來命名的，發現者共有三人：卡洛琳與尤金．舒美克夫婦（Carolyn and Eugene Shoemaker）以及李維（David Levy）。他們於1993年3月共同發現這顆彗星，而這是他們一起發現的第9顆彗星。這顆彗星的20多個碎片在1994年7月16至22日撞上木星。

所攜帶的碎石岩屑，似乎永遠無法聚集成行星，彗星是從更遙遠的地方來的。在冥王星之外有個半徑約達2光年的雲團，叫做歐特雲（Oort cloud），它會受到微弱的太陽重力吸引。歐特雲裡的星體也可以感受到其他星球的重力影響，鄰近的星球稍有什麼動靜，就可能激發歐特雲中的任一星體，以彗星的形式衝過太陽系。

某些彗星，例如著名的哈雷彗星，有一定的運行軌道，帶領它們週而復始的疾馳過太陽系，每隔一段固定的時間就會再度造訪。

不過很少有彗星會撞上行星。但是在我寫作此書期間，我聽說舒美克－李維9號彗星★似乎就要撞上木星，那時是1994年的夏天。彗星要是眞的撞上地球，後果是難以想像的慘重；不過科學家相信有些隕石是彗星經過地球時所掉落的碎塊。

地球的坑疤

在地球形成初期，飄浮在太陽系的岩塊碎屑比今日還多很多，這些是行星形成過程殘留下來的物質。因此，地球早期比較容易受到巨大隕石的重創，在地表留下許多大坑洞，而月球也不例外。現今的月球表面上，依然可看見這些嚴重撞擊所留下的巨型坑疤。至於地球上，遠古時代隕石撞擊地球的巨坑，多數已被地殼的各種活動（包括板塊運動）抹滅了，不過現在地表仍留有一些證據，顯示地球年輕時曾遭受彗星或隕石的猛烈撞擊。例如美國亞利桑納州有一個隕石坑，足足有2公里寬（見圖8.4）；而位於北歐的巴倫支海（Barents Sea）的海床上，有一個40公里寬的大凹陷，也很可能是4千萬年前受彗星或隕石劇烈撞擊的遺跡。

這種彗星或隕石猛烈撞擊地球的情景，大約在35億年前就告落幕，而那時地球上可能已經有生命出現了。科學界長期以來都認爲，巨石撞擊對地球上的生物演化過程有重大的影響，只是科學家爭議的重點在於，這種影響究竟是正面的或是負面的。

◀圖8.4
亞利桑納州的隕石坑成為地球初期遭受許多巨大衝擊的明顯證據。（本圖由美國地質調查所的David Roddy提供。）

恐龍終結者？

既然巨石撞擊地球會爆發驚人的能量，我們直覺的反應是：隕石會破壞地球、殘害生命。化石紀錄顯示曾經稱霸地球1億5千年到2億年之久的恐龍，竟然在白堊紀（cretaceous era，約6千5百萬年前）末期全部滅絕。

1980年代，美國加州大學柏克萊分校的阿瓦雷茲（Walter Alvarez）與同僚曾提出解釋，說明這種滅絕是巨石撞擊地球的結果，因爲他們發現恐龍時代的沈積物中含有豐富的銥（iridium），而這種元素地球上很稀少，但彗星則蘊藏大量的銥。阿瓦雷茲和同僚指出，當時這顆彗星（也許直徑有10公里寬）撞上地球時，曾散布出大量含銥的塵土，籠罩大氣層，造成地球氣候大變遷，不到幾十年的光景，就讓恐龍完全絕跡。

現在還有一個更令人信服的地質證據，支持這種大災難的推論——墨西哥的奇休魯布（Chicxulub）隕石坑。

化石紀錄顯示早在恐龍時代之前，地球就曾發生過若干次大滅絕事件，因此學者推測，生物的演化過程勢必經常受到隕石撞擊地球的摧殘。有人甚至提出地球生命的起源不是單一次事件，也許是捲土重來好幾次才成功。

隕石帶來有機分子

前面講了這些關於隕石的毀滅性，現在要是有人說，隕石對生命的形成也有幫助時，可能會讓人感到錯愕。而隕石是生命的源頭之說，可能更覺讓人覺得荒謬可笑。但其實不然。

1960年代的研究顯示，某些隕石可以歸類爲「碳質球粒隕石」

（carbonaceous chondrites），它們含有豐富的碳化物等有機分子。事實上，有些隕石據說含有植物化石。1966年，游理宣稱他發現隕石中還有「活生生」的微生物。可惜這個重大發現禁不起細究，游理的新發現經證實，是他的取樣遭到地球微生物污染所造成的。

相形之下，斯里蘭卡化學家龐南佩魯馬（Cyril Ponnamperuma, 1923-1995）和同僚，在美國航太總署位於加州艾米斯研究中心（Ames Research Center）的發現，還比較令人印象深刻。他們分析隕石裡的成分，取樣是一顆1969年時，在澳洲小鎮莫奇森（Murchison）上空爆炸的隕石。結果發現該隕石含有微量的胺基酸。

左右旋異構物驗明正身

這回會不會又是受到地球有機物的污染呢？所幸在這顆莫奇森隕石中發現的胺基酸別具特色，有別於地球生物所製造的胺基酸。在《現代化學I》第2章中，我們看到地球生物體內的各種胺基酸（苷胺酸除外）都有左旋（L）與右旋（D）兩種可能的鏡像異構物（即對掌性或旋光性）；但自然界中眞正存在的胺基酸，卻一律都是左旋異構物。龐南佩魯馬分析莫奇森隕石中找到的胺基酸，發現它們竟是左旋胺基酸和右旋胺基酸以等量相混存在。再者，隕石胺基酸中的同位素碳13的比例，也比地球上的有機物含量高。最後，在莫奇森隕石中發現的胺基酸種類很多，目前已知的有74種，比地球生物製造的20種胺基酸還多。

龐南佩魯馬的研究結果意味著，胺基酸有可能在小行星和彗星上形成，然後由隕石送到地球上。這顯然是「歐帕林─霍登」假說與其他地球生命起源說（認爲生命的基本組成物可在地球上形成）之外的另一種可能。

不過早期的地球，眞的是如此大量接收來自隕石的胺基酸嗎？掉落地球的隕石要不就像小石子般，沒對地球造成什麼痛癢，要不就像巨石撞地，引發爆炸把有機物質都燒成灰燼。不過我們也可以想像有一些有機物質，由於深埋於隕石核心，或隕石撞地前先崩裂（例如通古斯加事件），因而逃過一劫，安全送到地球上。

多方證據支持

1989年，加州大學聖地牙哥分校的趙美訓★和巴達（Jeffrey Bada）也支持這樣的想法，認爲彗星把大量外星製造的有機物帶到地球上。這兩位地質學家曾在丹麥的史蒂芬克林特（Stevns Klint）進行沈積黏土（sedimentary clays）的地質研究，他們發現有一大段沈積物來自白堊紀末與第三紀初。

★
趙美訓當時在加州大學跟隨巴達進行博士研究，目前任教於台灣成功大學地球科學系。

早在趙美訓和巴達的研究之前，人們已知丹麥史蒂芬克林特的黏土和其他白堊紀與第三紀交界的沈積物一樣，含有豐富的銥元素，暗示著當時曾發生過隕石撞地球事件。重要的是，趙美訓和巴達發現該地的黏土還含有大量的胺基酸，含量勝過白堊紀與第三紀交界之外的岩層。再者，他們發現的胺基酸幾乎在地球的生物中從未見過，反倒是碳質球粒隕石中常見的東西。這樣的發現讓這兩位研究人員認爲，胺基酸能來到地球上，說不定就是靠那顆引發恐龍大滅絕的大隕石。

現在許多地質學家都相信，隕石可能提供大量的有機物質給早期的地球。稍後，巨石撞地的盛況平息了，有機物的供應也漸減，這時地球上的生命，似乎也已經找到立足點，而漸漸繁盛起來。此外，隕石撞擊地球後把能量釋放到大氣中，也可能影響地球早期有機物的形成，情況類似游理和密勒的實驗結果。（實驗已顯示把一些簡單的氣體混合，並施予爆炸性的振動，將能產生胺基酸。）

根據美國康乃爾大學的奇巴★和薩根◆所做的推測，地球生命崛起時所需的各種有機化學物質，可能來自地球本身與外太空，兩種來源皆有重大的貢獻。不過這樣的估計也存在很多不確定性。地球生命的有機化合物究竟從何而來呢？也許我們唯一可以肯定的是，還有源源不絕的新想法會冒出來。

★
奇巴（Christopher Chyba）現任教於史丹佛大學。

◆
薩根（Carl Sagan, 1934-1996），美國著名天文學家、科普作家，著有《億萬又億萬》、《魔鬼盤據的世界》。

單手偏好？

先不管生命的有機物質到底如何起源，現在我們要探討的是另一個難解之謎：爲什麼所有生物的蛋白質中的胺基酸分子都是「左撇子」（左旋異構物）？相反的，爲什麼有對掌性的糖類分子都是「右撇子」（右旋異構物）？生命是如何發展出這種一致的對掌性？

19世紀初期的化學家，發現某些天然物質能夠旋轉平面偏振光，展現出左旋或右旋的特性；尤其石英晶體正是以這種特性著稱。

不過，1844年，德國化學家密雪爾利區（Eilhard Mitscherlich, 1794-1863）發現一個教人困惑的問題：根據酒石酸和消旋酸（兩者皆爲釀葡萄酒的副產物）的氨鈉鹽（sodium ammonium salt）的各種物理和化學性質顯示，這兩者是同一種化合物；但奇怪的是，酒石酸氨鈉鹽有旋光性（可以旋轉平面偏振光），但是消旋酸氨鈉鹽卻不能。

巴斯德解迷團

★
巴斯德（Louis Pasteur, 1822-1895），法國細菌學家，創微生物化學，證明生物不能自動起源，發明狂犬病疫苗、牛奶低溫消毒法等等。

法國生化學家巴斯德★決心解開這個謎團。

巴斯德發現，當這兩種鹽溶液形成結晶時，如果用顯微鏡觀察，可以看出它們具有不同的形狀。兩種晶體皆為不對稱構造，但是消旋酸氨鈉鹽含有兩種形式，且這兩種形式彼此為鏡像異構物（見圖8.5），而酒石酸氨鈉鹽僅含一種形式。接著，巴斯德做了一項了不起的處理：他拿來一把細鑷子，在顯微鏡下用手一個個分開消旋酸氨鈉鹽的兩種晶體。再把這兩種晶體分別溶解後，他發現兩者皆具有光學活性（即旋光性），正如酒石酸氨鈉鹽一般。

儘管當時巴斯德對化學鍵結與分子形狀還沒有概念，他卻能正確的推論消旋酸含有兩種鏡像形式的化合物，即是我們現在所謂的「對掌性鏡像異構物」（請見《現代化學I》第129頁）。而具有光學活性的酒石酸則只存在一種異構物。

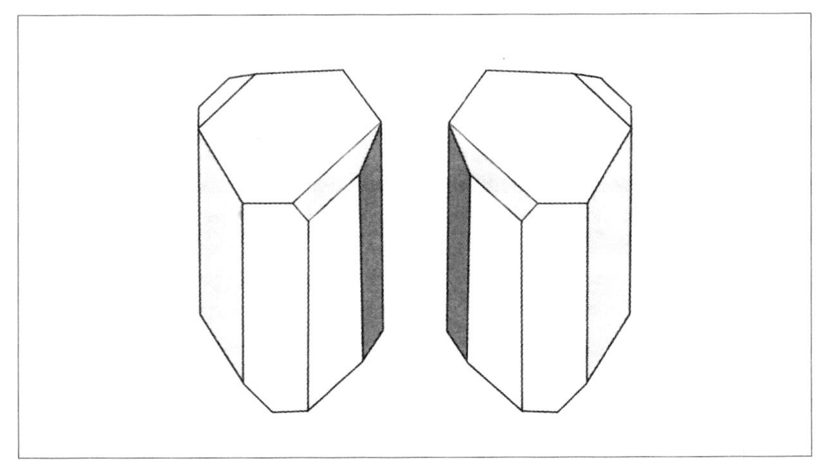

圖8.5 ▶
消旋酸氨鈉鹽有兩種互為鏡像的晶體結構。19世紀時，巴斯德在顯微鏡下，用鑷子成功分開消旋酸氨鈉鹽的兩種晶體，使他推論出消旋酸氨鈉鹽含有左右相反的光學活性，即我們現今所稱的旋光異構物。

生物體能辨別

巴斯德繼續揭示生物體對有光學活性的分子，具有高度的選擇性。當他把消旋酸的兩種異構物分別餵食某種黴菌時，他發現黴菌偏偏只挑其中的一種來吃，對另一種碰都不碰。

於是巴斯德推測這種偏好恰可反映出黴菌的生化反應存在一種不對稱性，並進一步指出這種對掌性的差別待遇（即對左旋或右旋鏡像異構物的偏好）普遍存在生物體內；無機物的世界就沒有這種偏好。這發現讓巴斯德瞭解光學活性是生物體內的化合物的明顯特徵。他相信闡釋生物世界這種對掌性將是瞭解生命本質的關鍵。

我們現在已經知道「鏡像異構選擇性」不見得需要以生物爲媒介，只要在某種對掌性的環境中，例如利用對掌性催化劑（請見《現代化學I》第2章），即可發生。不過這樣的理解，只是把生命世界何以懂得異構選擇性的謎題，再推到生命的化學起源上頭。

對掌性的起源

對掌性生出對掌性。舉例來說，蛋白質的螺旋結構之所以具有對掌性，是因爲胺基酸（蛋白質的組成物）本身具有對掌性，所有的胺基酸一律都是左旋異構物（L）。另外，酵素和右旋醣類（D）之間的交互作用與酵素和左旋醣類（L）的作用大不同（目前已知的生物皆無法代謝左旋醣類）。一旦異構選擇性出現在原始的複製系統中，就不難想見這種特性是如何代代相傳下去了。由於胺基酸是探討生命起源的關鍵分子，科學家在嘗試瞭解生物世界的對掌性偏好問題時，都傾向能提出特定機制，以解釋前生物時期的化學反應中，左旋（L）胺基酸爲何占有絕對的優勢。

不過稍後我們即將看到，最早期的複製系統也許與蛋白質無關。儘管如此，大部分用來解釋胺基酸分子的異構選擇性如何起源的腳本，也都可以應用在其他的對掌性分子上。

外星上胺基酸的形成

游理－密勒實驗，是利用甲烷、氨、水、氫氣等物質，來模擬地球最初的胺基酸形成過程。現在有一種史翠克（Strecker）合成法可用來模擬外星上的胺基酸形成過程，反應物包括氰化氫和氨（這兩種物質確實可以在外太空形成）。只要有水，加上太陽紫外線輻射能的驅動，這樣的反應確實可能在外星體的地表上進行。不過，無論是在地球上或是外星上，顯然都是不影響旋光性偏好的反應環境，因此產生的胺基酸都是消旋的混合物（有等量的左旋與右旋異構物）。

事實上，你可能還記得先前提過的那塊在莫奇森發現的隕石，它所含帶的胺基酸正是消旋混合物，這證明了這些胺基酸的確來自外太空。

不過，在1990年，來自美國奧克拉荷馬大學的英格爾（M. H. Engel）和同僚卻指出，當他們重新仔細檢視莫奇森隕石的胺基酸之後，發現萃取出來的胺基酸鹼性溶液中，顯示些微的「非消旋性」：也就是左旋異構物的含量比右旋異構物多出8%。

這樣的報告極具爭議；有鑑於過去曾經發生隕石取樣受到地球物質污染的案例，某些研究人員不願意相信隕石中的胺基酸並非消旋混合物的報導，尤其英格爾等人發現左旋胺基酸超過右旋胺基酸，這就更讓人聯想到是受地球胺基酸污染的結果。再者，就算英格爾等人的發現確實沒有受污染，他們還是無法解釋何以地球上的生物偏好左旋異構物：我們只能承認隕石所含的胺基酸本身也具有這樣的旋光偏好。這樣的說法讓我們再度把地球上的旋光性起源推向外太空。

隨機還是非隨機？

在此我們也遇上了類似雞生蛋、蛋生雞的老問題，旋光性既然來自旋光性，那麼最初一定要事先存在某一種旋光性，才能代代相傳。關於旋光性的起源眾說紛紜、前仆後繼，科學家想盡辦法來克服這種僵局，我們則從其中理出兩條路數。

一種說法是不論左旋或右旋分子，都是隨機產生的；另一種說法是藉由某些特殊力量（必須是非化學的來源）顛覆原有的消旋平衡相，促使異構物分子朝著我們今日觀察到的特定旋光性前進。如果你採用隨機的那套假設，那麼單是用化學原理就可以提供充分的解釋。

隨機振動造左旋？

在1953年時，英國布理斯托大學的法蘭克（Charles Frank）描述一種假設性的反應，說明旋光性分子的消旋混合物形成後，經由不可逆的小型隨機振動，可以產生全部都是左旋或全部都是右旋的分子。

在法蘭克的構想中，他假設不論是形成左旋或是右旋異構物，都是經由自我催化的過程，也就是異構物分子本身會加速自己的形成，同時抑制另一種旋光異構物分子的形成。不過這種經由小規模的隨機振動的反應，可能無法形成穩定的系統，因爲一旦其中一種異構物的產量稍微超過另一種，這少許的過量就會受自我催化作用與抑制另一種異構物生成的作用迅速增殖放大。如果兩種異構物之間缺乏明顯的穩定性差異（也就是兩者都一樣不穩定的話），那麼最後是誰占優勢完全得靠運氣，在這系統中，右旋異構物和左旋異構物都有可能統領這個系統。

如果在差不多同一時間裡，地球上的生命分別在幾個不同的地點崛起，我們可預期原始的生命中可能有左旋異構物的群落，也有右旋異構物的群落，兩者有朝一日可能相遇，且必須打鬥一場以決勝負。這種情節可眞像是科幻電影的劇本，實在很難令人苟同。

柯氏力影響大？

難道在前生物時期的化學世界中，左旋或右旋異構物的選擇，眞的是非隨機的結果？有人因此根據地球自旋的現象，主張在海洋和大氣中具有一種柯氏力★，這種扭轉的力量在南半球與北半球的轉勢或力道恰好相反，足以形成左旋或右旋異構物的偏好，分子到底是左旋還是右旋，就看這種有機分子是起源於北半球或南半球了。

至於柯氏力是如何作用在分子的層次上，目前還不清楚，而且也沒有多少人支持這種旋轉理論。

不過，位在美國北卡萊納州威克佛斯特大學的康德普迪（Dilip Kondepudi）和同僚觀察到，在攪拌的溶液中形成的氯化鈉結晶，其光學活性（旋光性）取決於溶液攪拌的方向（在此旋光性是由於離子以螺旋狀排列所產生的結果，基本上它可以向左轉或向右轉），這項發現使旋轉式的攪動理論，多贏了些許認同的眼光。

★
柯氏力（Coriolis force）是指：因爲地球自西向東旋轉的原故，物體在北半球水平運動時，會感受一股向右的偏向力（在南半球則感受到向左的偏向力）。這種偏向力在西元1835年，由法國的 G. C. Coriolis首先以數學方法成功的解釋，所以命名爲柯氏力。

太陽光有影響？

另一種解釋旋光偏好性的非隨機起源的理論，是把矛頭指向日光的非對稱性。在一天當中的某個時段，太陽的光線會出現一種螺旋式或環形的偏光現象（這與先前我們遇過的平面偏振光很不一樣）。在日出時，日光出現些微的環形偏光，在日落時，日光又會出現另一方向的環形偏光。

某些研究人員認爲經由與旋光性分子發生光化學反應，足以搗毀原來的平衡相，使某一種旋光異構物占優勢。不過根據計算的結果顯示，這種日光作用的影響力極小。這理論也讓人聯想到，要是旋光異構物遇上環形偏光的高能粒子，例如宇宙線或β粒子等自然界的輻射物質，又會出現什麼樣的可能呢？

高能β粒子可能足以把分子瓦解，且對旋光性的分子來說，這種交互作用的強度與β粒子和旋光性分子彼此的旋光性沒有多大的關係。不過我們也不清楚這種差異性是否大到足以影響？

左旋的宇宙

1950年代，科學家發現宇宙本身也存在某種左旋性，與地球上的生命物質對左旋胺基酸的偏好不謀而合，這爲有機分子的旋光性起源提供一項引人入勝的解釋。不過這發現倒是把物理學家嚇一大跳，完全顚覆了以往的直覺或常識，他們原本認爲自然界的基本定律，不可能出現這種左右的差異。當時左旋和右旋的標示被視爲是相當隨便的做法，且無法經由實驗來定義。

■
宇稱守恆（conservation of parity）或稱鏡像對稱、空間反射對稱，指出：左右之間不能造成根本的差異，也就是說在左手系（left-handed system）或右手系（right-handed system）中，物理學的定律是一致的。古典物理描述的現象都遵守這定律，但近年的研究顯示基本粒子間的弱交互作用違反了宇稱守恆。

宇稱守恆？

這種認爲左右沒有差別的想法在「宇稱守恆■」的概念中有清楚的交代。次原子粒子的宇稱值，可以粗略的視爲是測量其左右手座標系的結果，但要眞的瞭解粒子的行爲，還需要靠量子力學方程式來描述。

宇稱守恆主張在任何物理過程中，系統中的組成物在反應發生前的宇稱值總和，必須始終等於反應後的總和。簡單的說就是沒有任何一種物理反應，其鏡像座標系不會產生相同的結果。

1950年代，量子力學鼻祖之一的鮑立（見《現代化學I》第43頁）表示願意以一大筆錢打賭宇稱守恆是不可違背的。

但1956年中國的物理學家楊振寧、李政道★提出宇稱未必守恆的可能性，促使另一位中國物理學家吳健雄◆在哥倫比亞大學設計一套實驗方法，來測試這種想法。

★
楊振寧（1922-）與李政道（1926-），都是原籍中國的美國物理學家，他們共同深入研究宇稱守恆，發表了一篇討論宇稱不守恆的論文，從而導致基本粒子方面的一些重大發現，而在1957年共同獲得諾貝爾物理獎。有關楊振寧的生平與楊、李兩人得獎的共同研究，可參見《規範與對稱之美——楊振寧傳》天下文化出版。

◆
吳健雄（1912-1997）被譽爲二十世紀最偉大的實驗物理學家，1975年膺選爲美國物理學會第一位女性會長，西方科學家稱吳健雄博士是中國的居禮夫人，她以實驗證明宇稱不守恆。在「宇稱不守恆」實驗完成的第二年，諾貝爾物理獎頒給楊振寧、李政道後，曾在柏克萊教過吳健雄的歐本海默就公開表示，吳健雄也應該得到此項榮譽。

弱力顛覆宇稱

吳健雄研究了放射性元素鈷60的衰變情形，這種元素會從原子核釋放出β粒子。β粒子發生衰變是因爲原子核中的粒子之間受到一種「弱力」（弱交互作用）的影響所致。（自然界有4種基本力，弱力是其中一種，其他還有電磁力、重力以及把質子和中子繫在原子核中的「強力」。）

鈷60的原子核很像小磁鐵，具有北極和南極。當鈷60衰變時，β粒子會以偏向磁極的方向釋出。如果由弱力引起的粒子交互作用可以觀測到宇稱守恆，那麼β粒子從南北兩極釋出的機率應該均等。

爲了測試事實是否如此，吳健雄先把一塊鈷石冷卻到幾乎近絕對零度，然後把這取樣放置在電磁場中。這確保原子核磁體排列成同一方向，使南北磁極與電場對齊；而且這樣的對齊不會受到隨意的熱運動（發生於溫度較高時）的干擾。她接著計算β粒子從南北兩極釋出的數量。結果顯示，從某一極釋出的β粒子數量比從另一極釋出的還多。因此鈷60的南北兩極並不均等，這意味著南北磁極的標示不是隨便亂標的，且宇稱並未始終守恆。

從物理學取經

這樣的結論要如何幫助我們解決生命起源時，旋光性選擇之謎呢？現在我們知道在粒子物理學中，左右並不永遠相等，這樣的差異有沒有辦法轉移到化學的反應過程中？

這個問題的困難度在於，儘管違反宇稱的弱力比電磁力（這是主導化學交互作用的力量）還強，它的範圍卻很窄。雖然弱力能造成原子核內的粒子彼此作用，但出了原子核之外，弱力幾乎發揮不了任何作用；β 粒子的衰變要算是弱力在原子核之外唯一的表現。因此弱力對化學反應的影響是微乎其微的。

左旋、右旋有差異

儘管如此，這樣的影響力確實是存在的，大小也計算得出來。弱力對左旋的偏好讓我們瞭解到，對掌性分子的兩種異構物看似都相當穩定，但兩者的穩定度仍存在非常微小的差異。就胺基酸分子來說，左旋異構物的穩定度只比右旋異構物高出幾千億分之一（在室溫下，左旋的穩定度是右旋的1.0000000000000001倍）。這種差異實在小到讓一些科學家認爲，它無法用來解釋自然界左旋胺基酸所占有的絕對優勢。

不過康德普迪和同僚尼爾森（George Nelson）曾經重新評估法蘭克的構想（即製造異構物自我催化合成時的不穩定性），並顯示由弱力不對稱造成的左旋胺基酸偏好性，恰足以形成差異，使得該系統將有98%的機率產生左旋異構物。

莫斯科化學物理研究所的高丹斯基（Vitalii Goldanski, 1923-2001）和同僚曾發展出驚人的構想，來解釋在冰冷的外太空中合成有機分子時，旋光性如何發生突然的轉變，然後經由隕石帶到地球上。高丹斯基團隊表示，法蘭克的模型可以提供旋光性轉變的可能解釋。

遵循量子力學

根據古典熱力學理論，外太空的溫度太低，使在星球鄰近地帶以外的地方，化學反應都難以進行。那麼冰冷的溫度（僅比絕對零度高出幾度）意味著分子的能量低到難以跨越自由能的屏障，這會使化學反應無法進行（見《現代化學I》第100至101頁）。

不過高丹斯基和同僚顯示量子力學允許分子以「作弊」的方式（用穿遂★取代超越）來克服這種能量屏障。高丹斯基的團隊所進行的實驗顯示，即使在液相氦形成的溫度下（大約比絕對零度高4度），甲醛分子也可以串連成聚合物的長鏈分子，約有幾千個分子長。

★
根據量子力學原理，穿遂（tunneling）是由於粒子具有波動性，因此有可能穿越比其總能更高的位能壁壘。而這種效應在古典力學中是不可能的。

古典理論預測，在這種溫度下進行這種反應，過程一定極度緩慢，然而量子力學卻能允許它快速進行。高丹斯基提出一種假設，來說明在低溫的太空中，與偏好左旋胺基酸的異構選擇性（來自宇稱不守恆對左旋異構物的略微偏好）同時發生的量子化學反應，可能導致生命起源於冰冷的外太空。

我們不確定以上種種假設，是否能爲生物分子的旋光性起源提供圓滿的解釋，但我們相信關於生命起源於何處、如何起源的問題一定可以找到解答。可惜目前科學家還沒有找到讓人心服口服的答案，因爲大部分的假設都很難驗證。也許我們永遠都無法知道體內蛋白質分子的左旋性，究竟是碰巧出現的，還是來自偉大的創造。

生命的拼圖

基因庫的起源

關於胺基酸（蛋白質的組成物）我們已經講了許多。至於DNA（去氧核糖核酸）和RNA（核糖核酸）這兩種生命重要的成分，又是如何起源的呢？

我們已經知道DNA和RNA都是由核苷酸構成的聚合物，它們分別由四種核苷酸組成。每種核苷酸都含有一個嘌呤或嘧啶、一個核糖（去氧核糖）、以及一個磷酸基（見第14頁圖5.3）。

說到核苷酸，它可是比胺基酸還難搞的傢伙，想要從一些簡單的前驅物合成核苷酸，可不是普通的挑戰。儘管如此，化學家也想出一些合理的假說，來解釋這些化合物最初是如何在地球上形成的，而且已有很多實驗案例顯示假說的可行性。

嘌呤和嘧啶的組成

就嘌呤鹼基和嘧啶鹼基來說，這兩個核苷酸都可以用氰化氫（HCN）來組成，氰化氫含有碳、氫、氮3種基本元素。

腺嘌呤可以純粹由HCN構成，5個HCN分子經過幾個步驟可以形成腺嘌呤的雙環結構（見圖8.6）。不過要讓5個HCN分子精準的連成1個腺嘌呤鹼基，恐怕是很費時的事情。

美國休士頓大學的歐洛（John Oro）曾在1960年指出，把氨和HCN相混於水中，再把此溶液加熱，可產生少量的腺嘌呤。龐南佩魯馬（見第179頁）則在1963年發現若把游理—密勒實驗的混合物（含有甲烷、氨、水、氫）用電子束照射後，會產生腺嘌呤。

鳥糞嘌呤則是更古怪的傢伙，不過也可以用HCN和尿素分子來搞定。尿素要在自然界形成也不是太過困難的事情，它可來自簡單的前驅物（圖8.6）。

在某個嘧啶鹼基的可能發生途徑中，尿素也是其中的反應物：胞嘧啶可能最先出現，再經由其他簡單有機分子的參與，形成尿嘧啶和胸腺嘧啶。而在這個過程當中，氰酸離子有可能替代尿素

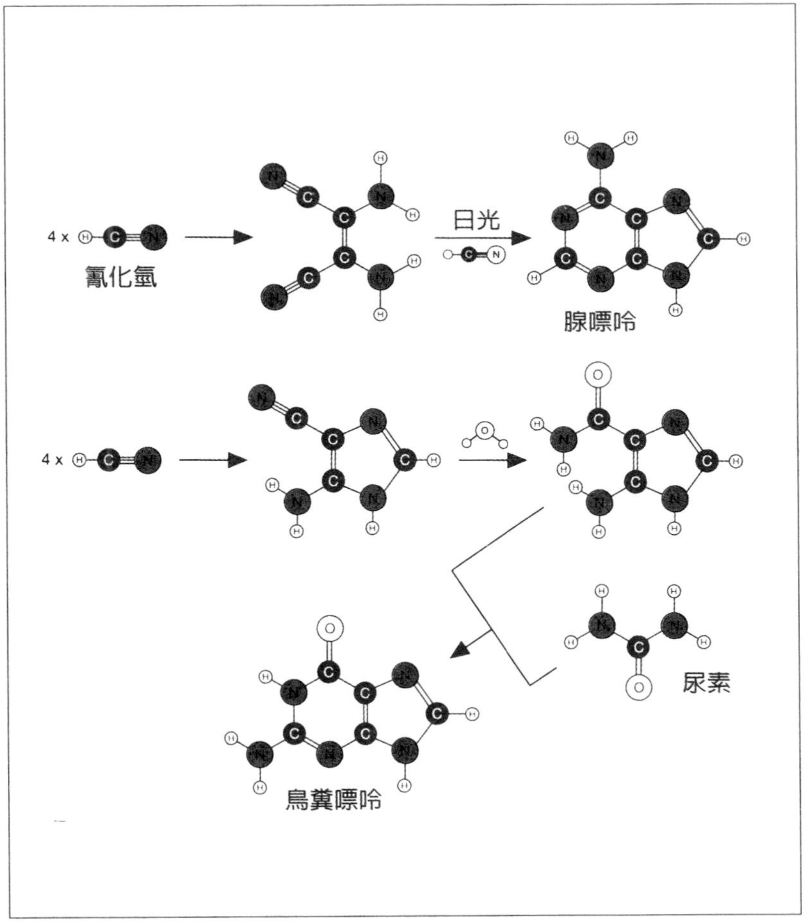

▲圖8.6

核酸中的兩種嘌呤鹼基：腺嘌呤和鳥糞嘌呤，可以從簡單的有機分子合成。腺嘌呤可以純粹由5個HCN分子構成，儘管最後一步驟需要藉助日光的幫忙。鳥糞嘌呤則可以利用4個HCN分子先串連成一個單環前驅物，再經由尿素的參與來合成。

的角色（見圖8.7）。

這些反應似乎很複雜，但請記住，我們並不是在尋找產物的產率很高的實驗室合成法，我們只是想找出可行的化學反應，讓這些鹼基能經由簡單的有機分子創造出來。

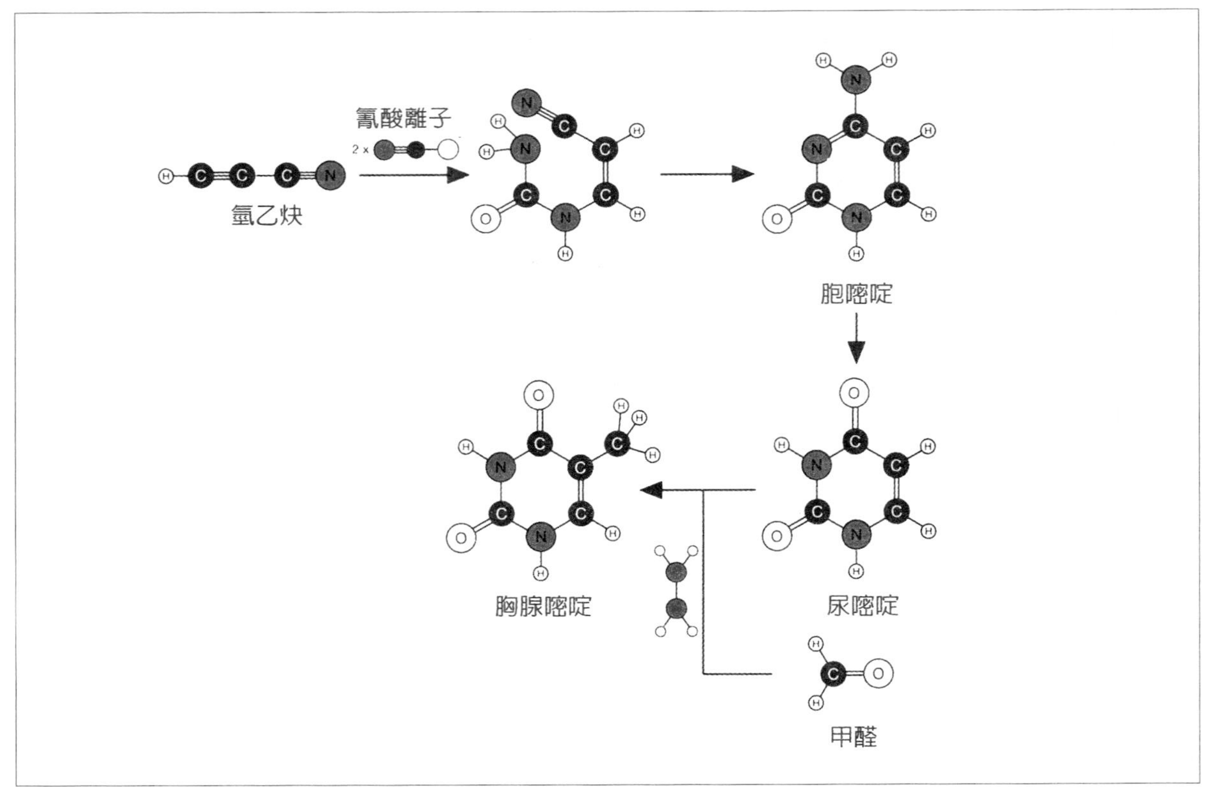

▲圖8.7

胞嘧啶和尿嘧啶可藉由氰乙炔與氰酸離子（如圖中顯示）或尿素的反應來形成。尿嘧啶本身可與甲醛（在聯胺N_2H_4的協助下）形成胸腺嘧啶。

換句話說，我們只是要證明，嘌呤和嘧啶能在早期的地球上形成。我們可以合理的預期，早期的地球環境，應該可以提供所有牽涉到這些反應所需的物質與條件。

核糖和去氧核糖怎麼製造？

再來看看RNA和DNA中的核糖分子和去氧核糖分子，也同樣可經由簡單的反應物來合成。這兩種糖分子皆含有環形的五碳糖以及氧原子（見第13頁圖5.2，兩者皆可僅從甲醛合成，甲醛在鹼性溶液中可以形成五碳糖及六碳糖的環形分子，見圖8.8）。

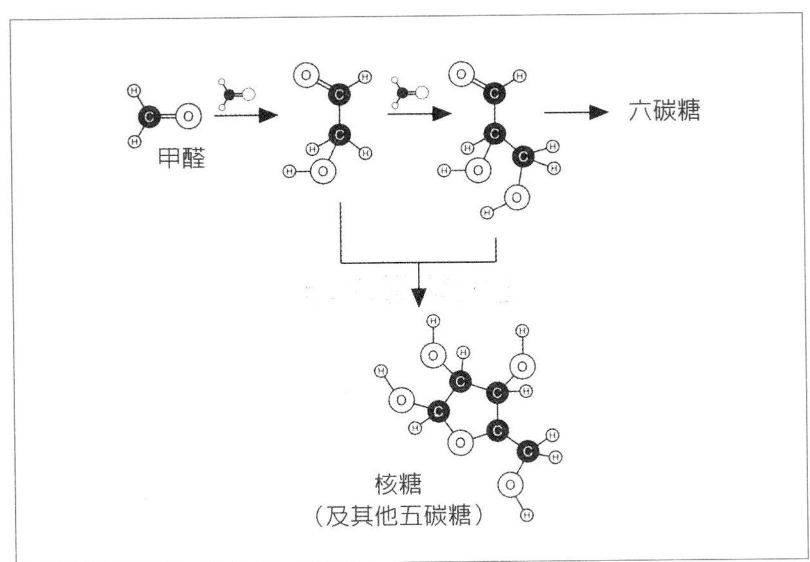

▲圖8.8
核糖（五碳糖）可藉由甲醛的聚合作用來形成。這種反應也可以形成各種其他的五碳糖與六碳糖。

不過生命恐怕不會這麼簡單，因爲核糖在鹼性環境中生存不久，很快會分解成酸性的化合物。因此在早期的地球上核糖分子如何設法存活下來，依然是個謎。我們也不知道爲何在甲醛的聚合反應中，理論上可以形成50種左右的五碳糖或六碳糖，爲何偏偏只有核糖和去氧核糖雀屏中選，而併入RNA和DNA的分子中？

磷酸根參與反應

在核酸的組成物中，你也許認爲磷酸的形成是最沒有問題的了，因爲磷酸根本身就是簡單的無機物，自然界的礦物中就含有豐富的磷酸，例如磷灰石等。不過磷酸礦物通常都非常難溶解，這就令科學家想不透，不易溶的磷酸根，如何參與海洋中的有機化物之間所進行的反應。

不過，磷酸根要是以PO_4這種基本單位聚集成長鏈或環形分子（見圖8.9），將大爲提高可溶性。這種聚合物稱作聚磷酸鹽（polyphosphates），可以來自火山爆發所形成的含磷酸礦物石。

生命能量來源

磷酸雖然是簡單的無機物，但在形成複雜的生物分子時，磷酸扮演著重要的角色。一些有機分子若附帶有磷酸根，將有利於它們本身迅速串連成長鏈分子。例如，磷酸可以促進兩個胺基酸分子間形成肽鍵。再者，由於聚磷酸鹽是從帶負電的磷酸基本單位建構而成的，這些單位與單位之間會彼此排斥，因此這些鍵結中存在大量的能量。我們可以將聚磷酸鹽視爲化學電池，它保留的能量可以用來驅動稍後的反應。

活細胞就是以腺嘌呤核苷三磷酸（ATP，含有3個相連磷酸的

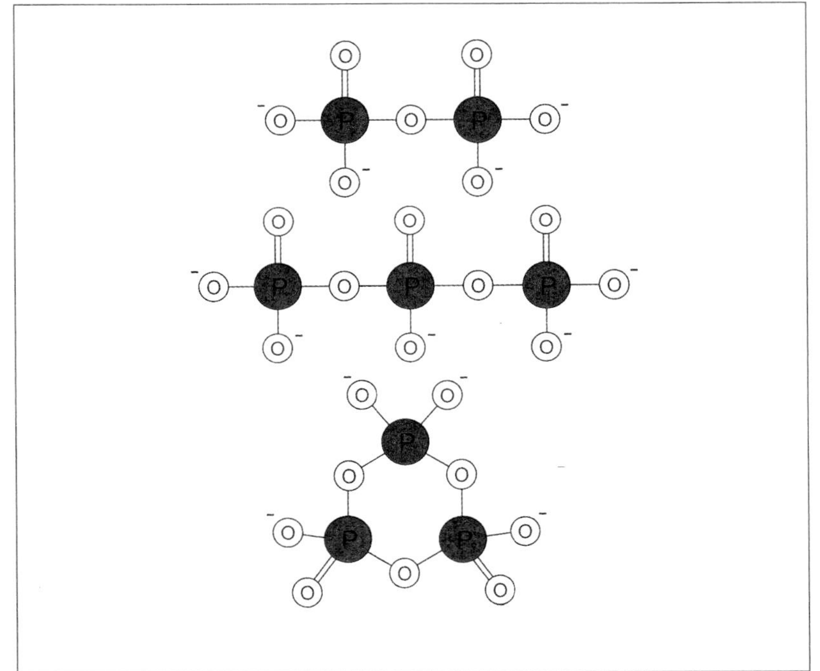

◀圖8.9
聚磷酸鹽（由若干磷酸根聚合而成）的溶水性頗佳，有可能是前生物時期形成核酸前驅物的磷酸來源。

腺嘌呤核苷酸）的形式來儲存能量。最早期的生命物質可能就是利用ATP或相關分子做爲能量的來源。

第一個細胞

細胞膜如何崛起？

前面我們探討了建構生命物質的基本組成是如何起源的，現在我們面臨的艱鉅挑戰便是如何將這些基本單位，有條理的串連起來，成爲有特殊功能的眞正蛋白質分子與核酸分子。我們很難想像單靠化學原理，就可以使這麼精巧複雜的過程順利進行。更難想像的是，這樣的反應會發生在波濤洶湧、狂雨傾注的原始海洋中，在那種環境下，有機分子多半遭稀釋或沖散了，很難彼此相遇。在這種情況下，我們細胞內進行的這些反應，根本沒有機會發生。

要是有一層保護膜（即細胞膜）隔離惡劣環境，讓生化反應可以在安全舒適的地方進行，就可以解決問題。任何化學反應，只要複雜度高於我們先前討論的反應，似乎都需要這層保護膜才有辦法進行。所以，這一層膜是怎樣崛起的呢？

人造細胞前身

在第7章我們見到磷脂質之類的雙親和性分子（即同時具有親水性和疏水性的分子），可以自動自發形成由雙層膜圍成的中空泡囊。歐帕林（見第165頁）在1920年代發現，某些油脂有機分子也有這樣的特性。不過他製造的「細胞前身」（protocell）並不是由雙親和性分子包圍成，而是由天然聚合物組成的，通常是阿拉伯膠和某種蛋白質（例如明膠）的混合物。

這些物質在溶液中會彼此聚合，形成許多不溶於水的微粒，歐帕林稱它們爲「coercevate」。這些微粒不同於雙層膜的泡囊，它們並非中空，而是像小油滴。從這角度來看，歐帕林製做的微粒無法模擬細胞膜的情況，奇怪的是他竟然對這些微粒興奮不已。不過，這微粒實驗倒是彰顯了一些有趣的特性。

值得一提的是，歐帕林能夠創造出一些具有簡單代謝作用的微粒，使它們能生長與分裂。在利用阿拉伯膠及組織蛋白（核蛋白，histone）形成微粒後，歐帕林把一種使葡萄糖（單醣）聚合成澱粉（多醣）的酵素併入微粒中。澱粉是植物所儲存的食物，必要時澱粉會再分解成葡萄糖供植物利用。當歐帕林把葡萄糖加入這些含有酵素的微粒懸浮液中，他發現微粒會吸收葡萄糖，並經由酵素把葡萄糖轉變成澱粉，使微粒膨脹變大。稍後等微粒脹破，又分裂成若干較小的微粒，小微粒一邊吸收葡萄糖，一邊又繼續生長。這樣的過程顯然類似細胞代謝、生長及分裂的過程。

不過這只是表面上的相似，微粒在分裂時並沒有把遺傳訊息傳遞到下一代，也無法自行產生酵素，甚至連構成微粒的基本組成——阿拉伯膠與組織蛋白，微粒本身也無能爲力自製。但歐帕林認爲幾百萬年的演化，應該足以讓微粒建造出蛋白質分子，由於1920年代的科學家還不清楚遺傳訊息究竟如何儲存與傳遞，使得歐帕林無法體會，生命若要從微粒崛起得跨越很大的障礙。

福克斯的類蛋白

不過歐帕林的研究卻啓迪了後來的科學家。邁阿密大學的生物學家福克斯★便提出另一種版本的「細胞前身」。

福克斯把乾燥相的胺基酸混合後加熱，結果形成許多由胺基酸隨意聚合成的微粒，他把這些胺基酸聚合物稱作「類蛋白」（proteinoid），這些微粒則是他所謂的「細胞前身」。一般來說，以加熱方式嘗試將胺基酸串連成聚合物時，往往會產生沒人要的黑焦油。不過有一種特殊的胺基酸：天門冬胺酸，可以在這種過程中形成多肽鏈聚合物。

福克斯發現當天門冬胺酸存在時，可以誘使其他的胺基酸聚合，或說得更精準一點，是與其他胺基酸一同參與聚合反應，因此

★
福克斯（Sidney Fox）在1957年初，開始進行一系列實驗，顯示胺基酸的混合物在加熱之後，可以產生與眞實世界的蛋白質類似的分子。

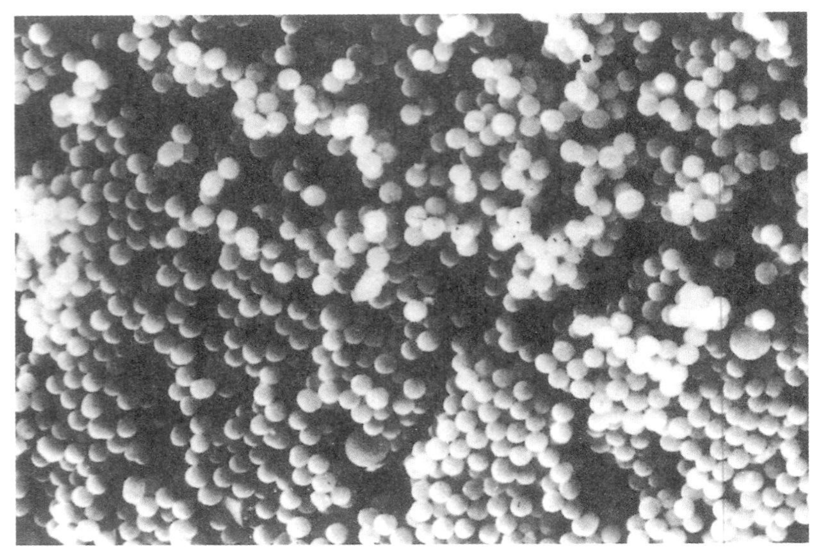

圖8.10 ▶
福克斯的「類蛋白」微粒來自胺基酸的聚合，它們會成長、繁衍，展示出代謝的原始形式。福克斯指出，這些類蛋白可視為活生生的細胞前身。（本圖由福克斯提供。）

所形成的多肽鏈也包含一些天門冬胺酸。其他的胺基酸，例如麩胺酸，也能夠誘使聚合反應形成類蛋白分子。

若把類蛋白溶入水中，它們會自然形成球體結構，而典型的類蛋白球體直徑，是幾千分之一毫米寬。有別於歐帕林製造的微粒，這些微球體不是油滴，而是中空的類蛋白泡囊（圖8.10）。再者，這些泡囊的大小都差不多，可以彼此合併聚攏，或以「出芽」方式形成新的小泡囊。

這種種的表現都顯示，福克斯製造的類蛋白泡囊更近似眞實的細胞。福克斯提出的「細胞前身」，甚至會對某些生化反應展示出某種程度的催化作用，隱約類似酵素的行爲，只是缺乏酵素的專一性。我們可以猜想，這種類蛋白泡囊在前生物時期的演化過程中，說不定扮演保護的角色，成爲各種化學反應的避風港。

構想仍有欠缺

不過當福克斯想進一步推測，指出類蛋白微球體本身也許能發展出具有生命特徵的原始系統時，卻引來很多抗議的聲浪。其實福克斯的構想很難維持多久，因爲即便這些細胞前身是由類蛋白構成的，但它們和歐帕林的微粒一樣，顯然都不具有複製與傳遞遺傳訊息的能力。

在幾種闡釋細胞前身的可能模型中，比較吸引人的也許是魯以西和同僚所提出的會自我複製的微胞（請見第7章第124頁）。這些微胞不僅是由雙親和性分子組成的（如同眞實細胞膜的組成一般），也可以轉變成雙層膜的泡囊，看起來就像眞的細胞膜。不過魯以西的實驗需要相當特定的起始物，而且我們很難想像這種微胞如何在早期的地球上，自然的形成。

DNA和蛋白質誰先出現？

在前生物時期，胺基酸和核苷酸要串連成長鏈的聚合物分子，儘管實際上有一些困難度，但基本上是有可能的。胺基酸的聚合反應不容易在水中進行。胺基酸與胺基酸之間要形成肽鍵時，會釋出1個水分子；不過水分子也可以水解肽鍵，使胺基酸彼此分離。在水分充足的環境中，水解作用比形成肽鍵還容易進行。

我們可以想像，在蒸氣騰騰的熱池中或靠近火山的乾熱環境中，胺基酸凝聚成一個接一個的多肽長鏈；不過在模擬這種過程的實驗中，卻僅得到少量的多肽鏈。但是，胺基酸的串連反應，可藉

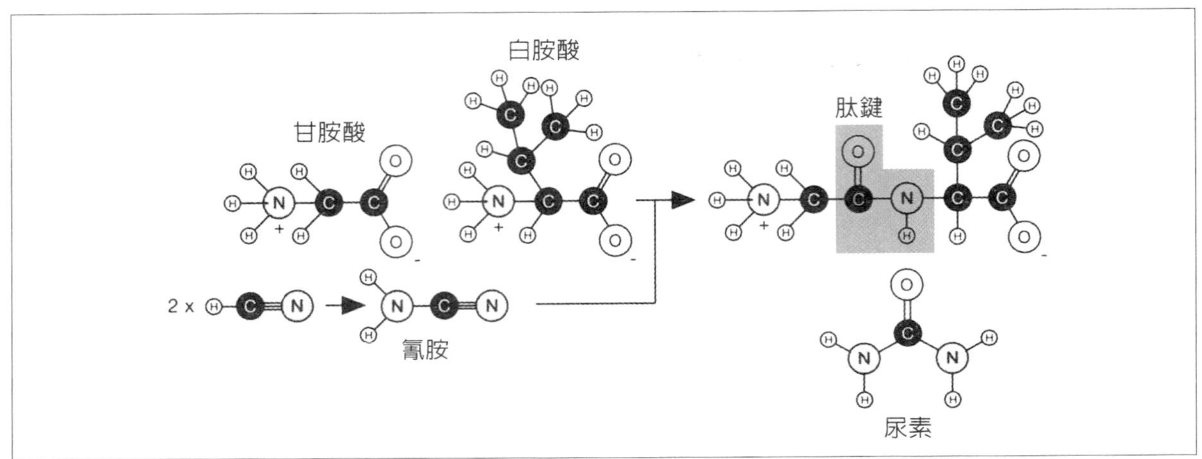

▲圖8.11
甘胺酸和白胺酸可利用氰胺當作冷凝劑結合成二胜肽。

由一些吸水的冷凝劑（condensing agent），吸收形成肽鍵所產生的水，協助反應發生。以氰胺（cyanamide）為例，它可誘發甘胺酸和白胺酸形成肽鍵（見圖8.11）。在前生物時期的環境中，氰胺本身有可能從氰化氫形成。

歐洛、龐南佩魯馬和其他科學家已顯示冷凝劑（例如氰胺）也能協助鹼基、核糖、和磷酸組合成核苷酸；不過沙克研究所（位在加州）的奧格★發現金屬離子，例如鋅，可以幫助核苷酸串連成寡核苷酸（即含有若干核苷酸的短鏈聚合物）。

★
奧格（Leslie Orgel），美國實驗化學家，發現用黏土把10個單元長的RNA分子延長到50個單元長的方法。

探索問題核心

現在有了核苷酸聚合物和多肽鏈之後，我們似乎準備出發，邁向含有核酸和蛋白質的原始生物世界了。我們探究生命的化學起源，難道就到此為止了嗎？才不呢！我們才剛開始要碰觸最困難的問題。

生命現象井然有序

到目前我們都靠運氣瞎撞。也就是說，我們認爲構成生命的物質，可以在一大堆化合物中，經由簡單粗糙的反應，瞎闖誤撞而形成。我們也從實驗知道，這些化合物可以隨機串連成聚合物。但現在我們必須面臨的事實是，形成生命的過程絕不是隨意零亂的。事實上，生命展現出我們所知最驚人的分子組織，十分井然有序。

真有上帝之手？

在第5章中我曾提出可以用3種特有的功能，爲生命下合理的定義：代謝、複製、再生。再者，一般而言，生命必須有某種邊界，以便與外界區別。這些特徵都需要在分子層次上，有高度的組織與合作。這種高度組織化的特徵究竟從何而來？眞的可以肯定它不是來自之前描述的那種前生物時期，全憑運氣歪打正著的化學反應嗎？

沒錯，像生命這麼高度整合的東西，是不可能隨意碰撞出來的，但答案究竟何在呢？要不要聳聳肩，乾脆承認有一雙萬能的手介入生命的創造？我們一路走來探討那麼久了，還沒有著落，說不定眞的該保留神創論，以免眞的把自己搞得太累了。

誰來定規則？

生物體內的組織終歸是源自它的基因組成——基因組，因爲基因組上面含有建構該生物分子機器的訊息。大部分生物體內的分子機器是以蛋白質的形式存在，而訊息本身先經編成DNA密碼，中間經由RNA的仲介，可轉譯成蛋白質。

繼密勒－游理的突破性實驗之後，近三十載以來這個謎題，始終困惑著研究生命起源的科學家。

雖然核苷酸可以藉由隨意相連，組成類似DNA的寡核苷酸，但這種情況下要形成有意義的分子（與攜帶生物基因藍圖的長鏈DNA類似的分子，以便轉譯成生命必需的酵素蛋白質），機會可說是十分渺茫。同樣的，我們對胺基酸隨意組合成酵素蛋白質的機率，也不抱任何希望。

胺基酸和蛋白質中都是充滿有意義訊息的分子，它們先天就具備特殊的功能，只是這先天的程式設計從何而來呢？

各自可獨立

我們可以換個角度來看這問題。蛋白質需要DNA提供訊息，蛋白質的藍圖記載在DNA的4種符號上（A、T、G、C）。但DNA長鏈分子（有別於隨機組合成的寡核苷酸鏈）無法在沒有酵素蛋白的協助下自己形成，酵素可以輔助新股DNA以舊股DNA爲模板，合成彼此互補的雙股DNA。

如果我們想像一個有DNA但沒有蛋白質的世界，那麼蛋白質顯然可以根據DNA的訊息來合成；再想像一個有酵素蛋白但沒有DNA的世界，可想而知，酵素蛋白可以彼此合作，把核苷酸組合成DNA。

但蛋白質和DNA兩者一定要有一方先存在，另一方才可能形成。問題來了，蛋白質和DNA兩者，誰先來誰後到呢？這種先有雞還是先有蛋的問題，絕不是什麼芝麻蒜皮的哲學矛盾，而是爲生命起源之說提供了巧妙的隱喻。

RNA的世界

1980年代早期，有人提出假說來破解「蛋白質一DNA」的循環問題。在討論中一直遭忽略的RNA分子，是居中負責把DNA轉譯成蛋白質的幕後功臣。可別以爲RNA的角色卑微，它擔任中間人的功能，在生命形成最初時，倒是讓它在很多方面都夠格入選眞正能夠自我複製的分子。RNA既能夠儲存基因訊息（還記得信使RNA，或叫mRNA，可以攜帶基因上的訊息吧！）也可以當作合成蛋白質的模板。換句話說，RNA可以當基因藍圖（基因型）的攜帶者，也可以藉由轉譯成蛋白質，完成基因藍圖的外在表現（表現型）。

說到RNA可能是地球上最早出現的複製子（replicator），要追溯到1960年代，不過這種早期的猜測在遇到關鍵問題時也撞了牆：複製RNA似乎和複製DNA一樣，都需要酵素的幫忙。

RNA自我複製

這樣的條件限制讓科學家又陷入苦思。不過，到了1980年代，分子生物學家奧爾特曼和切克★發現複製RNA未必需要酵素。他們發現某些RNA分子可以催化其他RNA分子的合成，具有非蛋白質酵素的功能。這意味著這種催化性RNA分子也可能自我複製。奧爾特曼和切克稱這類催化性RNA分子爲核糖酶（ribozymes）。

1989年，奧爾特曼和切克因發現催化性RNA而共同獲得諾貝爾化學獎。這再度點燃先前的熱潮，認爲在前生物時期的世界裡可能存在很多能自我複製的RNA分子，儘管這還不能代表活生生的生物系統，但距離生命誕生的康莊大道也不遠了。

★
奧爾特曼（S. Altman, 1939-），耶魯大學生物化學教授。切克（Thomas Cech, 1947-），科羅拉多大學波爾德分校教授。奧爾特曼首次提出RNA分子具有催化功能，而切克把這個概念推而廣之，並且提出分子層次上的化學理論解釋。

★
吉伯特（Walter Gilbert，1932-），劍橋大學數學博士，哈佛大學分子生物學教授，DNA定序列化學修飾法的專家，1980年諾貝爾化學獎得主。

哈佛大學的生物學家吉伯特★把這套腳本所假設的早期地球，命名為「RNA的世界」。

RNA天擇說

在RNA的世界中，最初的居民可能是一些類似RNA分子的寡核苷酸，能夠自我催化複製作用。在以RNA為模板進行RNA複製時，偶爾核苷酸序列會發生突變，巧的是，突變後的RNA可能成為更有效率的複製子。根據達爾文的天擇說，這種較優良的RNA複製子將逐漸增多，勝過其他的RNA複製子。

假以時日，RNA複製子將愈來愈有效率，最後很可能學會如何組成蛋白質分子，過程也許類似我們細胞內的轉譯作用（也就是把密碼子所對應的胺基酸一個接一個串連起來，請見第5章）。

合成的蛋白質又可能回頭過來協助RNA的複製，使這些蛋白質順理成章的成為原始的酵素。能夠為自己製造酵素系統的RNA將獲得極大的演化優勢，贏過能力較差的「同儕」，經過一次又一次的突變與改良，存活下來的RNA愈來愈進步。

雙股版RNA

也許要到很後面，DNA才可能崛起，我們不妨把DNA想成是雙股版的RNA，且原有的尿嘧啶被胸腺嘧啶取代。比起單股的RNA，雙股的DNA結構較穩定，是儲存遺傳訊息較妥當的資料庫，因此DNA可能漸漸取代RNA的角色，成為複製系統的核心份子，而RNA則退居為合成蛋白質的媒介。

RNA催化能力的發現，提供了重要的線索來解釋生命如何起源，但千萬不要把這個當作生命起源於RNA的世界的唯一理由。

DNA大致上是一種被動的資料庫，儲存著遺傳的訊息，然而形式繁多的RNA卻在細胞的生化反應中扮演各種角色，十分多才多藝。尤其是它們在最遠古的生命起源過程中，參與重要的反應。

許多輔酶（即從旁協助酵素催化工作的分子）是以眞正的RNA核苷酸分子或相關化合物爲基礎的，這暗示：各種RNA相關分子在蛋白質躍升爲生化反應主要的催化劑之前，曾經發揮過各式各樣的功能，是很有才能的分子。

RNA之謎

儘管如此，科學家提出的「RNA的世界」假說，也不能說都沒有問題，最根本的問題是RNA相關分子最初是如何演化出來的。我們已經看到核苷酸的基本組成可以從簡單的有機物中形成，儘管其中尚牽涉許多技巧。

在有冷凝劑的情況下，核苷酸可以隨意銜接，產生寡核苷酸，不過這些寡核苷酸表面上看似RNA分子，但和眞正充滿訊息的RNA長鏈分子相比，寡核苷酸還是無法濫竽充數。

說不定生命根本就不是起源自RNA，而是來自雖然類似RNA，但構造更簡單的分子，這種分子也具有某種複製能力，且攜帶了粗略的遺傳訊息。

也許除了右旋核糖之外，曾經有其他的糖類併入RNA複製子的前身，假以時日，那些展現出自我複製才能、類似RNA的分子漸漸從一大堆亂七八糟的相關分子中崛起。

如果是這樣，我們不禁要問，這些最早期的複製子又是長得什麼模樣呢？

最早的複製子

前面我們已經看到一些原始的聚合分子，有些是眞實的，有些是想像的。這些聚合分子儘管不如RNA分子那麼精巧，但卻多少具有一些自我複製的能力。

為RNA打頭陣

坎恩斯史密斯的黏土礦假說是一例：魯以西的微胞又是一例。喬伊斯（Gerald Joyce）是加州拉荷亞「史克力普斯臨床研究所」的分子生物學家，他表示像這類的系統可能爲RNA或相關前驅物的出現打頭陣，它們也許能創造出有利於複雜的複製子演化的環境，或發展出催化能力，幫自己形成類似RNA的分子。

由甘油和嘌呤鹼基構成的僞核苷（pseudonucleoside）是假想的RNA前驅物，科學家對這種物質已有些許研究（核苷簡單說就是核苷酸去掉磷酸根所得到的東西，也就是1個鹼基附著在1個核糖或去氧核糖分子上）。

不像核糖或去氧核糖，甘油不是環形分子，它和嘌呤形成的僞核苷分子也沒有對掌性（旋光性）。如果是核糖和嘌呤來形成核苷，就可能出現各式各樣讓人頭昏眼花的旋光異構物，而甘油則無法產生那麼多種類似物，它的化學反應也比較單純。但這種分子可以結合成寡聚合物（即短鏈的聚合分子），充當形成RNA相似分子時所需的模板。

模擬DNA複製

德國化學家克朵斯基（Gunter von Kiedrowski）曾以人工分子展示出更接近DNA風格的複製反應。1986年，他利用類似DNA的寡核苷酸當模板，複製出許多相同的分子。

克朵斯基的做法是，先以一個由胞嘧啶和鳥糞嘌呤所構成的寡核苷酸（共含6個核苷酸）當模板，再使兩個含3個核苷酸的片段與模板產生互補，這兩個彼此相鄰的片段再相連成一個含6個核苷酸的片段（見次頁圖8.12a）。新合成的片段與模板是一模一樣的分子，都能自我互補，這是一種複製反應，但與DNA眞正的複製過程還是不太一樣。

奧格（見第202頁）的研究小組更進一步顯示，寡核苷酸分子可以當作眞正的模板，讓互補的核苷酸一個接一個組合成互補的另一股（見圖8.12b），而不是像克朵斯基先做好小片段再去組合。這種合成反應就像DNA眞正的複製過程了，因爲它不是做出一模一樣的另一股，而是與模板互補的DNA。

尚未臻完美

不過，想利用這種方法合成更長鏈的DNA，倒是有一些困難，因爲一旦新股形成後，它會與模板形成穩定的雙螺旋結構，而不會分開，好讓酵素分子可以進一步催化複製反應。另外，在奧格的實驗中，一旦寡核苷酸的長度超過12個核苷酸以上，就會開始失去複製的忠實度。另一方面，這些研究結果也顯示，如果核苷酸鏈上的訊息有限的話，可以在沒有複雜的酵素催化系統下自行複製。

這些核苷酸的研究並沒有爲「RNA的世界」假說，提供更多

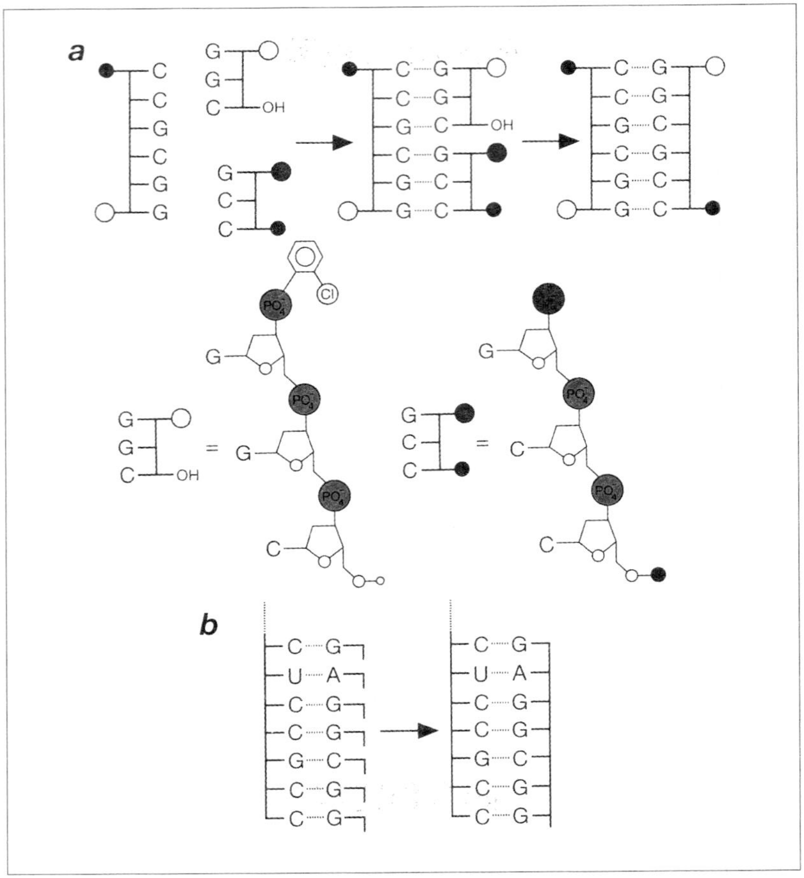

▲圖8.12

類似DNA的寡核苷酸可當作模板，複製出許多相同的分子（與模板股互補）。克朵斯基發現在圖（a）中的6個核苷酸短鏈可以催化兩個三核苷酸片段的相連，形成許多與六核苷酸互補的寡核苷酸。奧格發現個別核苷酸單位可以透過圖（b）中的模板組成較長鏈的核酸。不過，隨著核酸鏈愈變愈長，複製發生錯誤的機率愈高。在DNA複製的過程中，這種錯誤會由校正酵素發現及修補。

有利的證據。所以，如果最早期的複製子想要跳脫化學世界進入有生命的世界，它們必須要懂得一些「演化」的技巧。它們不僅要儲存及傳遞訊息，還要偶爾發生突變，以產生演化上的優勢，增加存活的機率。演化加上天擇，可以使存留下來的複製子愈來愈聰明。

不過，想到我們現在已經可以做很多實驗來揭發生命起源之謎，我眞是覺得很高興。我在第5章後面曾說過，研究員漸漸能夠從演化的角度來思考前生物時期的化學反應，他們愈來愈懂得應用達爾文苦思出來的突變與天擇理論來做研究。

答案呼之欲出

現在，科學家不但可以用實驗的方式來測試的許多充滿創意的構思，讓大家懷抱希望，而「RNA的世界」這種假說的崛起，也爲生命的化學起源描繪了一幅動人的景象：誰說研究生命起源非得從頭到尾沒有間斷，埋頭苦幹，拚命從無機的化學世界中殺出一條生命起源的道路？

在我看來，這個謎團愈來愈像是一個大拼圖，藉由許多人的心血，大家東拼西湊，許多相關的領域都愈來愈清楚，即使中間還存在很大片的模糊地帶。我們還不確定要如何進入RNA複製子的世界，也不知道怎樣從RNA的世界轉進DNA複製子的世界，這就好像我們無法解開鏡像異構物的選擇性之謎，也無法在眾說紛紜中解決最初胺基酸是怎麼出現的問題。

儘管如此，關於生命起源的全貌還是愈來愈有眉目，我們可以先專注在一些答案即將呼之欲出的疑點上，反正我們隨時可以掉頭回去塡補其他的片段。生命到底從哪裡來？當我們面對這個世上最大的謎題時，也從此不再迷惘了！

第 9 章

遠離平衡

碎形、混沌、複雜

在物理世界中我們看到的許多現象，不見得比生命世界中讓我們驚艷的東西來得平淡、無趣。

——湯普生★

★湯普生（D'Arcy Wentworth Thompson, 1860-1948），有數學背景的蘇格蘭動物學家，著有《論生長與形態》（*On Growth and Form*）。

在17世紀期間，數學躋身爲科學世界中的官方語言，其實它當時的名號可是堂堂的「科學女王」。幾位當時重量級的科學人物，包括牛頓、笛卡兒、萊布尼茲★，都以數學方程式做爲陳述自然世界運作原理的正統方式。

★
萊布尼茲（Gottfried Leibniz, 1646-1716），德國數學家、哲學家、歷史學家、物理學家，與牛頓同爲微積分發明人。

其中尤以萊布尼茲爲甚，他認爲數學可以當作人類研究各種學問的共通語言，像是科學、歷史、哲學或經濟學等等。這樣形容數學的神通廣大也許有一點誇張，不過至少在科學領域中大家一致認同，數學語言可以用來表達基礎科學的原理。

從牛頓的重力之平方反比律到愛因斯坦的$E = mc^2$，數學成爲各種國籍的科學家的共用母語。在某些科學論文中，文字敘述也許可有可無，但是只要方程式一擺，立即一清二礎。

這樣的傳統會一路沿用下來，想當然爾，是因爲數學實在是強而有力的表達工具，可以適切的把自然界的各種現象做精確描述，使物理學家維格納◆也不得不搖頭表示「這太不可理喻了」。

◆
維格納（Eugene Wigner, 1902-1995），原籍匈牙利的美國物理學家，在原子核與基本粒子理論方面有卓越貢獻，特別是發現並應用基本對稱原理，1963年諾貝爾物理獎得主。

何以如此呢？有些科學家把數學當作是人類發明的產物，是一種自由心證的形式主義，純粹用來服務我們的思維。而更多的科學家則不得不承認，數學就像次原子粒子或萬有引力那樣，都是自然界裡的一份子。

追求完美幾何

數學是非常制式的語言。對不熟悉數學的人來說，數學論文和古梵文一樣都是天書。但是，任何學過幾何學的人都可以證實，數學是有秩序和可預測性的典範。在數學的世界中居住著各種完美與簡單的對稱形式，例如圓形、方形、直線。

古時候的人已懂得欣賞這種幾何之美，把它們視爲神聖的象徵。柏拉圖曾說：「幾何學把我們的心靈牽引向眞善美，締造出高尚的哲學精神。」他還提出希臘人的四大元素（風、火、水、土），恰似歐幾里得（Euclid）提出的正四面體。對畢達哥拉斯〔見《現代化學I》第4章）〕和他的門徒來說，數字不是用來計算自然界的方法，而是構成這個世界的本質。

16世紀的天文學家刻卜勒★也信仰數學之美，把它視爲解釋自然運作的基本原理。刻卜勒曾嘗試利用歐幾里得的正四面體來闡釋當時已知的6個行星的運行軌道。伽利略（Galileo）當初提出以太陽爲中心（而不是以地球爲中心）的太陽系，遭到反對的理由之一就是：如果行星要繞太陽運轉，行星的運行軌道勢必是橢圓形的，而太陽會位在其中的一個焦點上。但是當時的人認爲，天體運行時幹嘛要捨棄完美的圓形軌道，而屈就其他彆扭的途徑呢？

★
刻卜勒（Kepler, 1571-1630），德國天文學家，發現刻卜勒行星三大運動定律。

然而，從19世紀開始，各種派別的科學家對這種完美幾何的信仰，開始出現懷疑與不安，總覺得存在著幾何之美的自然界似乎缺少了什麼。畢竟在自然界裡有多少東西眞的是完美的圓形、球體、正立方體、正六邊形、與正四面體呢？相反的，證據顯示自然界根本沒把幾何學放在眼裡。放眼所見，我們看到的不外是樹木、花朵、白雲、山脈以及活生生的動物，這些東西所展現的都是不規則的形狀與外觀。所以，如果數學是科學的共通語言，我們可不可以期待用數學來解釋這大千世界中各種複雜的形式呢？

能用數學描述才算科學

這個問題就是本章要探討的主題之一。解答此問題的任務通常都落在化學家的肩上，因爲化學家的工作之一，就是解釋分子如何組合成我們舉目所見的各種奇形怪狀的東西。喜好旁門走道的博

★
康德（Immanuel Kant, 1724-1804），德國哲學家，啓蒙時代最初期的思想家，將笛卡兒的理性主義（rationalism）與培根的經驗主義（empiricism）兩趨勢納入，爲哲學思想的發展揭開一個新紀元。

學者湯普生（見第213頁）說道：「哲學家康德★曾指出，在他那個年代，化學只是一項技術，還算不上是科學。因爲眞正的科學有個準則，就是要與數學有關。」

湯普生在他那本異想天開卻頗有影響力的著作《論生長與形態》中，曾以唐吉訶德式的浪漫，嘗試用物理、數學與機械三管齊下，解釋自然形式的複雜，但他熱情有餘，能力不足，終究無法拉攏幾何學與生命世界的距離，兩者間似乎很難彼此相容。

但是今日的化學已經不一樣了，你說它多麼的「數學」，它就多麼的「數學」。但你若以化約主義的途徑，企圖用幾個簡單的方程式代表分子間的作用，來闡釋自然界的多分子系統，那麼一旦數字變大，你就會發現這個方式行不通。所以，這個世界其實充滿許多複雜的系統，只是以前找不到能清楚描述的數學分析法。

亂中有序的複雜

不過，近幾十年來科學界發現，所謂的複雜未必表示雜然無序、難以駕馭或通盤混亂，這倒是頗令人訝異的發現。其實，在複雜的現象中，往往是亂中有序，展現出讓人驚艷的規律模式，而且花樣百出，絕不像用來表示簡單系統的幾何學那樣貧乏與空洞。讓我們驚訝的是，數學敘述的基本元素，可能無法提醒我們，自然界會出現那麼多奇怪的構造；化約主義者最多只見到系統中零星個體間發生的單調互動，然而，整體論者會放眼於整個系統的大局，看見裡面所包容的精巧組織與結構。

許多來自複雜現象的模式，都與自然界精緻美妙的有機形狀相仿；再者，表面上毫不相干的系統間，可能存在彼此相像的模式。不過它們有一個共通點：這樣的系統可能發生迅速或不穩定的變化。我們希望能在遠離平衡的系統中，找到模式是如何形成的公式。

晶體也有生命

奇異的小宇宙

天然礦石之所以美麗動人，主要在於它們的晶體形狀對稱。不過，一般人都不會覺得這些稜鏡般的礦石形式很複雜。我們在《現代化學I》第4章見到，晶體中的原子或分子是一層一層堆得很整齊，每一個原子的周圍鄰居，也都排列得很規律。這種堆疊會產生滑順的平面與銳利的邊緣，造成在大塊晶體上常見到的小平面。

在晶體成長的過程中，爲了要形成整齊的堆疊，每個新添的原子必須有機會找到適合的地方塞入；而不是隨遇而安，黏到哪裡都好。新成員必須在表面上邊跳邊找，直到遇見晶格上有空缺才塡入。這通常要在晶體的成長速率緩慢時才辦得到。

要是晶體的成長速率很快，跑錯地方的原子根本沒機會重排，所以原子很容易黏到哪兒算哪兒，顧不得究竟有沒有塞入規律的晶格中。我們可以用人爲方式誘發這種生長過程。譬如，你把某液體的溫度瞬間降到遠低於它的凝固點，產生「過冷」液體（見《現代化學I》第4章），就會發生非平衡的結晶作用。

如果我們讓飽和的溶液（例如飽和食鹽水）瞬間冷卻，也會出現非平衡的結晶作用。所謂的飽和溶液，就是無法再溶解更多溶質的液體，像許多人喝咖啡會加很多糖，結果過多的糖無法再溶解，而沈積在杯底。通常溶液的溫度愈低，愈快達到飽和，也就是能溶解的分量愈少；因此，把飽和溶液迅速冷卻，會造成原本溶解的溶質、析出沈澱。

在非平衡相下形成的晶體，會出現千奇百怪的形狀，而不會像整齊規律的幾何稜鏡。圖9.1顯示一些別緻的結晶，幾乎像有機

圖9.1 ▶
鐵、鉻、矽合金的蒸氣，瞬間遇到冰冷表面，會形生$(Cr,Fe)_5Si_3$矽化物之類的結晶，產生形狀千奇百怪的晶體。〔本圖由日本岐阜大學的清治本島（Seiji Motojima）提供。〕

物那樣具有獨特的特殊形狀，它們是鐵、鉻、矽合金的蒸氣，在迅速冷卻過程中形成的結晶。從電子顯微鏡中可以觀察到這些物質的奇形怪狀，跟科幻片中的外星景觀沒兩樣。不過這構造可不是什麼亂七八糟的東西。沒錯，它們很複雜，但是它們確實存在某種對稱性，是具有某種模式（圖樣）的結構。在這遠離平衡的過程中，彷彿有某種東西賦予晶體秩序。

聚集作用

爲了更瞭解非平衡結晶作用，科學家把焦點放在叫做「聚集」（aggregation）的生長模式。這種生長方式是藉由隨機的碰撞，讓一團粒子愈變愈大。當粒子遇上成長中的粒子團，它碰到粒子團的哪裡就黏在哪裡。這過程就好像快速成長中的晶體，原子來不及重新尋找適當的位置。聚集是自然界常見的現象，大塊煤煙的形成就是一例，它是由許多小碎塊所聚集而成的；小河裡使水質看起來有一點濁濁髒髒的絨毛物，也是由許多微小的有機質顆粒聚集而成的。

在很多聚集過程中，聚集物的成長速率，要視即將聚集的小顆粒在環境中遇上該聚集物的時間長短而定。顆粒在環境中四處游移的隨機運動叫做「擴散」，受限於擴散運動的聚集作用，就叫做「擴散受囿聚集」（diffusion-limited aggregation，簡稱DLA）。受擴散限制的聚集作用，會形成有分岔的細鬚的聚集物（見次頁圖9.2）。一旦細鬚開始「冒芽」生長，新的粒子一碰到細鬚，很快就會黏上去，根本沒機會接觸到聚集物的核心，所以聚集物內部自然而然的形成許多「小溝谷」，不再有新粒子塡進去。

如果你仔細觀察DLA聚集物，會發現它們具有一些奇怪的特徵。在顯微鏡下，我們看到許多不規則的分枝，如果鎖定局部放大

圖9.2 ▶
DLA聚集作用形成的顆粒聚集物，具有分岔的細鬚。此圖是由電腦模擬而成，其中的顆粒能夠隨意遊走，直到遇上另一個顆粒黏在一起為止。（本圖由挪威奧斯陸大學的Thoman Rage和Paul Meakin製作與提供。）

倍數觀察，還是可以看到許多分枝和小團塊，和先前倍數較低的情況幾乎一樣（見圖9.3）。如果把放大倍數再調高，接目鏡上所看到的影像還是跟前面看到的差不多。

像這樣在不同的放大倍數下，看到的影像都大同小異的情形，我們稱爲「自我相似」(self-similar)。我們無法爲具有自我相似特性的結構物，訂定長度的基本單位。

在《現代化學I》第4章中，我們以「街區」當作紐約市內的長度單位，因爲該市由好幾條垂直交叉的道路，切分成許多大小差不多的單位。如果有人問你中央公園有多大，你說大約有4個街區，人家一聽就懂了。在結構規律的晶體中，我們也可以取若干晶格當作測量晶體長度的單位。但是在自我相似的結構中，你無法取

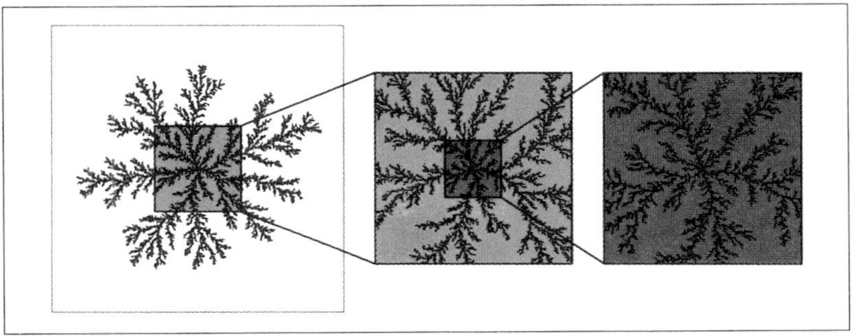

◀圖9.3
如果你仔細觀察DLA聚集物，會發現裡面還有更精細的結構。不論放大倍數如何，所看到的聚集物都是一個樣子，這就是所謂的「自我相似」。（本圖由挪威奧斯陸大學的Thoman Rage和Paul Meakin製作與提供。）

特定大小的一段長度來測量距離，因爲你取出來的段落，是由更小的段落構成，而你取出來的段落又將構成更大的段落。你根本無法爲它們找出天然的長度單位，自我相似的結構基本上也是「尺度不變」（scale-invariant）的結構。

計算維度

DLA聚集物的分枝是由粒子構成的細鏈，是絲線般的一維物體。但是隨著這些絲線向外生長，在圖9.2中，我們見到許多分枝擴散出來，分布在二維的空間裡。（在眞實的世界中，像煤灰顆粒的DLA聚集物，是在三維空間中延展它的分枝，圖9.2是由電腦模擬的影像，畫成扁平狀是爲了容易觀察。）扁平的DLA聚集物究竟屬於一維或二維空間呢？

有一個簡單的方式可以知道某物體的維度：只要觀察它的生長方式就好了。假設有一條線，則畫出這條線所需的墨水量，會與此線的長度成正比；也就是愈長的線，耗費的墨水愈多。在次頁的圖9.4a中，隨著該星形物體的半徑變大，該物體的質量也變大。以數學的說法就是，該物體的質量與半徑成正比。存在這樣關係的物

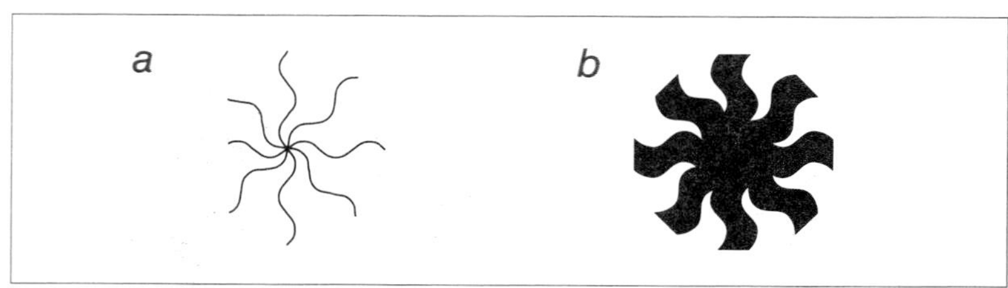

圖9.4 ▶
物體的維度可經由測量此物體的質量與大小的變化關係得知。就一維空間的物體（a）來說，質量的變化與大小的變化成正比；就二維物體（b）來說，質量的增加與大小的平方成正比。一個扁平的DLA聚集物（如圖9.2）恰好介於（a）與（b）兩種極端之間，這意味著它具有非整數的維度（介於1和2之間）。這就是碎形的標準特徵。

體屬於一維的物體。在圖9.4b中，該物體的質量則要視它的面積而定，說到面積，則與半徑的平方成正比。這樣的特性只有二維空間的物體才有。至於球體之類的三維空間物體，它的質量大小與體積有關，所以質量與半徑的三次方成正比。

從這邊我們可以發現，物體的質量與維度及半徑三者間的關係：隨著物體的維度（N）變化，物體的質量會與半徑的N次方成正比，例如一維空間的物體，質量會與半徑的一次方成正比，二維空間的物體質量會與半徑的二次方成正比，依此類推。所以我們若想要知道某個DLA聚集物的維度，只要測量它的質量與大小的變化關係，就可以推知它屬於幾維空間的東西，而最容易的方法就是利用電腦模擬DLA的過程來得知。

非整數維度

但是，電腦模擬實驗的結果卻出人意料。聚集物的質量變化並未與半徑或半徑的平方成正比，而是介於1至2次方之間：也就是質量的增長是與半徑的1.7次方成正比。也許你很難想像某個東西把自己乘上1.7次是什麼意思，但我們可藉由數學方式來計算這結果，只要有對數的書在手就可以算出答案。根據我們的經驗，這表示該聚集物是屬於1.7維空間。這是什麼意思呢？以前我們都很習慣聽到整數的維度：在線上移動的粒子只能在一維空間活動；在平面上移動的粒子只能在二維空間移動；而我們則是生活在三維的空間中。但是一個粒子如何在1.7維的空間裡移動呢？

自然界有幾何學？

當數學家曼德布洛特（Benoit Mandelbrot, 1924-，IBM數學家，碎形幾何學家）發現有些物體存在「非整數維度」的空間中，他把這些物體稱作碎形（fractals）；但私底下他認爲這些東西簡直是怪物，因爲它們違反了幾何學的常理。

不過我們現在知道，碎形絕不是從抽象數學世界裡來的醜八怪，我們生活周遭就存在許多具有碎形特徵的物體。植物的根、樹木的枝幹，都具有碎形的特徵，它們不斷的分岔，枝端愈變愈小（見圖9.5）。雲朵也常出現碎形結構，就連天然的山脈、河川地形

◀圖9.5
自然界有許多東西，像是植物的根、樹木的枝幹，都具有自我相似的結構。東非索哥德拉島（Socotra）上所產的龍血樹就是絕佳的例子。不妨把這裡樹枝分岔的情形與第225頁的圖9.7的圖樣做個比較。（本圖由J. E. D. Milner提供。）

也都可以見到碎形結構（見圖9.6）。海岸線也是：從衛星影像中可以清楚看到，海陸的交界線從細部來看，是分岔細碎的。

事實上，碎形是自然界常見的現象，我們不禁好奇為何人類這麼晚才發現它。也許是因為要瞭解碎形需要先對形狀的觀念，發展出全新的思維。過去，我們習慣用幾何名詞來描述東西，例如我們會說方形的房子、圓形的蘋果等等。但碎形結構很難用單純的幾何名詞來表達，它們的輪廓太複雜了，加上尺度的不變性，使我們找不出要用什麼結構上的特徵，可以表達構成此模式的基本單位。

用算法描述

我們用「算法」（algorithm）描繪碎形，也就是提供一套系統性的規則來描述碎形的形成，而不是用幾何形狀來描述碎形。譬如說要描述像樹木的碎形，我們會說：「先從畫一條線開始，在經過d長度後，往某個角度岔成兩個分枝，每一個分枝經過1/2d長度後，再分岔成兩小枝，再經過1/2×1/2d的距離，每一小枝再岔成兩個更小的分枝，再經過1/2×1/2×1/2d的距離，再繼續分岔，依此而往。」

這樣我們會得到如圖9.7的結果。畫這種圖的基本原則是：每條分岔出去的線條，都是原來線條的一半長。所謂的「算法」就是

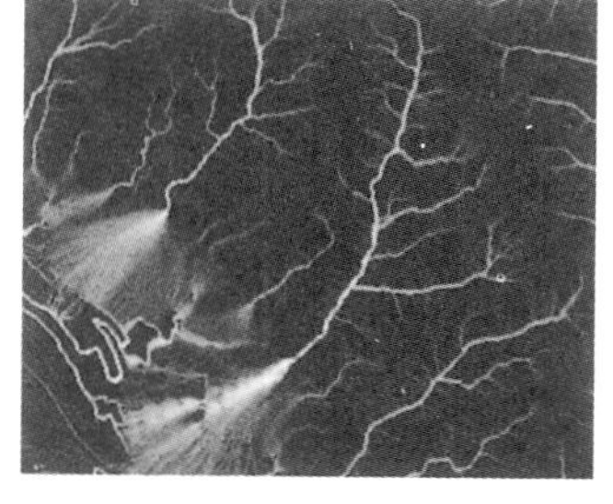

▲圖9.6

許多天然的地理景觀，具有自我相似性與碎形結構。例如重巒疊嶂的山脈出現起伏不定的地勢，綿亙千百里；或是諸多河川交織成的網絡，通常出現複雜的分枝結構，如本圖（攝自內華達州的東北部）所看到的圖樣（白色部分）。（本圖由牛津大學的Colin Stark提供。）

圖9.7 ▶
這是一種簡單的算法，圖樣中的支幹以規律的方式不斷的一岔為二（寬度也跟著改變，以確保維持自我相似的特性），產生典型的碎形樹幹。許多自然界的形狀都可利用這種簡單的法則產生。

依序推衍的指示。電腦科學中也見得到這個名詞，它指的是用程式解決問題時，所依循的系列步驟。算法基本上就是解決特定工作所需的策略。

次頁的圖9.8是另一個碎形結構的例子，叫Sierpinski gasket★（船帆形）。形成這種結構的算法是：把黑色三角形分成4個大小相等的小三角形，然後把中間那個三角形挖除。每做完一次這樣的步驟，就會少掉一個三角形，留下三個新三角形，每個面積是原來的四分之一。每個新產生的小三角形繼續先前的步驟，依此而往，讓這種算法無限次的重複，就可以產生完美的碎形結構。

在這過程中，三角形會愈來愈小，小到你可能認爲最後會都不見了，留下空白的一片。但很清楚的是，每次重複這算法時，我們留下來的面積一定是挖走面積的三倍，所以再怎麼挖除，都不可能把黑色部分挖光。最後，你可能形成一個像海綿般充滿細碎洞洞

★
這個名稱的由來，是波蘭數學家（Waclaw Sierpinski,1882-1969）在1919年發表論文〈*The Slerpinsld Gasket*〉，論文中說明一個等腰三角形，取出中間的一相似部分，在多次重複後仍是相同的。

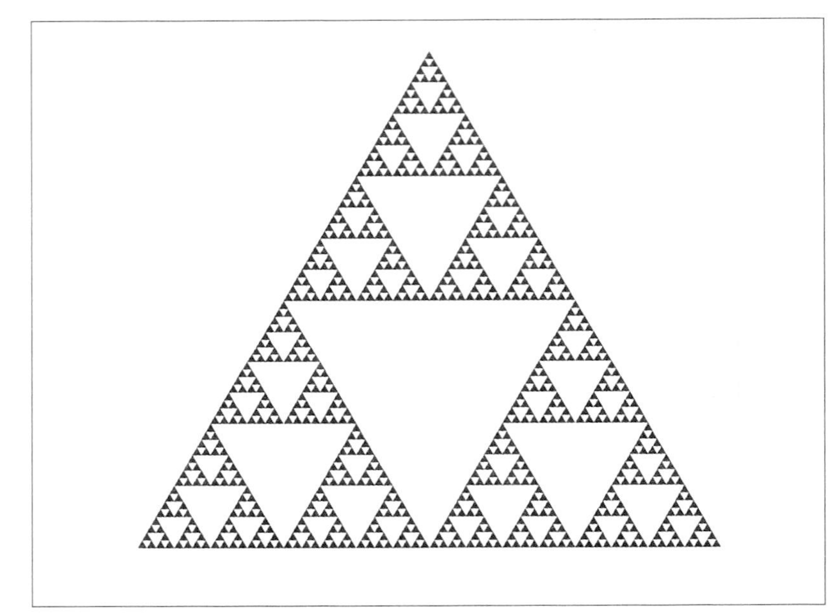

圖9.8 ▶
這種船帆圖形（Sierpinski gasket）得自不斷挖除居中的那塊等邊三角形，最終的產物便是這種有如海綿的脆弱物體，維度是1.58左右。

的典型碎形結構。儘管這個黑色三角形一開始是「布滿」在二維空間裡，經過無數次重複的算法後，這物體已不屬於二維空間，而是存在非整數的維度（這也是爲何我們稱其爲碎形的原因），在此例中，它的維度大約是1.58。

圖9.8所展示的 Sierpinski gasket 船帆形還不是完美的碎形，因爲裡面只經過6次的算法就停止了，再細分下去並不容易，讀者可能會看不清楚。自然界的情形也是如此，具有自我相似的物體不太可能一直細分下去，它有個尺度上的限制，畢竟當你試著繼續運算下去時，新的因子終究會起而代之，到時候你看到的就是諸如細胞或分子階層的構造。

由於許多自然界的系統都可以發現碎形，曼德布洛特乾脆把碎形的自我相似性稱為「自然界的幾何學」。姑且不管這樣的命名有沒有道理，對於自然界許多複雜模式，碎形幾何學多少都幫忙闡釋了其中的共通原理。而在DLA聚集物的例子，則說明了另一項重點：碎形幾何往往是在未平衡狀態下形成的產物。

手指和雪花

利用電鍍（electrodeposition）誘發晶體生長過程，可以產生DLA碎形聚集物。在溶有金屬離子的溶液中插入一根電極，通電後，金屬會開始發生聚集。當電極的電壓很低時，聚集過程緩慢，會形成金屬薄膜，而這就是電鍍的原理。但如果施予高壓電，金屬聚集的過程會失衡，產生不規則形狀的沈積物（見圖9.9）。1984年，劍橋大學的鮑爾（Robin Ball，目前任教於英國沃里克大學物理系）和布拉帝（Robert Brady）指出，電鍍的過程清楚的顯示出

◀圖9.9
電鍍可產生類似DLA聚集物的金屬沈積物。圖中的碎形沈積物具有1.7的維度，類似圖9.2中的聚集物。（本圖由劍橋大學的John Melrose提供。）

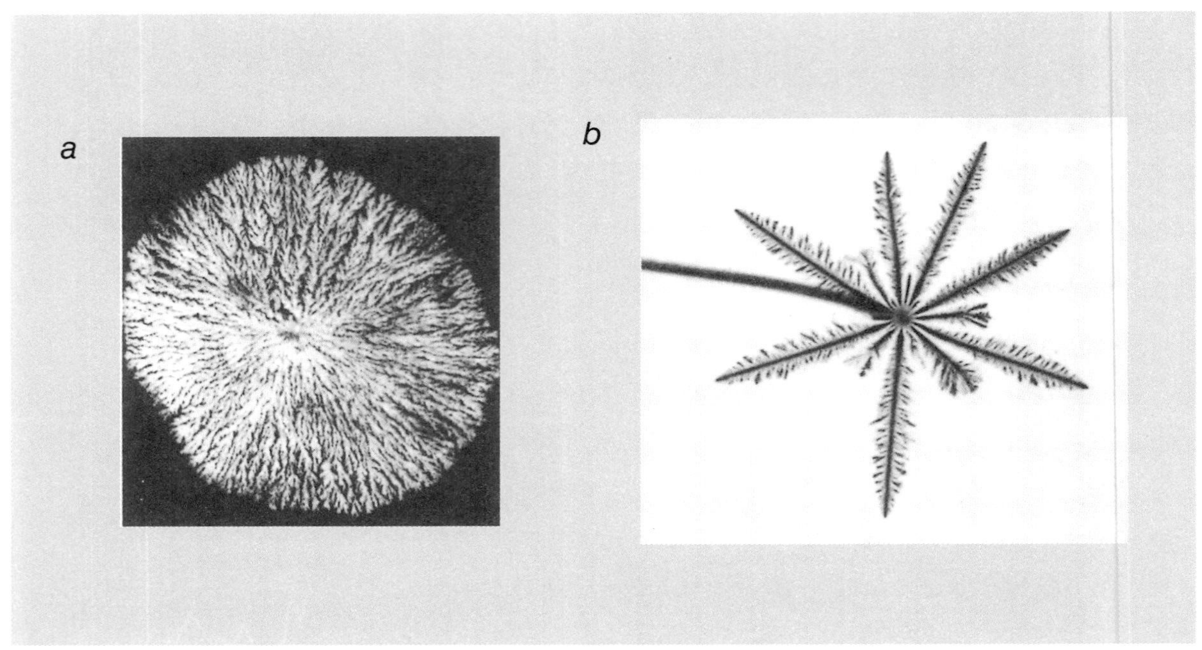

▲圖9.10
只需改變生長條件（例如改變電壓），就可以在電鍍過程中，見到各種生長模式。在此，圖（a）是所謂的密枝狀形態，圖（b）則是樹突狀形態。（圖a由劍橋大學的John Melrose提供；圖b是由波士頓大學的Peter Garik提供。）

擴散受囿聚集作用，事實上，圖9.9的金屬聚集物有1.7維度，屬於碎形結構，和圖9.2中由電腦產生的DLA聚集物有相似的維度。

我們可以藉由電壓的調控，使金屬沈積過程靠近或遠離平衡。這種調整顯示，要產生平緩、近乎平衡狀態的碎形聚集物，不一定要靠擴散受囿聚集。在某種電壓下，我們可以觀察到生長模式的變化，以及它產生的各種奇怪形狀。

圖9.10顯示，兩種非DLA型的聚集生長。圖9.10a所見的叫做「密枝狀形態」（dense-branching），在此細枝不再像絲線一般，而比較像胖指頭，在頂端分岔。圖9.10b所見的似乎比較規則，指端的開岔比較對稱，指頭的主幹則生出側枝，而不是在指尖分岔，這

種生長模式叫做「樹突狀生長」(dendritic)。

這兩種新形態也見於其他的系統中。以密枝狀來說，當液體被擠壓到另一種較黏稠且不相容的液體中，例如把水加進油中，就會產生密枝狀的形態。兩種液體之間的樹枝狀交界線稱作「黏滯指化線」(viscous fingering)。

在石油再造的過程中，我們把水灌注到油中，是為了把油從含有油的多孔岩石中擠出來。但是黏滯指化作用在此是個惱人的問題，不僅油沒有被大小均勻的水泡擠出，更麻煩的是油和水產生黏滯指化作用，彼此糾結在一起，雖然它們互不相溶。這種情形會減低煉油的效率。不過，瞭解石油再造過程中所發生的水與油的黏滯指化作用，也許有助於改善再造的方法。

賀爾修槽產生碎形

黏稠指化作用可以利用19世紀英國造船工程師賀爾修（Henry Hele-Shaw）所發明的賀爾修槽（Hele-Shaw cell）來觀察與研究。這是由兩塊平板構成的儀器，其中一塊是透明的，兩塊平板中間含有一層較黏稠的液體。把較不黏稠的液體從其中一塊板子的中間孔洞注入，使較黏稠的液體向外擠出。

注入液體的力就好比是電鍍實驗中的電壓一般：注射的壓力愈大，系統愈遠離平衡。經由注射壓力的調控，我們可以誘發出不同生長模式的泡泡，就好像在電鍍中可以利用電壓的控制，變化出很多種形態的金屬聚集物。

前面提過的密枝形態、DLA碎形聚集物、樹突狀形態等等，都可以利用賀爾修槽來產生（見彩圖14）。

想要利用賀爾修槽產生對稱的樹突狀模式（如彩圖14c），必

▲圖9.11
雪花的圖樣是樹突狀生長的經典之作。這些精緻的模式顯示出六重對稱，反應出冰晶結構中的對稱特性。

須引導水泡生長的方向，這可藉由把底板刻成具有整齊格子狀的溝槽來辦到。產生的樹突狀圖樣頗似晨間在結霜的窗板上出現的冰晶。當冰晶從核心向外生長，會自然形成雪花圖樣（見圖9.11）。

這種生長的方向偏好性（例如樹突狀結晶）是源自它們原子或分子堆疊起來的方式。由於在不同的晶體小平面上生長，所需的能量不盡相同，造成某些方向的生長與分岔比其他方向容易。

通常，最適合生長的方向會反映出對稱的晶體結構：以結晶的冰塊爲例，水分子整齊的排列成六重對稱，所以雪花中也保留了這種對稱。固態二氧化碳的晶體結構則是四重對稱，因此二氧化碳的雪花（這可能在火星上才見得到）也會出現這種對稱，看起來就像彩圖14c的樣子。

化學反應中的波浪和模式

流動與轉變

儘管目前科學界對研究遠離平衡的化學反應才剛起步，但我們知道這些反應並不是什麼罕見的東西，事實上，在自然界中到處都可見到這類的現象。

天空中就不斷上演著各種變幻的戲碼：雲朵、微風、暴風等，受到氣流循環模式的影響，永不止息。海洋也是充滿變化，潮來潮往，海水的流動造就各種波浪，從幾乎見不到的小水泡到洶湧的狂濤都有。就連地球上的陸地與海洋的安排也是變動不定的，打從陸地剛出現，大陸漂移的過程就開始發生：陸地與陸地相碰後又分開，造成海洋變寬或消失了。

想想看，如果這些活動瞬間停止，海洋平靜如鏡，或天氣僵化成只有一種固定的模式，日覆一日的反覆，那將會多麼詭異啊！但是化學家一向認爲的化學變化過程，正是如此。

沒錯，他們同意自然界充滿著變動，但這些改變都是短暫的。當兩種化合物相遇，可能產生煙霧、閃電或爆炸，但終究會達到新的平衡。煙消霧散後，新的終產物大方的出現。化學家認爲非平衡的狀況是不會持續太久的。

但現在我們知道有一些化學反應不斷的嘎吱作響，停都停不下來，說明白一點就是，那些反應物不會乖乖的來到最後的平衡狀態，它們東想西想，不斷的改變主意，看看哪一種狀態比較好就往哪裡鑽。要是我們一直提供反應物給這些奇怪的反應，它們不會單純的吐出產物，而是在某種狀態與另一種狀態之間來回振盪，過程中通常會產生複雜的空間模式。

科學家發現振盪模式

1951年，蘇聯的化學家貝魯索夫（Boris P. Belousov, 1893-1970）發現這種振盪反應，當時人們都不相信眞的有這種反應，多半認爲那是因爲刻意讓反應物未完全混合所誘發的結果。

評論家表示，化學反應要是能隨興的往左或往右進行，那可是違反了熱力學第二定律（見《現代化學I》第2章），該定律指出，任何改變都是有方向性的。

直到1960年代，經過莫斯科州立大學的查玻廷斯基（Anatol Zhabotinsky，現任教於美國麻州的布蘭戴斯大學化學系）辛苦的研究，才說服大家：貝魯索夫所發現的振盪反應確實是存在的。這種反應並不會威脅熱力學第二定律——儘管自由能總是愈來愈少，但是參與反應的化合物濃度可以隨著時間上升或下降。

從「貝魯索夫－查玻廷斯基」振盪反應（簡稱BZ反應）可以看到很明顯的變化，我們可藉助化學指示劑的變色（變紅或變藍）來判別反應是向左或向右進行。

把BZ反應的反應物相混，一開始是產生紅色的溶液，如果把這混合物均勻攪拌，溶液會忽然變藍色，不過化學變化可還沒結束呢，不一會兒，紅色又跑出來了。過了一段時間後，這反應系統又改變主意，溶液又變回藍色。我們發現這溶液就像馬路上的紅綠燈那樣，在兩種顏色之間轉變，一下變紅，一下變藍。不過，如果我們都不去理會這反應系統，幾個小時後，振盪反應就會停止。

如果把這混合物倒入淺盤中，不要去攪動它，可以見到紅、

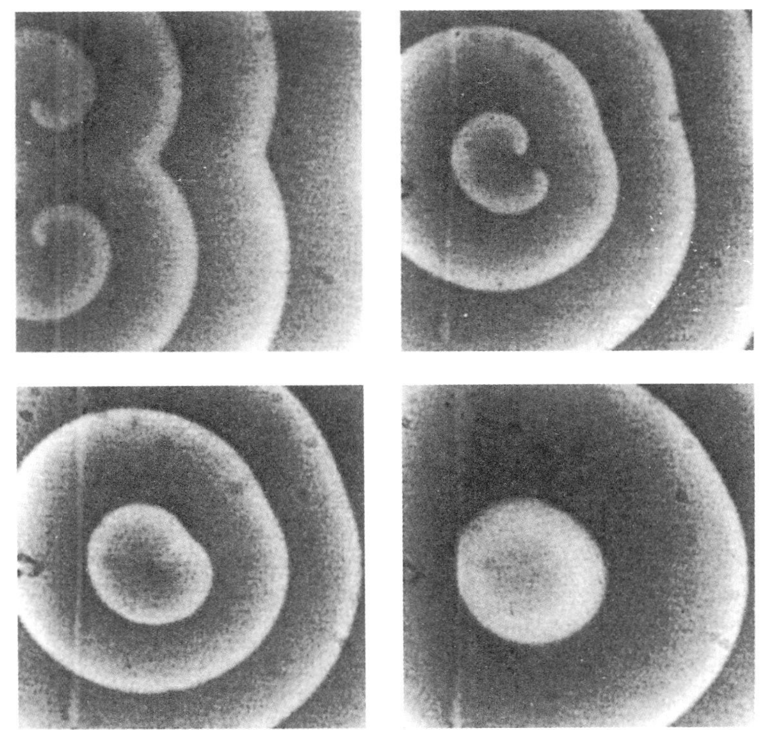

◀圖9.12
在BZ反應中相撞的螺旋波。當螺旋轉向相反時，會彼此殲滅對方。（本圖由德國蒲郎克研究院分子生理所的Stefan C. Muller提供。）

藍顏色所發生的精彩轉變。溶液不會一下子就全盤變色，而是以點狀方式或從核心開始變色，變色的核心可能因爲那裡混合不均勻或是有灰塵顆粒的雜質存在。隨著間歇性的變色反應，藍色從核心漸漸向外擴散，形成一圈又一圈的同心圓波浪，彷彿是池塘裡的漣漪般（見彩圖15）。

偶爾，這種標靶模式會變形成螺旋狀，向外扭轉到周邊，當這些螺旋波相遇時，會互相融合或彼此湮滅（見圖9.12）。這些標靶模式和螺旋模式就是所謂的「化學波」，它是化學反應的前鋒，很像海浪的浪頭或氣象圖中的鋒面那樣，會穿越反應的介質。其旋轉的模式讓人聯想起衛星雲圖中的颶風，或是湍流的水中形成又消失的漩渦。這會不會是另一個共通的非平衡模式呢？

回饋和振盪

在《現代化學I》的第2章中，我們看見化學反應似乎傾向走下坡的過程。

當反應物相遇，化學鍵會斷裂又重新組合，產生自由能較低的新產物。這過程告訴我們，所有化學反應都是單向進行的，也就是如果某反應從左到右是釋放能量的過程（下坡），它的逆向反應一定是需要能量的過程（上坡）。如果我們想要驅動一個上坡反應，我們得消耗一些自由能來達成。

所以你一定納悶，一個反應怎麼可能既朝右又向左的進行？更詭異的是它還可以重複這種循環，不斷的一下往右一下往左的進行反應。

在《現代化學I》第2章中，我們也看到使用催化劑可以加速化學反應的過程，催化劑能夠降低自由能的能障，促使反應儘快發生。從催化作用可以窺探BZ反應的原理；但催化劑何來這種奇特的本領呢？原來這類反應本身會產生催化劑，因此催化劑的多寡會隨著反應的進行而改變。

這種行爲就是所謂的自動催化作用，反應進行的速率得視其中一種產物的濃度而定。換句話說，該產物一旦形成後會主動與起始的反應物作用，以促進更多的產物形成。這種回饋機制會加速反應進行，使反應物消耗得更快。

在這種回饋機制中，產物會刺激更多的產物生成（後果放大前因的效用），所以屬於正回饋。正回饋傾向讓系統的表現走向失控。相反的，負回饋則可以逆轉失控，維持一個穩定的狀態。在負回饋的迴路中，後果會縮減前因，一切又從紊亂中回歸秩序。

回饋機制意味著系統表現的方式得視它先前的表現而定：反應的結果將是後續反應的起因。套句數學的用語，這種系統即是非線性動力學的展現。

不論是正回饋或負回饋，在一些脫軌演出或表現難以預期的系統中（也就是現在所稱的混沌系統），經常可見到這些機制。稍後我們會提到混沌系統，不過我們應該知道BZ反應中的螺旋模式和標靶模式本身並不混亂：沒錯，它們確實複雜，但是它們也很有規律性與週期性。

正回饋機制

在正回饋機制中，小波動可以逐步放大，因此我們可以想像自我催化的正回饋反應終會把化學反應推向遠離平衡的地步。但如果要產生振盪反應，應該提供另一個與自我催化反應相反的過程來彼此競爭。在此我們以一個比BZ反應還簡單的自我催化反應來闡釋。假設產物B會自動的由起始物A產生，所生成的B能進一步加速A形成B，使產物B愈來愈多。在《現代化學I》的第2章中，我們提過，這種由A自然產生B的反應可以寫成：

$$A \rightarrow B \qquad (1)$$

但當生成的B又與A相遇時，會促進A產生更多的B。一開始是1個B和1個A，結果產生的B變成催化劑，繼續把A轉化成另一個B：

$$A + B \rightarrow 2B \qquad (2)$$

感覺上步驟（1）與步驟（2）沒有什麼差別，因爲結果都是把1個A轉變成1個B，唯一的不同是，在步驟（2）的反應中，B分子參與轉變的過程。不過，這個差別頗爲關鍵，因爲我們就是認爲在方程式左手邊的B會加速A轉變成B。因此，步驟（2）的反應比步驟（1）的反應快。

爲了製造振盪行爲，我們可以加入步驟（3），讓B分子轉變成新分子C。我們假設這過程需要已有C存在才能發生，C可以協助B轉變成C。這樣的步驟頗類似步驟（2），只是B取代A，C取代B：

$$B + C \rightarrow 2C \qquad (3)$$

因此，第步驟（3）也是自我催化的過程：C產生愈多，從B轉變成C的速率就愈快，因爲C本身是催化劑。在沒有步驟（3）時，從步驟（1）到步驟（2）只會產生B，而且速率愈來愈快（因爲是正回饋），直到A耗盡。步驟（3）提供一個競爭反應來制衡步驟（2）。

如果我們一開始只有A和一點點C，情況又會如何呢？

首先，步驟（1）會產生B，這個B可能走步驟（2）的路線，產生更多的B，或是走步驟（3）的途徑來消耗B。由於一開始A的數量比C多許多，所以步驟（2）會占優勢，且由於是自我催化反應，導致B加速形成，使B的濃度急遽上升。

儘管如此，卻也不能忽略步驟（3），因爲它也是一個自我催化反應。一開始僅有少數B分子走向步驟（3），產生多一點的C。但是所產生的C會與步驟（2）所產生愈來愈多的B反應，導致更多的C生成。因此，繼一開始的B濃度竄升之後，是C濃度的竄升，步驟（3）愈來愈有份量。

不過因爲步驟（3）會消耗B，因此C雖然增加，B卻漸漸減少。如果我們在反應中加入指示劑，假設這種指示劑在有B時呈紅色，在有C時呈藍色，那麼我們應該會看到溶液從紅色變成藍色。

要怎樣讓溶液再變回紅色呢？我們得想辦法讓B的濃度增高、C的濃度降低。最簡便的方式就是加入另一個步驟，讓C可以自動轉變成另一種化合物D，就好像A可以自動變成B那樣，不過我們假設D生成後不會有進一步的動作或反應：

$$C \rightarrow D \qquad (4)$$

所以步驟（3）會產生C，步驟（4）會消耗C。只要有B在，C就會源源不絕的產生，步驟（4）則是有C就會自動發生。所以，C是靠著B的消耗而產生，溶液會變藍，但這現象不會持久，一旦B愈來愈少，而產生的C又自動轉變成D時，C的濃度會漸漸下降，這讓步驟（2）又有機會活躍起來，結果B又漸漸增多，溶液便又轉回紅色。

如果要讓反應繼續進行，勢必要在溶液中補充A，因爲A是B的唯一來源。而且還要去除D，以免它堵塞溶液的空間（D一旦形成後，只能呆呆的待在溶液中，什麼忙都幫不上）。因此，在反應器的設計上，必須讓A源源不絕的供應系統，且讓D持續的從系統中排出。只剩下B和C的濃度隨著時間產生明顯的變化，讓溶液在藍紅之間變色。這種類型的反應容器叫做連續流動反應器。

現在，我們的溶液已經從紅變藍又變回紅。一旦步驟（2）重掌大局，系統又回到稍早的階段：高濃度的B和低濃度的C。整個系統就這樣重複循環下去，一下B很多，一下又變成C很多。只要我們不斷的補充A、移除D，溶液就會在紅藍色之間來回振盪、變換。持續的加A減D，是讓系統遠離平衡點的必要動作。

從此例中，我們看到在兩個自我催化但彼此競爭的步驟下，從步驟（1）到步驟（4）所建立的系統可以產生顏色的振盪反應。但我們稍早見到的BZ反應，其中的顏色會隨著空間與時間的不同而改變，也就是它會隨著在反應容器的不同位置而產生不同的變化。

想要產生這種空間模式，最重要的是確保反應物並未均勻混合，這樣可以讓反應器中的混合物濃度因地而異，而回饋機制的迴路會讓反應對任何一點點隨機的濃度變化很敏感，如此便可以誘發反應從B占優勢的情形轉移到C占優勢的情形，或從C變回B。這種遠離平衡點的失衡現象會從反應的起始點（或核心）擴散出去，一路產生顏色變換的化學反應波。

貝魯索夫的振盪子

BZ反應顯然比前述的四步驟反應還複雜。但基本的原理不變：若干自我催化的步驟提供系統一些回饋迴路，造成系統一下向某方向進行反應，一下又向反方向進行。

BZ反應的起始物是一種有機化合物丙二酸（malonic acid）、溴酸鹽以及溴離子。在反應過程中，丙二酸會轉變成溴丙二酸。此反應需要催化劑，通常都是用鈰離子。使用鈰離子的原因是，它們可以在三價（Ce^{3+}）與四價（Ce^{4+}）之間快速變換。這些離子的電荷數代表它們的氧化態，從某個氧化態轉變爲另一個氧化態會涉及電子的得失。彩圖15是利用指示劑亞鐵靈（ferroin）觀察到的結果，當溶液中Ce^{3+}離子居多時呈紅色，當Ce^{4+}離子占優勢時則呈藍色。

丙二酸的溴化反應看似簡單，其實反應中牽涉許多步驟，有許多中間產物出現後又消失。奧勒岡大學的菲爾德（Richard Field）、諾耶斯（Richard Noyes）、柯洛斯（Endre Koros）三人於1972年把詳細的反應步驟推衍出來。主要的過程包括把溴酸鹽轉化成一系列其他含氧的分子，例如$HBrO_2$、BrO_2、HOBr，其中有些步驟需要鈰離子扮演搶電子或給電子的角色，導致鈰離子在三價與四價電荷之間來回變換。

這些步驟說穿了就是兩個循環過程：A反應和B反應，中間夾一個Ce^{3+}與Ce^{4+}來回轉換的反應（請見下圖3個齒輪的關係）。在A

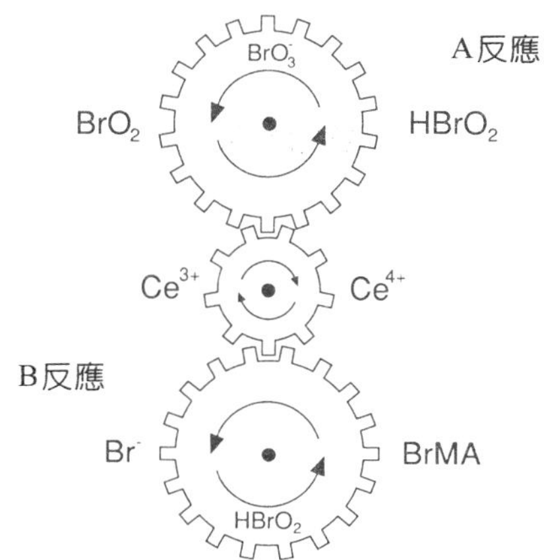

反應中，$HBrO_2$與溴酸鹽形成2個BrO_2分子，然後經由Ce^{3+}轉變成$HBrO_2$，並讓鈰離子轉變成Ce^{4+}，使溶液變成藍色。由於此反應開始時是1個$HBrO_2$分子，後來卻變成2個$HBrO_2$分子，頗類似前述的步驟（2），是自我催化的過程。

我們對B反應的發生過程尚未完全明白，但在反應一開始，$HBrO_2$和溴離子會形成溴丙二酸（圖中以BrMA簡稱）。溴丙二酸與Ce^{4+}再生成溴離子和Ce^{3+}，使溶液又變回紅色。因此，在A反應和B反應中，它們的產物本身是反應物，產生自我催化的回饋機制。這整套過程可以看作一個循環不已的齒輪系統，由$Ce^{3+}\longleftrightarrow Ce^{4+}$來回切換，以連接A、B兩反應。

在此的振盪行爲是源自A反應的週期性爆發。最初，$HBrO_2$主要是與溴離子產生HOBr；當溴離子所剩不多時，反應速率減緩，接著由A反應接手，變成$HBrO_2$與溴酸鹽反應，但過程中也消耗Ce^{3+}離子，把它們轉變成Ce^{4+}，所以Ce^{3+}愈來愈少。幸好B反應會恢復溴離子和Ce^{3+}離子的濃度。要是B反應未產生過多的溴離子，系統終究會再啓動A反應，使溶液再度變藍色。

螺旋波

在本章一開始我們就開宗明義的表示，我們要尋找模式形成的相通性，也就是在看似不同的系統間找到共通的模式。BZ反應中的標靶模式與螺旋模式就是一例。圖9.13的一系列快照，顯示一氧化碳和氧氣在含有白金催化劑的表面上發生的反應。

白色區域代表有氧氣的地方。此反應把一氧化碳轉化成二氧化碳，在《現代化學I》的第2章中我們介紹過，這正是汽車排氣系統進行的催化反應。很顯然，這個重要的反應，過程很複雜。這

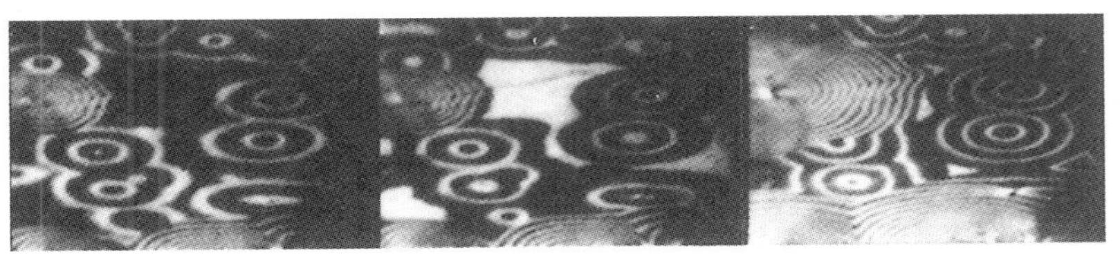

◀圖9.13
當一氧化碳和氧氣（白色區域）在含有白金催化劑的表面上發生反應時，會出現明顯的目標模式。（本圖由柏林的富里茲哈柏研究所的G. Ertl提供。）

些螺旋模式到底是怎麼產生的呢？探究此問題不僅是出自對知識的好奇，也是因為螺旋模式可能對催化反應的效率有深遠的影響。

BZ反應的螺旋波也出現在 *Dictyostelium discoideum* 黏菌的群落中（見次頁圖9.14）。當黏菌饑渴時（例如缺水或溫度太低時）就會出現這種圖形。

遇到這種狀況，黏菌變形蟲會聚集成多細胞體，以便移動到較有利的棲地。黏菌發生聚集反應，是源自「先鋒細胞」釋出所謂的環單磷酸腺苷（cyclic adenosine monophosphate，簡稱cAMP）化合物。先鋒細胞經由自我催化反應合成cAMP，並以間歇脈衝的方式將其釋出。當cAMP抵達其他細胞，會通知這些細胞朝更高濃度的cAMP方向移動，也就是大家一致移向先鋒細胞，這現象就是所謂的趨化性★。間歇性釋出cAMP的結果造成細胞聚集，並產生高度組織化的螺旋圖形。在其他生物系統中，趨化性也可以形成非常特殊精緻的聚集模式（見次頁圖9.15），其結構之巧妙實在令人驚嘆，目前科學界仍未完全明白其中的原理。

★
趨化性（chemotaxis）按照字面的意思就是「受到化學物質誘發所產生的移動行為」，是細菌用以尋找環境中的食物的方式，這也是生命最古老的化學傳訊形式之一。

靜態的模式和花豹的斑點

到目前為止，我們看到的化學模式，都是會隨時間的變化而改變的動態模式。但其實在自然界裡，有些模式是靜態的或長久不變的。以昆蟲的幼蟲為例，在非常初期的發育階段中，即可發現這

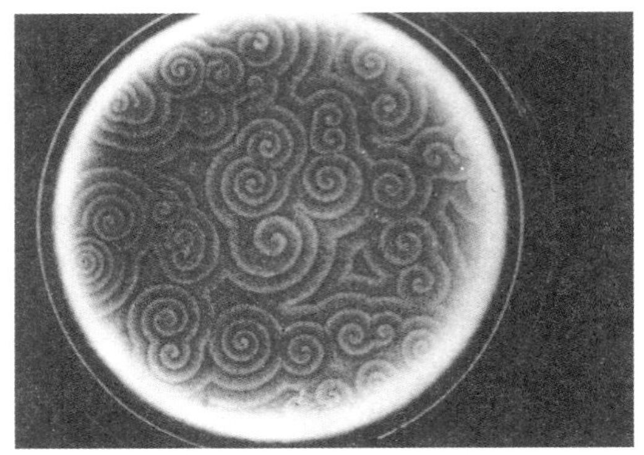

圖9.14 ▶
黏菌菌落呈現的螺旋紋。當黏菌遇到惡劣的情況，例如溼度低或食物不足時，會群聚起來形成這種螺旋圖樣。（本圖由牛津大學的P. C. Newell提供。）

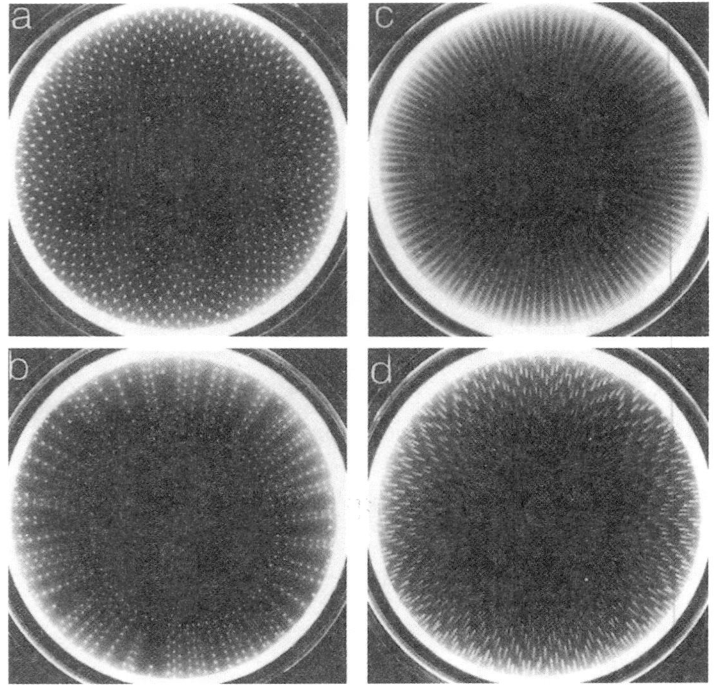

圖9.15 ▶
培養皿上的大腸桿菌菌落，會聚集成各種奇妙的靜態模式。當細菌釋出趨化訊號的時候，會吸引鄰近的細胞靠攏，產生本圖中的各種樣式。從趨化作用，我們看到細菌菌落可以自我組織成複雜的圖樣；在其他細菌系統中，有人也觀察到類似碎形的樹突狀模式，就像圖9.9和9.10那樣。（本圖由哈佛大學的Elena Budrene和Howard Berg提供。）

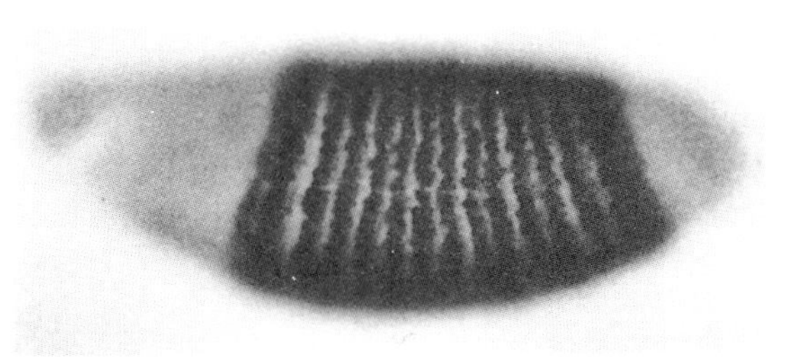

◀圖9.16
在果蠅胚胎發育的早期階段會出現這種條狀模式，每一個區間在稍後將發育成不同的部位。bicoid蛋白質（形態發生因子）所形成的濃度梯度橫跨在胚胎兩端，成為一種化學訊號，刺激這種模式的形成。

類模式。果蠅的胚胎研究算是最透徹的。在果蠅的胚胎中，我們見到一些條狀物（圖9.16），把身體區分成若干體節，每一節代表身體的某部位，它們遵循各自的發育途徑形成前胸、頭部等等。

科學界認爲果蠅胚胎的體節，與叫做bicoid的蛋白質濃度有關係，這種蛋白質會從胚胎的一端到另一端，產生漸增的濃度梯度。不同濃度的bicoid會在沿著體軸的不同點，啓動不同的基因，把胚胎分成若干體節，再各自發育成不同的部位。

這種從最初未特化的胚胎到分化成各種不同部位的過程，即是所謂的「形態發生」，而扮演關鍵角色的bicoid蛋白質，則稱作「形態發生因子」（morphogen），也就是身體方案（body plan，即建造身體的計畫）的決定者。不過，簡單的bicoid蛋白質濃度梯度到底如何使果蠅胚胎產生條狀物，尚待科學研究來解謎。

涂林理論

1950年代，英國數學家涂林（Alan Turing, 1912-1954，邏輯學家，人工智慧專家）提出一個機制，來解釋化學系統爲什麼可以產生靜態的模式。涂林是當代科學界的傳奇人物，也是數學天才，他最著名的成就是在第二次世界大戰，破解出從德國最高指揮部截取來的密碼。他發明的涂林機（電腦的原型）曾幫助許多數學家，決定哪些問題可以利用數學分析法解決，哪些無法辦到，也爲現代的資訊與電腦理論提供部分的基石。涂林的理論雖然啓發了許多發育生物學家對形態發生學的瞭解，但卻不受普遍的認同，因爲沒有人能夠在眞實的化學系統中，觀察到涂林提出的靜態模式（即涂林結構）。

涂林根據理論顯示這些結構可以在自我催化的「反應一擴散系統」（reaction-diffusion system）中自然形成，在此系統中，反應物以不同的速率擴散到反應的媒介中。說得明確一點，如果快速移動的反應物會抑制反應的進行，而移動較慢的反應物會催化反應的進行，那麼在某個擴散速率範圍內，該系統會突然由均質的混合物，變成另一種混合物的系統，在不同的位置上的分子，化學組成呈現規律的變化。

實際上，這樣的系統是某種晶體，因爲它具有規律的結構，而且這種晶體是非常特異的晶體，因爲晶體中的分子可以自由移動，卻仍保有原來的結構。在正常的晶體中，分子要是自由移動，會破壞晶體結構的規律性。

見證涂林結構

這種自我催化反應展示出振盪模式，不禁令科學家好奇，想知道它們是否含有形成涂林結構所需的成分。不過在一般的自我催化反應中（例如BZ反應），似乎傾向產生移動的化學波，而不是固定不動的結構。直到1990年，也就是在涂林提出他的想法的40年後，總算有人見識到涂林結構，那是在法國波爾多大學的德柯倍（Patrick de Kepper）及同僚。

他們研究另一種版本的BZ反應，叫做亞氯酸—碘—丙二酸（簡稱CIMA）的反應，把反應物混入膠體中來減緩擴散速率，以利靜態模式的生成。

研究人員利用澱粉指示劑來觀察系統中化學組成的變化：指示劑會變黃或變藍，要視碘離子（I_3^-）濃度的高低而定，碘離子是該反應的中間反應物。結果他們發現在原本藍色的膠體中，出現幾行黃色的斑點，也就是所謂的涂林結構（圖9.17）。

稍後，來自德州大學奧斯丁分校的史文奈（Harry Swinney，相位流變學家）和歐陽頎（現爲北京大學非線性科學及技術實驗室主任）展示他們能讓這些涂林結構「長大」的增大圖樣。一開始，反應產生放射狀的模式，就像BZ反應中所看到的模式，但經過一

◀圖9.17
在亞氯酸—碘—丙二酸的振動反應中，可以形成涂林結構，即根據不同部位的不同化學組成，所產生的靜態模式。（本圖由法國波爾多大學的德柯倍提供。）

小時左右，此模式分裂成規律的六邊形排列，上面都是黃色的斑點（見彩圖16）。

當史文奈和歐陽頎把系統的溫度改變後，原本的斑點圖樣即轉變成條紋圖樣，當年涂林的理論也曾經預測過這種轉變。

涂林的預測，激發研究人員從發育生物學相關系統中，尋找靜態的模式。某些人提出這種反應可能與動物皮毛上的條紋、斑點的形成有關。動物體表的花樣受到位於表皮的黑色素細胞控制，這類細胞會產生能夠吸光的分子，決定某毛皮的顏色。黑色素細胞的活動則受到傳訊分子的控制，這些分子在表皮內分布成複雜的結構。

在圖9.18中，貝殼表面所呈現的絢麗花紋，也是受到化學反應的控制；基本上，貝殼是礦物質的結晶，但畢竟它是源自有機物質，所以它的形成會隨著殼內生物的生化反應起舞。我們可以根據理論推導出反應－擴散系統所產生的複雜靜態模式，這結果確實頗

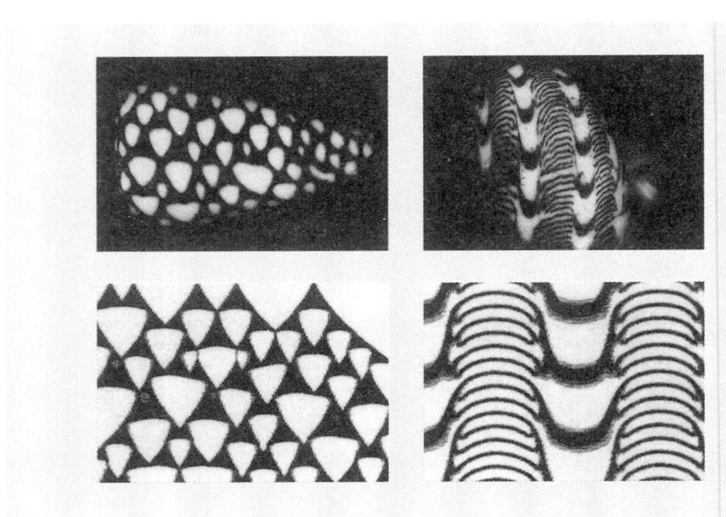

圖9.18 ▶
貝殼的複雜圖樣可以在反應－擴散化學系統中模擬出來。上排的兩個圖是真實的貝殼花紋，它們與下排兩個根據理論反應計算出來的圖樣有驚人的相似性。
（本圖由德國蒲郎克研究院發育生物學研究所的Hans Meinhardt提供。）

像貝殼上出現的圖案。不過，由於我們目前對貝殼形成的化學原理尚未完全明瞭，所以也只能把理論上的模式與自然界美麗的創造，做表面上的比較罷了。

化學上的混沌現象

陷入大漩渦

根據涂林結構，我們看到規律、對稱的模式，是如何從嚴重失衡的系統中突然出現的。現在我要帶大家往逆向的極端走去，大家也會看見這些系統的脫軌演出，使得我們完全無法預測它們的行爲。你也許猜想，一旦出現這種情形，系統會變得無法以任何科學方法探究。事實上，至少在幾十年前，研究人員也的確是抱持這樣的觀點。但以目前整個科學界來說，研究難以預測的系統，是成長最快速的領域之一，同時也是匯聚各路英雄好漢的領域，儘管大家所受的專業訓練不盡相同，但都投入所謂的「混沌」研究中。

近年來「混沌」無疑是最爲人熟悉的專業術語之一，把它掛在嘴邊好像還頗能唬唬外行人。混沌的現象無所不在，各式各樣的系統都可以看到這種行爲，包括全球的天氣、液體的流動模式、雷射光、電子迴路、心臟組織、動物族群、經濟市場等等。

粗略的說，這些系統的表徵就是完全無法預測的行爲。如果說得更精確一點，混沌現象所彰顯的是，系統對於初始狀態或小型騷動的極度敏感表現。如果兩個系統在一開始的階段僅有極細微的差異，一旦出現混沌行爲，它們會快速的演變成迥異的狀態。即使是很微小的騷動，都會使混沌系統的行爲表現完全改變：產生的效應大小與當初的改變幅度並沒有關係。這就是當今大家常聽聞的「蝴蝶效應」的原理，好比說，在日本東京的一隻蝴蝶拍拍翅膀，會導致美國奧克拉荷馬州的天氣模式發生改變。

系統一旦出現混沌現象，我們便無法預測它在未來會如何表現。最先發現天氣系統有混沌現象的人，是美國麻省理工學院的氣象學家勞倫茲（Edward Lorenz, 1917-, 1963年發現決定性混沌），他所揭示的天氣混沌現象，似乎爲長期的天氣預報投下咒語。

混沌 vs. 隨機

不過在此我們有必要釐清混沌與隨機的界線。隨機過程是無法預期的隨機事件的結果，它僅允許統計學上的敘述，然而混沌系統卻可以允許專家利用數學方程式，描述它如何隨著時間演變，而且具有絕對的精確性。

在混沌的例子中，根本不受隨機因子的影響——所有的東西都是既確實又符合數學邏輯。但是我們仍然無法從數學式子中精準的推導出，在未來任何特定時間裡系統的表現情形，除非我們借重數字計算來找出答案。

我們使用「決定性」（deterministic）一詞來描述混沌行爲，恰可反映出，混沌系統具有能夠利用數學式詳細陳述的特徵。「決定性混沌」乍聽就好像英文中的矛盾修飾法（oxymoron，也就是把互相矛盾的字並列，以製造特殊效果，例如沈默的吶喊、聰明的傻瓜等），但其實它要說明的不過是混沌現象是以明確（而非隨機）的方式，崛起於系統本身所具有的回饋機制中。

混沌之路——登上魔鬼階梯

BZ反應提供理想的試驗，讓我們見識到混沌現象如何影響化學反應。如果我們利用連續流動反應器，持續提供系統反應物，也持續移除產物，BZ反應將不斷的來回振盪，有固定的週期性。但如果我們提高反應器的反應速率，新的現象會開始出現。

想像我們有一個充分攪拌的容器，現在我們要測量溴離子濃度隨著時間改變的情形，來瞭解反應的過程。當反應物低速流動時，我們見到系統在A反應與B反應之間來回振盪，出現週而復始的變化。隨著流動漸漸加速，振盪現象忽然加倍，產生所謂「倍週期分歧」（period-doubling bifurcation）：溴離子濃度在每一個週期中會上升與下降兩次。如果繼續增加流動速率，系統的行爲也漸漸愈來愈複雜。最後，原本規律的振盪會退化成完全無法預期的狀態（圖9.19）。BZ反應裡的混合物便墜入混沌。

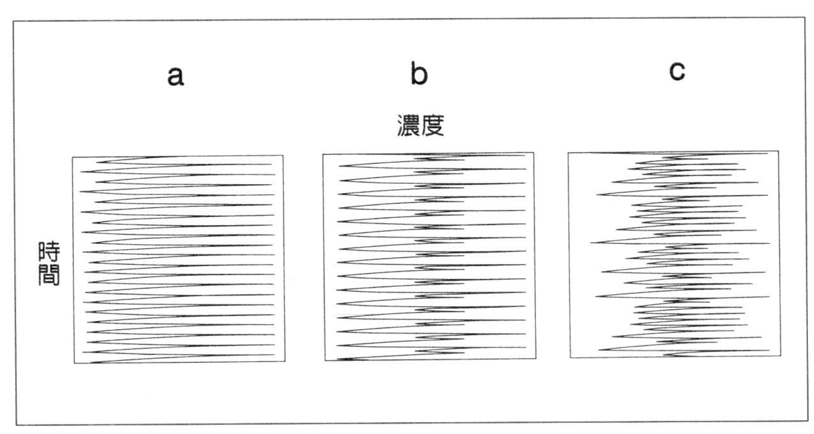

◀圖9.19
在BZ反應中，溴離子濃度的振盪情形隨著反應物流入速率的不同而變化：從規律的（a）到倍週期的（b），再到混沌的（c）。

當系統出現一連串的倍週期分歧，往往是混沌現象即將發生的指標：在每一個循環中，週期性的振盪一次又一次的加倍，直到全面性的混沌現象迫在眉睫，一觸即發。

在其他系統也可見到混沌現象即將到來的前兆，例如在流體系統中，隨著流動速率愈來愈逼近混沌階段的全面亂流現象，系統逐漸爆發出短暫且間歇性的亂流。

混合模式

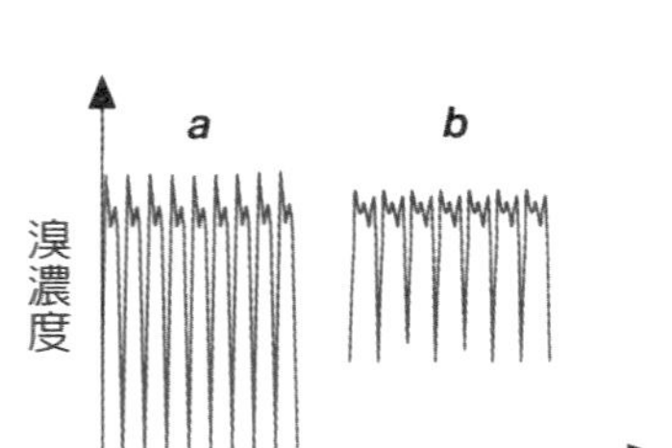

▲圖9.20
BZ反應中，在一定範圍的流速內，可以觀察到混合模式的振盪。每一循環中可以見到大振幅的振盪間還夾雜著小振幅的振盪。圖（a）相當於1^2模式，圖（b）相當於1^3模式。

除了簡單的倍週期作用，BZ反應也可從更複雜的途徑進入混沌，即所謂的「混合模式」振盪。這種振盪具有相當微妙的週期性：在每一個循環中，大振幅的振盪裡還夾帶小振幅的振盪（圖9.20）。這種模式叫做混合模式，因爲它夾雜了大振幅和小振幅兩種波。如果每一次振動表現都給編上一個「發射號碼」，可以用來計算系統在每一次完整的循環週期中所發射出去的大振幅振盪次數。因此，BZ混合物隨著流動速率的改變所表現出來的行爲，可以利用X軸等於流動速率、Y軸等於發射數目的函數圖形來描繪。

這樣的圖形會出現階梯式的變化，從低流速的0次發射數目到高流速的1次發射數目，形成一個個的平台（圖9.21）。每一階的寬度以及每一個連續階梯之間的落差，出現相當不規則的變化，說穿了就是混沌現象的表現。誰想要走下這種階梯，無疑是鋌而走險的舉動，這也就不難理解這種階梯被稱爲「魔鬼階梯」的原因了。

但如果你仔細瞧一瞧，在大振幅與小振幅模式切換之際，可以看到每一階之間藏著許多小小階，可以看出系統本身頗猶疑，不知道究竟要在兩種混合模式中選擇哪一條路。它展示出週期性的模式，但每一個循環中含有數目不一的混合模式的循環。如果看得更

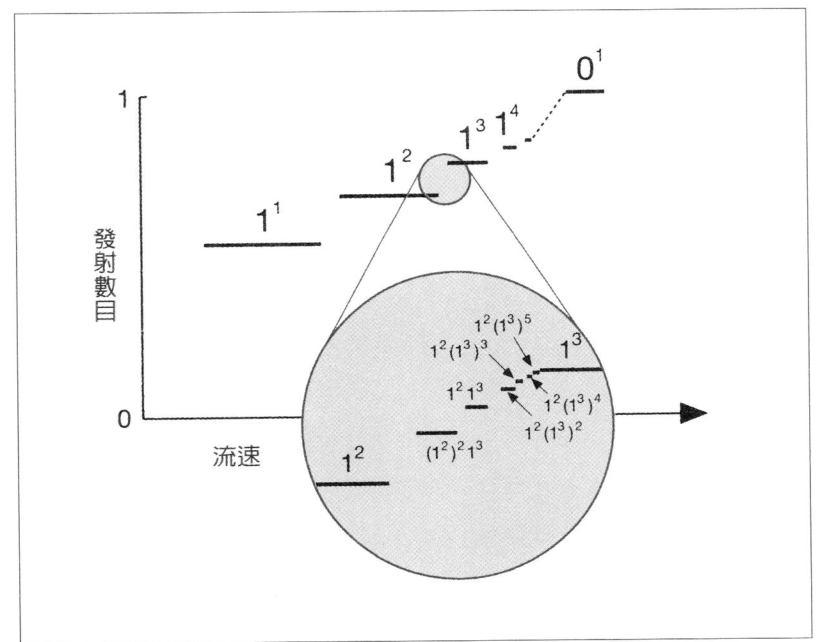

◀圖9.21
根據BZ反應中，混合模式之間的轉換（發射數目）與流速做函數圖，可畫出階梯間距不等的「魔鬼階梯」。仔細觀察這些階梯，可以發現裡面有更精細的結構，它其實就是一種碎形，具有一系列複雜的混合模式。

仔細一點，你還可以看到更多複雜的振盪（圖9.21）。這樣的系統似乎沒有劃清界線的一刻，它透過一連串複雜的模式切換著它的表現行爲。這種「放大倍數愈多、看到的細節愈多」的本質正是碎形結構所展示的特徵。不過，有時候振盪現象會完全沒有週期性可循，這下子可就成了眞正的混沌了。因此，BZ反應的魔鬼階梯隨時有可能走向一發不可收拾的混亂。

在剛開始見到混沌現象時，也許不容易一下子就把混沌行爲說明清楚。但只要找到正確的描述方式，就不難發現混沌系統中所潛在的結構。

就BZ混合物而言，我們不必以反應物的濃度隨著時間的變化來作圖（如圖9.19），我們可以其中一種組成（好比說溴離子）的濃度隨著另一種組成（好比說$HBrO_2$）的濃度而變化來作圖。對週期性的振盪而言，這樣的作圖會出現一個封閉的迴路，叫做限制環（limit cycle，圖9.22）。

隨著時間的演進，追蹤兩種組成物質的濃度變化，可以畫出這種循環路徑。當系統的流速增加到倍週期分歧出現時，會形成兩個限制環（圖9.22），在每一次重複的循環中，系統必須穿越這兩個迴路。連續的分歧導致迴路的數量增多，系統的作圖開始愈來愈像一團攪亂的毛線。

當系統流速增加到瀕臨混亂的境地時，系統的行爲會失去週期性，但這不表示攪亂的毛線會瞬間斷裂。它還是保持特有的形狀，但結構薄弱，使得每個循環中的濃度變化都不會出現相同的途徑。

限制環是混沌學家所謂「吸引子」（attractor）的例子之一，它們是一種行爲模式：無論初始條件如何，系統會不可避免的受吸引。如果兩組成物的初始濃度偏離限制環，它們會很快的演變與校正，使自己再回到迴路上。即使是混沌系統也能保留一個吸引子，它多少有個明確的界限，使得系統就算出了界也不至於演變得太離譜。但這個吸引子不是單一個迴路，它的迴路數量也不是你計算得出來的。

混沌系統中的吸引子有無可限量的精細結構，不論你看得多仔細，都會出現新路徑。換句話說，這種吸引子就是一種碎形。由於這種奇異的特性，這類碎形結構就稱作「奇異的吸引子」，它們也許最能清楚的展示混沌和碎形都屬於「複雜科學」這門新興科學中的一部分。

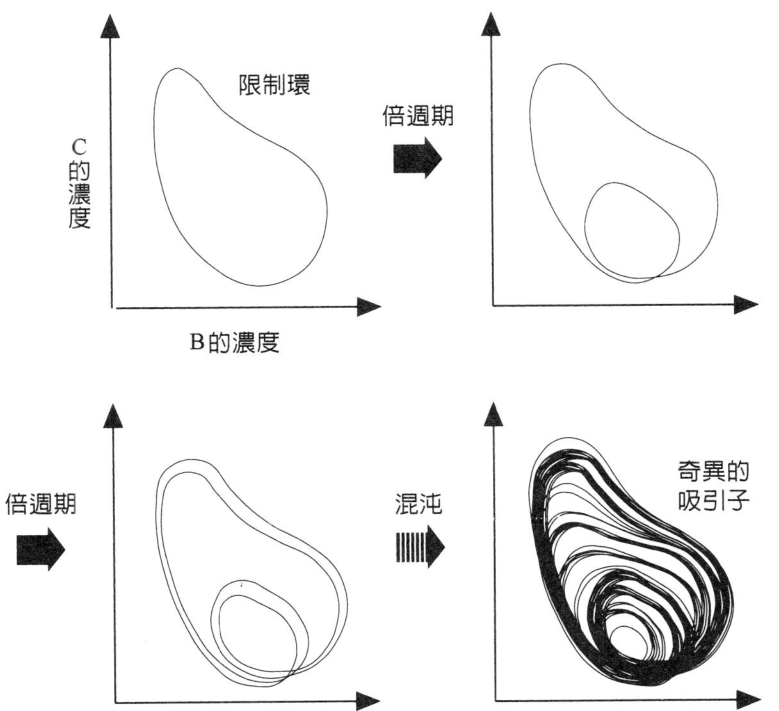

▲圖9.22
根據兩種組成物的濃度變化所畫出的圖形。對週期性的振盪而言，這樣的作圖會出現封閉的迴路，叫做限制環。如果反應從限制環之外的某一點開始，它很快會給吸引入循環中。
當系統的流速增加到倍週期分歧出現時，單一個限制圈會分裂成兩個迴路。連續的分歧導致迴路的數量增多，終將導致混沌。
在混沌狀態下，「吸引子」有無限精細的結構，所以它的行為很少重複。但這不表示圖中的限制環會演變成一團亂七八糟的東西，它依然保有它特有的結構。最後那個間隔很密的混沌圖形就是所謂「奇異的吸引子」。

展望未來

但願現在我已經讓大家看到，自然界許多化學、物理反應中所呈現出來的複雜行爲與模式，都存在一些共同的特性。某些結構是共通的，走到哪兒都一樣；看似不可預測的混沌動行爲卻可能來自簡單、有決定性的肇因；碎形結構和混沌動力學之間存在密切的關連；複雜有時候可以導致規律與秩序，而並非全然的混亂。最重要的是，複雜、混沌、和結構精緻的模式（圖形）是許多遠離平衡的反應共有的特徵。

非平衡中找出一致

1960到1970年代，來自布魯塞爾的物理化學研究所的普里歌金★，首度嘗試尋找非平衡反應的一致性，他也因這項研究獲得1977年的諾貝爾化學獎。普里歌金的研究主軸，是去探究空間模式（有時是相當複雜的模式）如何崛起並存活於系統中，而此系統到了平衡狀態後還不斷隨時間演變。

★
普里歌金（Ilya Prigogine, 1917-2003），比利時布魯賽爾自由大學教授，對非平衡熱力學貢獻良多，特別是關於散逸結構的理論。

許多非平衡模式都具有共通的基本特性，即自組織的能力：它們是大尺度的結構，不是系統微觀的特性所能反映出來的。在《現代化學I》的第4章中，我們見到鹽晶體的立方對稱結構，會在平衡的狀況下形成，而這是各個離子規律堆疊的結果。但是在亞氯酸—碘—丙二酸的混合物中，分子與離子的交互作用並未提供產生六邊形涂林結構所需的配方。

這種規律六邊形的圖樣，從最初均質一致的系統中自然而然的發生，正好說明了物理學家口中所謂的「失稱」（symmetry-breaking）過程。一開始，從各個方向來看都一樣，但系統漸漸轉換到一種狀態，即不同的方向有不同的結果，換句話說，對稱性下降了。

這些非平衡結構的另一特性，是它們面對微擾（perturbation）所展現出來的穩定性。表現出混沌行爲的系統，對微擾的情形超級敏感，一點點風吹草動，都會導致後續顯著的改變。但萬一系統受限制環困住，這限制環會像吸引子那樣，把系統的演變拉回正軌。

如果遇上微擾的狀況還可以保持穩定性，那我們會說這種動態的結構具有「耗散性」（dissipative），因爲系統能夠「耗散」微擾狀況提供的額外能量。這顯然與所謂的「保守型」振盪系統（例如簡單的鐘擺運動）形成強烈的對比。如果我們對搖擺中的擺垂施予推力，它會產生較大的振幅；若是耗散型的振盪行爲，在我們施予推力時，它會經歷一段短暫的紊亂，再重返與先前一模一樣的週期運動。

就某種意義來說，有耗散性的系統似乎懷有自己的心思；它懂得自組織，表現出特定的行徑，然後死心踏地的維持著（當然，容我強調一下，這完全是擬人化的說法）。若跑出這套穩定狀況之外，系統可能經歷一些過度期（例如倍週期分歧），最後抵達新的穩定狀態。

未平衡中的自組織

在未達平衡的系統中，自組織的能力究竟打從哪兒來？爲了解答這個問題，普里歌金與同僚嘗試建構一個熱力學的非平衡系統來研究，就像19世紀的吉布斯（見《現代化學I》第96頁）、亥姆霍茲（Hermann Helmholtz, 1821-1894，德國理論物理學家）等人所建構的平衡系統那樣。這些「布魯塞爾學派」的代表在平衡相變

（equilibrium phase transition）與非平衡的變化（包括結構、圖樣或生長模式的改變）之間，進行類比。

許多類型的平衡相變都具有「失稱」的特徵。系統如果經歷平衡失稱相變，往往會有長程的相關性出現，說穿了，不外就是系統的一部分，對距離遙遠的另一部分所發生的狀況，非常敏感。就這點而言，系統整體很容易受隨機的小小波動影響。

我們見識到在非平衡系統中（例如BZ反應）也會出現同樣的情形。結果，當非平衡反應接近分歧點時，也會形成長程的相關性，這促使相隔遙遠的兩部分可以彼此接觸。這樣一來，系統便能夠大規模的自組織，即使個別組成間的互動未必延及很長的距離也無妨。非平衡的相變與平衡系統之間的關鍵差異在於：非平衡的相變不受溫度這種熱力學量值的變化驅使，而是藉由遠離平衡的驅動力變化啓動，例如晶體生長時的過飽和或過冷程度、電鍍中的電壓改變、反應物在振盪的化學反應中的流速等等。

儘管普里歌金的想法與近年所發展的混沌理論，已爲非平衡系統表現出的多樣又怪異的行爲，找到些許貫通性，但我們對這些反應過程的瞭解，仍遠不及19世紀的古典熱力學對平衡現象的熟悉。無疑的，非平衡結構的美以及它對物理、化學、生物學的重要性，將持續激發出更多好奇的探究，以徹底瞭解其中的道理。

第
10
章

轉變中的地球

大氣化學的危機

當某種遊戲顯然在殘害你時，
你不妨認真的考慮改變遊戲規則。

——派克★

★
派克（M. Scott Peck），哈佛大學及凱斯西儲大學醫學博士。在1984年創辦了團體激勵文教基金會（Foundation for Community Encouragement），提供心理專業指導，協助無數的組織建立眞誠共識團體。著書、演講不輟，是備受推崇的作家、思想家、精神科醫師以及深具影響力的精神導師。著有《心靈地圖》，天下文化出版。

才不久前，一般人要找到關於環境化學的書籍，幾乎是不可能的事。今日，大氣化學和環境化學已不再是冷門偏僻的科學，而是引發全球關注的話題。大氣科學家發現自己一夕間成爲公眾與媒體的焦點，他們所做的研究能主導政府的決策。現在全球人士總算對這群科學家發現的事實有所覺醒：大氣的化學組成對我們的環境有很深的影響，若搗毀其中的微妙平衡，會給地球帶來嚴重的後果。

在諸多威脅環境的問題中，大氣科學家目前最關注的焦點包括全球增溫（所謂「溫室效應」）、臭氧層破洞、酸雨的毒害以及世界各地的鉛、汞及放射物質等污染物愈來愈多。這些問題引起許多激烈甚至尖酸的議論，畢竟爭端有時候不純粹是科學因素。製造業在製造產品的過程中，必須面對他們處理的化學物質是否危害環境的問題，然而現今逐漸增加的能源需求，卻又讓我們無視能源製造過程中產生的廢氣或有害物質。

蓋婭理論

本章的目的是要展示，大氣化學在這些問題中扮演的重要角色。想要瞭解所有問題的來龍去脈，我們得先解釋今日的大氣環境是怎樣走到這種地步。

就像我在第8章所暗示的，地球從來就沒有許諾成爲滋養生命的環境。我們現在的大氣並沒有孕育出過去的生物，是從前的生物孕育出現在的大氣。

大氣科學家洛夫洛克★曾建議大家不要再把生命、海洋、大氣等看作獨立的系統，應該把它們視爲彼此相關、交互影響的系統。這就是洛夫洛克提出的「蓋婭」（Gaia，大地之母）理論的中心思想，它幫助我們瞭解爲什麼人類在從事各種活動時，不能不考慮對環境產

★
洛夫洛克（James Lovelock, 1919-），「蓋婭」理論創始人，英國科學獨行俠。他在1970年代提出蓋婭假說，主張：行星地球的大氣層和表土構成了一套自我調控的系統，也就是說，地球的表面是活著的。這個假說的強烈版本更主張：地球本身就是能自我調控的生物體。

生的後果，也不該假設環境有無限的包容力來吸納我們產生的髒亂或污染。大氣層是上天的恩賜，我們不應該把它視為理所當然。

化學如何影響氣候？

適合呼吸的空氣

假設有某種高明的太空儀器，可以讓我們看到行星繞著其他恆星運轉，也可以見到行星上的大氣組成。要是我們碰巧遇上一個和地球一樣的大氣層，我們可以推論這個星球上已經演化出生物，請注意，我說的是生物「已經」演化出來，而不是「可能」演化出來。如果外星上也有高等智慧的生物存在，那麼我們居住的大氣層，正是地球向他們昭告人類存在的標誌。

地球和太陽系其他行星不同的是，地球大氣層裡的化學物質是處於極度不平衡的狀態。在某種意義上，大氣中的化學物質可以比擬成巨型燒杯中的化學混合物，維持在遠離平衡的狀態，其實很像我們在第9章遇到的那些化學系統。是什麼東西使大氣中的化學物質遠離化學平衡呢？歸根究柢，是太陽的能量和地球內部的熱能，導致大氣不平衡，不過把這些能量轉變成化學不平衡狀態的主角，卻是生物本身。

這也就是說，如果我們把地球環境當作是為人類量身訂做的，可就大錯特錯了。現在大氣層適合這麼多種生物居住，絕非偶然或巧合，因為生物的演化和大氣層演變到今日的組成，並不是獨立發生的事件。

地球慢慢冷卻

大約在46億年前，剛形成的地球還是岩漿構成的球體，和太陽與其他行星一樣，都是由初生氣體星雲（primordial gaseous nebula）凝聚而成。在地球熔融的內部，化學元素開始分離。地球有一大部分是由鐵礦構成，此時鐵（加上少量的鎳）會下沈到地心，使得地心含有豐富的金屬鐵礦，其他留在岩漿中的「浮渣」，主要包含鎂、矽、氧、鋁、鈉、鉀、鈣以及殘餘的鐵。這種地質化學物的分化作用恰類似冶鍊鐵礦的過程。

到了大約39億年前，地球大部分的熱能已消散到外太空，並冷卻到足以凝固成岩石地殼。

地球大氣層的形成則包括兩個過程。地殼下的岩漿溶有許多氣體，例如：水氣、甲烷、二氧化碳、氮、氖。這些氣體可藉由火山爆發噴發出來的岩漿，衝出堅硬的地殼，進行所謂的「除氣作用」（degassing）。同時，太陽系行星形成過程所殘餘星體，偶爾也會撞上地球，釋出大量的揮發性氣體。專家認爲目前地球上有85%的水分，來自撞上地球的外星物體。

又經過一億年後（即大約38億年前），地球表面的溫度降到100℃以下，這使水氣可以凝結成液相的水。接下來，請大家想像一個驚心動魄的豪雨畫面：如果現今所有海洋中的水，都是從天上降下來的，那麼這場洪水傾注的景象，可能要維持10萬年左右，你能想像嗎？

有了海洋，大氣中的諸多易溶的氣體，包括氯化氫、二氧化硫、二氧化碳等，可以盡情的溶入海洋。這些氣體進入海水中會與海洋裡的礦物質發生反應，析出碳酸鹽或硫酸鹽沈積物。

太陽星雲裡充滿許多輕飄飄的氣體，像是氫、氦、氖，它們輕到連地球的引力都留不住，所以很快就從大氣散逸到太空中。早期地球形成的大氣中，留下來的是像甲烷、水氣、一氧化碳、一氧化二氮（俗稱笑氣）等氣體，生命最初就是在這樣的大氣環境中崛起的。

想起來眞有點不可思議，生命所需的複雜化學反應，竟能在三十多億年前，從無生命的物質中崛起。1983年，艾拉米克（Stanley M. Awramik，加州大學聖芭芭拉分校的古生物學家）與同僚，在澳洲西部發現，35億年前的岩石裡含有細菌化石，恰好可以佐證。這些細菌的樣子，很類似當今仍存活的原始生物：藍綠藻（blue-green algae或cyanobacteria）。

不過，今日大部分藻類藉由光合作用，分裂水分子產生能量來維生，而早期生物（例如至今依然存在的最遠古生命形式：古生菌類）的代謝作用，進行的化學反應可能比較粗略。有些古生菌利用分解有機酸（像是乙酸）來釋出能量，同時形成二氧化碳和甲烷。其他古生菌可以把二氧化碳轉化成甲烷，或把硫酸離子變成硫化氫。

氧是毒氣

這些足智多謀的細菌，在無氧的環境下頗爲優游自在；事實上，氧氣對它們來說可是有毒的東西。但是我們也許可以假設，也許某一天有一種細菌忽然發現它們周遭布滿的「水」，可以在細菌分裂時，提供豐富的能量。不過這種反應可是違反群體生活習慣的，因爲它的副產物正是有毒的氧氣。哈佛大學的微生物學家馬古利斯★曾描述當初光合細菌的出現，無疑是宣告全球性的污染危機

★
馬古利斯（Lynn Margulis, 1938-），美國航空暨太空總署行星生物計畫共同主持人，1983年獲選爲美國國家科學院院士；《演化之舞》（天下文化出版）一書的作者。

即將發生，規模之大，連當今工業界的廢氣污染都望塵莫及。生物演化的過程在不知不覺中改變了大氣的成分。

「氧氣污染」究竟何時在全球蔓延開，目前仍是備受爭議的問題。不過大部分研究人員都把時間定在19億到20億年前。氧氣的產生終究成爲不可擋的趨勢，這也許是因爲把光合作用當作能量的來源好處多多，使得具有這種能力的細菌逐漸占優勢，直到全球各地的藻類都懂得吐出氧氣。

產生突變

這種氧氣愈來愈多的污染現象，不可避免的導致許多微生物族群的滅絕，但過程中也演化出突變的菌種，對氧毒產生抵抗力。有些菌種甚至演化出更好的適應能力：它們不是像禁慾者般忍受這種不健康的新環境，而是發展出存活下去的辦法，讓子代生生不息的繁衍下去。這些細菌的代謝途徑已發展到可以直接利用大氣中的氧——它們學會了呼吸新世界的空氣。

這些單細胞且行有氧呼吸的生物叫做原蟲，是最原始的動物。它們的出現大約在8億年前，當時大氣中的氧濃度已達今日的5%。至少在過去3億年內，氧氣的濃度或多或少維持在目前濃度的五分之一，儘管在這之前，有證據顯示大氣中的氧濃度發生過大波動：曾經有一段時間，大氣中35%的空氣都是的氧。在較上層的氣層中，日光會把氧分子分裂成兩個氧原子，氧原子稍後遇到其他的氧分子，會形成另一種形式的氧，即所謂的臭氧（O_3）。

臭氧分子能吸收紫外線，幫助濾除日光中的紫外線。由於紫外線對生物有害，一直到大約4億年前，臭氧層形成後，海洋生物才敢萌生念頭，離開海水的保護，踏上乾燥的陸地去闖蕩。

大氣循環

今日的大氣中有21%是氧氣；剩下的79%主要都是不活躍的氮氣。其中大約有0.05%是二氧化碳，如此的含量已經足以支撐植物生長。大氣組成是受到地球上所有生命物質（即生物圈）和地質演變過程（包括陸地、海洋、地球內部，即所謂的地圈）的調節。生物圈包含了森林、草原、土壤中的微生物、以及海洋生物（包括動物性與植物性的浮游生物、藻類）。

光合作用者（也就是植物）會奪取水分子的氫原子，並利用氫原子把二氧化碳轉化成含高能量的碳水化合物，同時釋放出氧氣。消費者（也就是動物）會呼吸氧氣，把碳水化合物再轉變回二氧化碳，釋放到空氣中，這就是呼吸作用，它會產生能量ATP供應消費者使用（請見第8章第196頁）。倘若沒有光合作用者重新製造氧氣給消費者使用，大氣中的氧氣將會持續漸漸的下降。

大部分經光合作用者「固定」到有機物質裡的碳，最後都藉由消費者（主要是那些分解死掉植物體的微生物）的呼吸作用，以二氧化碳的形式再度釋出到大氣中。不過，碳也會經由純粹無機的地質化學反應，在大氣中循環。

大氣中的二氧化碳與礦物質的反應（即所謂風化作用）會把碳固定在碳酸化合物中，而富含碳酸的岩石在板塊的相撞下，又可能發生變形，把二氧化碳釋出來。二氧化碳溶入海水中，形成可溶性的碳酸氫離子。當某板塊在海溝附近衝入另一板塊下方，海底沉積物中所含豐富的碳（源自上層海水中的死亡生物），會被拖入地球內部。地函中的高溫則把碳轉變成新形式，再經由海溝附近的海底火山爆發，把碳噴向大氣中，完成碳的循環（見次頁圖10.1）。

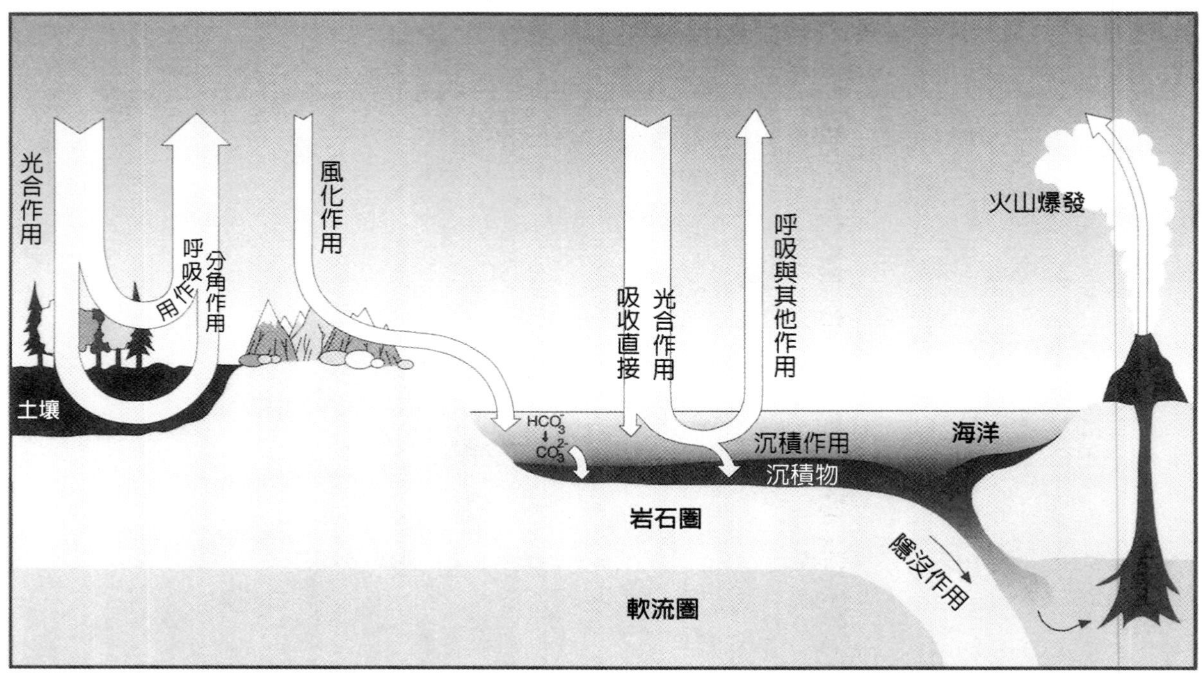

▲圖 10.1

本圖顯示自然界中主要的碳循環過程，也包括二氧化碳如何進出大氣中。二氧化碳經由光合作用固定到陸生與海洋的植物體內，然後再經由植物的呼吸作用（特別是在夜晚）和細菌分解死亡植物的過程釋出。矽酸岩和大氣中的二氧化碳所形的無機反應（即岩石的風化）會把碳酸氫根釋放到海洋中，有些海洋生物便利用碳酸氫根來打造碳酸鈣的外殼。死掉的動植物及外殼會沈降到海底，聚集成富含碳的沉積物。在海溝中，沉積物經由下降的板塊被拖入地函中，最後經由火山爆發把含碳化物轉化成二氧化碳及其他含碳氣體，再度噴放到大氣中。天然的碳循環中，還有其他元素會決定大氣中甲烷和一氧化碳的濃度。

氮也是經由生物圈與地圈的各種活動在大氣中循環。某些種類的細菌可以把不怎麼活躍的氮氣轉變成氨，然後再轉變成含氮的有機化物，像是胺基酸。所有的生物都需要胺基酸；植物可以直接合成各種胺基酸，動物則從食物中攝取胺基酸（可能從植物中或其他動物中獲取）。有機化物裡的氮最終會變成無機的形式，有些可能併入尿素中，再變回到氨；有時則轉變成亞硝酸或硝酸離子。在脫硝作用（denitrification）中，細菌剝除硝酸離子的氧原子，把氮氣釋回到空氣中。

這些氧、碳、氮在大氣中、生物圈中及地圈中的循環，我們稱作「生物地化循環」（biogeochemical cycle）。關於碳原子怎樣在這些系統中循環，李維（見第105頁）所著的《週期表》中有精彩的描述。當大氣中移除元素的過程與補充元素到大氣中的反應，達到平衡時，我們可說大氣達到「穩定狀態」，儘管從未達到熱力學平衡，但始終保持一樣的狀態。

在第9章中我們見到失去平衡的系統十分難以預期，特別是它們受到小小的騷動卻會產生劇烈的變化。我們不知道目前大氣的穩定狀態有多穩定，但我們確知的是，在早期的地球上，大氣曾經出現完全不同的穩定狀態，其中的組成也與當今的情形大不同。

冰河時期：永恆的再現

氣候的改變已經不是什麼新鮮事。在智人（*Homo sapiens*，又名眞人，即你我這種現代人種。）出現以前，地球平均溫度已經歷數次長期的變化，最明顯的事件是冰河時期會不定期的重返。一般相信，發生冰河時期，基本上是地球繞太陽運行的軌道，在形狀與方向上發生週期性變動的結果，因爲它導致地球在不同的季節與不同的緯度，吸收到的熱出現微量但關鍵的變化。這種地球運行軌道的變化所產生的作用，首先由19世紀的天文學家米蘭柯維奇★計算出來。米蘭柯維奇指出，地球上太陽熱能的分布一旦發生變化，就足以啓動地球的氣候變遷，誘發冰河時期的出現與結束。

★
米蘭柯維奇（Milutin Milankovitch, 1879-1958）是南斯拉夫數學家、天文學家，冰河理論先驅。

米蘭柯維奇循環

所謂的米蘭柯維奇循環指的就是大約經過100,000年、44,000年、23,000年、19,000年，就會出現週期性的氣候變化，這可以由地質紀錄中看出來，也反映出地球運行軌道的週期性變化。

不過，在米蘭柯維奇循環中，全球太陽熱能的分布變化其實很小，並不足以造成全球進入冰凍期；反之，也不足以熔化大冰原。再者，米蘭柯維奇的理論預期氣候的變化是緩慢漸進的，然而地質紀錄顯示，全球氣溫變化的速率要快得多，且大氣中微量氣體的含量也隨之而變。

所以有人認爲米蘭柯維奇循環誘發的微小變化，會去促動自然界的反應，進而影響到氣候，例如海水循環模式的改變，或者長遠來看，影響最著的因子要算是生物地化的循環，它決定了大氣中微量氣體（主要指二氧化碳與甲烷）的天然含量。於是，這些自然界的變化進而放大及加速氣候的改變。

現在，科學家懂得鑽鑿遠古時代的冰原（例如冰封的南極大陸），從中取出含有氣泡的冰柱或冰芯，這些氣泡是在當年冰晶形成的同時被捕捉到冰中的（見彩圖17）。

利用極度敏銳的化學分析法，可以解讀出過去大氣層中化學物質的改變情形。前蘇聯設在南極的「東方科學研究站」（Vostok station）曾從當地鑽出來的冰芯，分析氣泡中二氧化碳的含量，結果發現大氣中的二氧化碳濃度從過去16萬年以來就未曾穩定過（見次頁圖10.2）。有時數值高到可比現今的含量；有時又降到少於現代工業化之前的三分之二含量。在上一次冰河時期，也就是12萬年前到1萬年前之間，二氧化碳的濃度僅約現代工業化之前的64%。

重氫（氘）在冰中的含量，會視冰形成當時的溫度而定，因此研究人員可以根據此特性，重建過去氣溫變化的情形，進而追蹤全球氣候變遷的歷史。在東方科學站挖鑿出來的冰芯中，可發現氣溫與二氧化碳濃度之間，存在明顯的關係：當其中一項高，另一項也跟著高。

此外，從東方科學站的冰芯中，還可顯示大氣中的甲烷濃度，它也能反映出與氣溫變化的關係（見圖10.2），這暗示著甲烷濃度在自然界中的循環也與氣候的變動有關連。但是這些僅占大氣中1%不到的氣體，究竟如何使全球平均溫度增高10℃的呢？

輻射能的收支平衡

地球經由可見光、紅外線及紫外線等形式吸收太陽能。在太陽的總輻射能中，大約有三分之一會反射回太空中，主要是經由雲層與冰原等光亮的東西來反射。因此，反射輻射能的比例有很大一部分需要視全球雲層覆蓋的程度與亮度而定，並且可以用「行星反照率」（planetary albedo）來定量，也就是地球反射的輻射能與總輻射能之間的比值。如果雲層或冰原的面積增加，會提高反照率，使地表吸收的太陽能降低。

未經反射回到太空中的太陽輻射能，會由地球的大氣、海洋、陸地以及植物和海洋浮游生物吸收。這些東西吸收了輻射能後，溫度會上升，最後會再輻射出能量，但當然這些能量與先前所

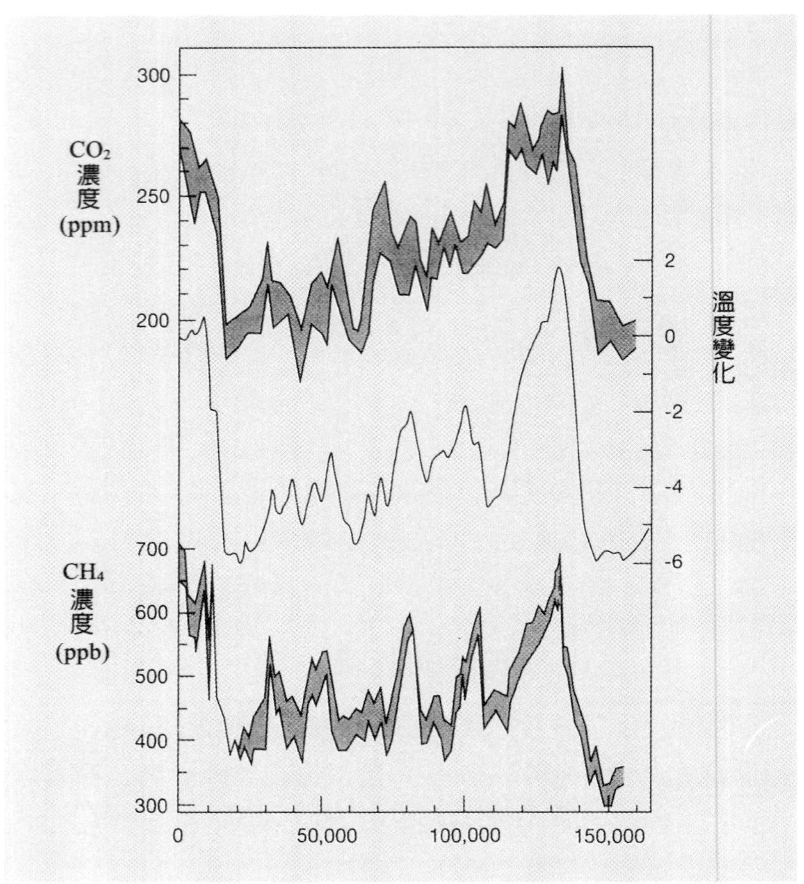

▲圖10.2

分析從東方科學研究站鑽出的冰芯，從氣泡含的二氧化碳（上曲線）和甲烷（下曲線）濃度，顯示出過去大氣中這兩種氣體分子的濃度，有明顯的變化。（灰色部位表示測量中的不確定範圍。）冰芯中的重氫含量提供溫度變化的紀錄（中央的曲線）。從圖可見到二氧化碳和甲烷的濃度變化多少與溫度變化同步進行，意味著這兩種氣體的濃度變化過去曾影響全球的氣候。

吸收的輻射能已經大不同了，畢竟這些系統吸收能量後，並未像太陽那樣發光啊！它們釋放的是看不見的熱能（而不是可見光），也就是紅外線，這種輻射線的波長比可見光的還長。

溫室效應

大氣中還有某些肉眼不可見的微量氣體，即所謂的「溫室氣體」，可吸收位在光譜中紅外線區域的輻射能，因爲它們的分子振動頻率與紅外線的頻率相同（見《現代化學I》第3章）。因此，地球吸收的能量中有一部分不會再輻射回太空中，而是以熱的形式釋放出來，再由大氣吸收，然後再輻射回地球表面（見圖10.3）。這

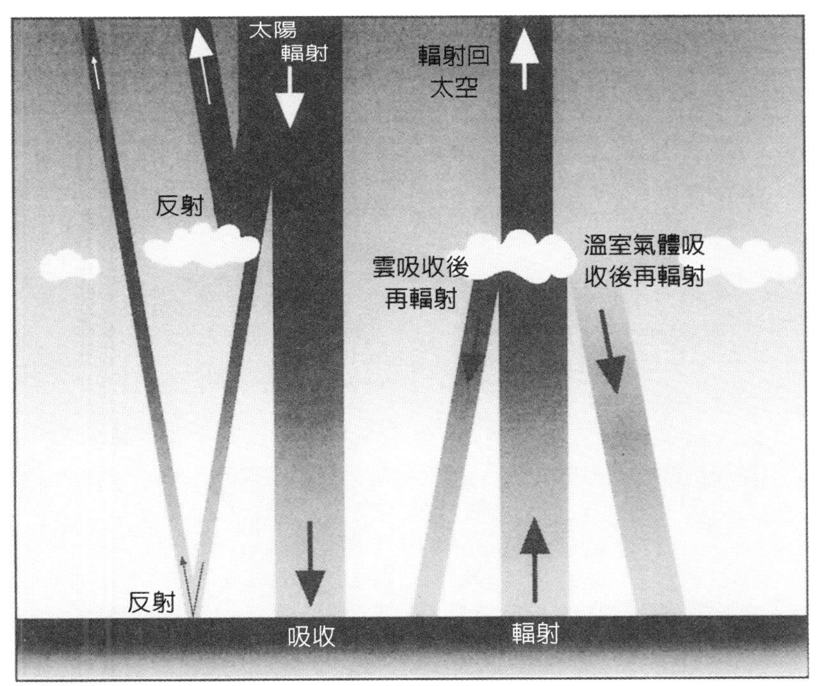

◀圖10.3
太陽的熱能，經大氣中的溫室氣體吸收，會引發溫室效應。陽光中的能量大約有30%反射回太空中，其餘的經大氣層與地表吸收，再以紅外線形式輻射出去。這些再輻射的能量一部分經雲層及溫室氣體吸收，其餘的又散逸到太空中。

就是溫室效應的原理。（但其實還談不上「眞正的」溫室效應，因爲在溫室中，玻璃可以確實阻絕室內的暖空氣與室外的冷空氣相混。）

最重要的溫室氣體包括二氧化碳、甲烷、一氧化二氮、氟氯碳化物（CFC）。其實，大氣中的水氣比這些溫室氣體更容易引起增溫效應，因爲水氣對紅外線有極佳的吸收力，只是科學家通常不把水氣歸類爲眞正的溫室氣體，因爲人類的活動對大氣中的水氣含量幾乎沒有什麼直接的影響。

大氣中的水氣含量，主要是由天然的作用決定，例如海水的蒸發、天空的降雨和下雪。和碳、氧、氮元素的循環一樣，水氣也不斷的在大氣中進進出出，這種循環就是所謂的「水文循環」（hydrological cycle）。在預測溫室效應的電腦模擬程式中，大氣研究人員也把水文循環列入考慮，成爲氣候系統中的一份子。

有時候我們會聽到這類說法：溫室效應是由於人類從事錯誤的活動而引起的非自然現象。但是這個觀念並不正確。就如同我提過的，所有的溫室氣體（氟氯碳化物除外），從地球形成之初發生的除氣作用以來，就已存在大氣中；人類的產生影響，不過是增加這些既存氣體的濃度，使它們超過自然界原本的含量。如果今日含氧／氮的大氣層中沒有這些溫室氣體存在，地球的平均溫度將會是零下18℃的冰凍狀態。看來要是沒有這些天然的溫室效應（主要由少許的水氣、二氧化碳、甲烷所致）讓地球溫度平均上升了33℃，地球上是不可能有生物存在的。

全球增溫效應

在所有的溫室氣體中，要屬二氧化碳最重要了。自從工業革命以來，人類的活動已使大氣中的二氧化碳含量增加26%，主要是經由化石燃料的燃燒（包括煤炭、石油與天然氣）。

大面積的森林砍伐，尤其是在南美洲，也對大氣中的二氧化碳含量產生重大的影響：森林好比天然的「海綿」，會大量吸收大氣中的二氧化碳，把碳元素固定成植物體內的有機物。如果大肆砍伐樹木，或燃燒樹木，或任其腐朽分解，原本受固定的碳會再以二氧化碳的形式釋出。碳在自然界裡的循環波動，對大氣中二氧化碳的濃度變化，影響很大，從東方科學站挖出的冰芯中，即可見證此情形；我們該問的是，二氧化碳的天然來源與在自然界的消損，在面對人類的介入後會發生怎樣的改變。

甲烷是關鍵

在今日的大氣中，甲烷的含量比起二氧化碳的含量，雖然少了約兩百倍，但是甲烷在全球增溫效應中所扮演的角色，卻不容小覷。就單一分子來看，甲烷引起的溫室效應超過二氧化碳分子，因為它吸收紅外線的能力很強。

自從工業革命以來，大氣中的甲烷含量已增加一倍，這是由許多人類活動促成的——主要是農業及土地經營方面的作業，其中尤以稻田耕種為甚，因為稻米在成長時會產生甲烷。稻米的產量自從1940年來已增加一倍左右，而且幾乎都種植於亞洲。

另外，反芻類動物（例如畜牧的牛、羊群）的消化系統，也會形成大量的甲烷，當這些氣體經動物排出體外，就成了大氣中另一個由人為因素造成的甲烷來源，而其產量僅次於稻米製造的甲烷量。焚燒熱帶森林和大草原的植也會釋出甲烷，其他的來源包括垃圾堆及掩埋場的有機廢物發生腐敗、發酵作用以及挖煤礦時外漏的天然氣、挖鑿與輸送天然氣過程的外漏等等。

甲烷還有很多天然來源。溼地、沼澤、凍原所產生的甲烷，不輸給當今的稻田製造的甲烷量，白蟻社群釋放出來的甲烷量，差不多與燃燒植被產生的甲烷量相當。海洋、湖泊、河川等生態地也會生成少許的甲烷。

導致大氣中甲烷含量下降的首要因子，是大氣中的化學破壞反應。對流層（從地表向上升到10～15公里的高處）含有活躍的氫氧基（OH），會攻擊甲烷，形成各式各樣的產物，包括一氧化碳和水（不過這兩種分子本身也會促進全球增溫）。

臭氧殺手：氟氯碳化物

環境中令人擔憂的分子，主要是氟氯碳化物，因爲它們具有破壞臭氧層的特性（稍後會詳述）。不過氟氯碳化物也是強力的紅外線吸收子，所以儘管它在大氣中的含量，遠不如二氧化碳或甲烷，卻也對全球增溫效應小有「貢獻」。

氟氯碳化物會出現在大氣層中，則完全是人類搞的鬼，而非源自什麼天然因子。這種氣體來自工業化的生產，一般當作噴霧式推進劑、冷媒、溶劑、發泡劑等物來使用，主要是仰賴它對化學反應的絕佳鈍性。這種不活躍的特性意味著，氟氯碳化物在大氣層中沒什麼有效的移除路徑，它們會一直上升到同溫層，在那裡破壞臭氧。若從好的方面來看，就是當今大家都清楚氟氯碳化物是不好的東西，如此可以迫使業者以其他較沒有破壞性的化合物取代它，大家也同意未來幾十年內要讓這種化合物銷聲匿跡。

我們可以預期，氟氯碳化物這種溫室氣體的重要性將會漸漸減低。諷刺的是，氟氯碳化物破壞臭氧層的能力會減損全球增溫的淨效應，因爲臭氧本身也是溫室氣體。

一氧化二氮是許多海洋生物與土壤生物進行生化反應的產物，儘管我們還不甚清楚這些反應的詳情，也不知道其中有多少是眞正屬於天然來源，或是它在自然界中的消長情形。我們只知道，從前工業時期以來，人類的活動已讓大氣中的一氧化二氮濃度提升8%左右，主要是由於燃燒化石燃料（例如煤炭、石油、天然氣）和火燒森林以及使用含氮的肥料（硝酸鹽、氨鹽）。

氧化氮、臭氧、一氧化碳等都屬於次要的溫室氣體。儘管臭氧在同溫層（距離地表10～50公里處）中有濾除紫外線的好處，但臭氧要是到了地表，可就對我們很不利了——它會傷害我們的眼睛、肺部，也會損害植物，可說是有危險性的有毒污染物。在過去這100年裡，對流層的臭氧濃度增加到以往的二到三倍，無疑是燃燒化石燃料與從事工業生產的結果。

氣候的回饋機制

由於生物地化循環牽涉到天然的溫室氣體（尤其是二氧化碳與甲烷）和水文循環，使氣候的變化出現回饋機制。這包含正回饋與負回饋兩種機制，前者會加速變化的過程，後者會延緩氣候的變化。舉例來說，全球溫度上升會搗亂海洋與陸地的生態系統，改變大氣中二氧化碳與甲烷的吸收與釋放。

氣候變化國際審查小組（IPCC，是由頂尖氣候研究專家組成的國際團隊），曾於1990年提出報告，明白預示不祥之兆：由人類引發的氣候改變，造成碳循環機制的意外大變動，是有可能發生的。

與水文循環相關的回饋機制，主要視雲層對氣候產生的作用而定（雲層是由於大氣中的水氣凝結成小水滴而形成的）。目前科學界仍不清楚雲層如何影響地球的輻射收支；事實上，這個問題是在預測未來全球增溫情形上，充滿不確定性的因子之一。甚至究竟雲層會使氣候發生正回饋或負回饋機制，科學界到現在還沒有共識，也就是說，雲層的淨效應到底是強化全球增溫或紓解這個現象，目前還不清楚。另一方面，雲層提高了地球的反照率，把進入地球的太陽輻射能反射回外太空，因此若雲層覆蓋的面積很大，會減少抵達地表的總輻射能。不過，雲層也會吸收地表發出的紅外線，並把它輻射到大氣層，作用有如溫室氣體。此外，全球增溫會改變雲層的分布與結構，進而使它們的輻射特性受到改變。

我們在第9章見到，回饋作用會使系統極度敏感，稍有一點風吹草動就能將微小的波動轉成大變動。氣候的回饋作用對於全球增溫效應，更是具有可怕的威脅，因爲這意味著我們很難再期望氣候隨著溫室氣體的漸增，而平緩的變化。

我們必須認清由人類引起的全球氣溫改變，有可能把氣候系統推向遠離平衡的彼端，恰好助長某些天然的正回饋機制，使得氣候的變化遠遠超出單純由人類的破壞所能預期的狀況。在另一方面，負回饋有時也來參一腳，它彷彿溫控器一般，能抑制全球增溫，防止溫度過高。科學界愈來愈覺得，想要找出正回饋與負回饋作用，並評估它們對氣候相對的影響，是很艱鉅的事情，也因此嚴重的限制了未來氣候變化預測的準確度。

有回饋難預測

就是因爲有這些回饋機制，使得科學家很難預測、模擬氣候系統，而且就算用電腦模擬出來，只要稍微有一點不確定性，都可能導致天氣預報上的大偏差。這裡所彰顯的不僅是科學研究上的大問題，對全球增溫政策的規劃也是惱人的問題，因爲大多數非從事科學研究的門外漢，都會期待科學家提供明確的答案，且當很多事情不是科學家能夠確定或預測出來時，那些訊息通常會解讀成：氣候系統的模擬專家，不懂得掌握氣候的動態。

這甚至意味著那些對未來氣候變化趨勢採取極端觀點的人（不論是認爲會愈來愈熱，或愈來愈冷），都可以輕鬆的找到支持他們看法的論點。

工業界也普遍採保留態度，他們不願意配合減少溫室氣體的排放，因爲面對氣候變動的不確定性，沒人擔保這樣的策略一定對；但我倒是希望人們瞭解，就是因爲這些不確定性的存在，才使我們敢大聲提倡支持溫室氣體排放管理的政策。當然，根據同樣的理由，憂心忡忡的環保人士以及預言家，也可以自編自導一些關於氣候變遷的誇張劇本，來達到他們的訴求，只是他們所倡導的可能與事實相差甚遠。

全體攜手才有遠景

想要逆轉全球增溫潛藏的嚴重後果，無疑得從社會、經濟和工業各方面下手，但這談何容易呢？而且也可能所費不貲。想要叫業者配合改變，得先證明這樣的改變是必要的，才行得通。

你也許會這樣想，既然準確的預測氣候是這麼困難，那何不乾脆直接實際去測量，看能否掌握什麼變化。就算如此，大家還是對科學界採取咄咄逼人的攻勢，非得要個明確的答案不可。多數科學家承認全球增溫眞的具有威脅性，但他們也不確定目前全球增溫的徵兆算不算夠明顯了。

我們知道自從工業革命以來，溫室氣體的濃度就急遽上升，且全球平均溫度自從上世紀初就持續增溫（在1940年到1970年間有明顯的走勢，見圖10.4）。再者，過去一百年以來，海平面每年平均上升1到2毫米；有人解讀這種上升現象，是全球增溫導致的長期結果，因為增溫會造成極地冰原與高山冰河的溶解。然而若以嚴謹的科學角度來看，這樣的證據並不算數。畢竟，全球的平均值並不能代表各地變化的全貌。

如果利用電腦模擬溫室效應來預測，可以顯示出所謂的全球增溫，並不是到處都發生增溫的情形，實際上，氣候模式的改變可能導致某些地方，短期內會發生降溫。要確保溫室效應真的導致增溫，我們需要在溫室氣體的濃度上升與氣溫變化之間，找到確實的關連，且實際觀測到的氣溫變化與模擬的氣候預測間也要一致，也就是所謂的「溫室指紋」（greenhouse fingerprint）。不過，目前還沒有確切建立這樣的關連。

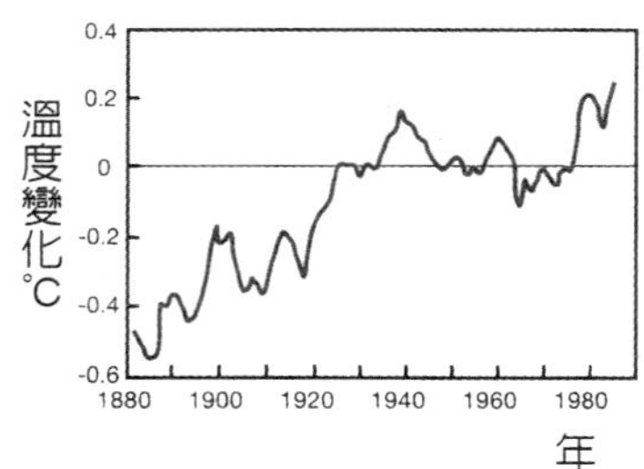

▲圖10.4
自從20世紀初開始，全球平均溫度明顯有普遍上升的現象（根據統計結果），儘管有例外的時候（在1940年到1970年間）。這種氣溫愈來愈高的傾向暗示著（但尚未證實）我們正在經歷人為溫室效應的後果。

管制勢在必行

因為受到一些不確定性與認知上的差距，將使得預測未來增溫的情形變得窒礙難行。當然，這樣的預測也要視未來幾十年裡，我們對溫室氣體排放的管制情形而定。

如果沒有執行這種廢氣管控措施，任憑工業界隨心所欲經營他們的產業，那麼預計到了2025年，全球氣溫會上升1℃至2.5℃左右，到了2100年，則上升3℃至6℃左右。如果全球氣溫上升了6℃，就會超越過去150,000年來的紀錄，而我們沒有足夠的經驗來預測這樣的改變會帶來何種後果。

如果我們假設未來幾十年內能強制減少業界廢氣的排放，情況也許稍有改善。在這種行動方案下，我們預期到了2100年，全球的氣溫只會增加2℃ 至3℃左右。儘管這樣的變化看似不大，但對於海平面的上升、天氣的變化多端、農作物的生產量、暴風雨或颶風等惡劣天氣的發生頻率等問題，恐怕仍將帶來嚴重的後果。當然，也許這些推論可能恰好與事實相反——說不定某些負回饋機制會出現，讓溫度的變化少於1℃。

如果我們以目前這種不確定性當作以靜制動的基礎，似乎又太過一廂情願了。誠如某些評論者所指出的，聰明人不會要求證實自己總有一天會遭小偷，或證明自己會在加入保險前出車禍或生重病。要是最壞的狀況眞的發生了，那也是全人類要一起承擔的；我可以確定沒有任何人可以爲我們保釋。

地球的防曬層

天空破了洞

前面我們看到隨著大氣中的氧分子愈來愈多，同溫層裡也漸漸充滿許多氧分子的胞弟：臭氧。由於臭氧很會吸收紫外線，使同溫層中的臭氧層可做爲濾器，防止過多的紫外線抵達地球表面。紫外線的能量遠遠高過可見光，足以破壞生物分子的精緻結構。紫外線會損害生物體的組織，引發皮膚癌、白內障，也會傷害陸地植物以及海洋的浮游生物（這是海洋食物鏈重要的一環）。

這也是爲何英國南極觀測站的法曼（Joe Farman）和同僚，於1985年發表報告後，會引起一片驚愕的原因。法曼他們發現，在1977年與1984年間，南極郝利灣上空的臭氧濃度降到正常值的

60%（見圖10.5）。後來又有消息指出，大氣科學家根據航太總署的雨雲7號衛星（Nimbus 7）的臭氧層光譜儀，觀測到類似的結果；但由於測量得到的數值太低了，人們認爲這是儀器功能不正常的結果。不過，法曼的研究小組測量的結果，讓人們相信南極大陸的上空（位在海拔12到24公里處）確實出現嚴重的臭氧層破洞。

自從這項測量發表後，接下來每年的測量都顯示，南極同溫層的臭氧濃度從當地的春季（大約是九月初）開始減低，一直維持到十月末或十一月，這時極地一帶的大氣循環模式會發生改變，使缺乏臭氧的空氣疏散開來。臭氧層破洞的嚴重性會因時而異，每年的情況都不同（見圖10.6）。

不活躍而惹禍

現在大家普遍同意臭氧層破洞主要起因，是人類製造的氟氯碳化物遭釋放到大氣中。這些化合物基本上是碳氫化物，只是其上的某些氫原子以氯或氟取代。

幾十年來，氟氯碳化物應用在各種商品上，它們會如此廣泛使用，是因爲氟氯碳化物是很不活躍的氣體，而且不具毒性。但這樣的特性導致破壞或移除微量氣體（位在較低氣層中）的化學反應，對氟氯碳化物沒有作用。因此氟氯碳化物能散布到全球各地的氣層中，最後往上擴散到同溫層。在海拔25公里處左右，氟氯碳

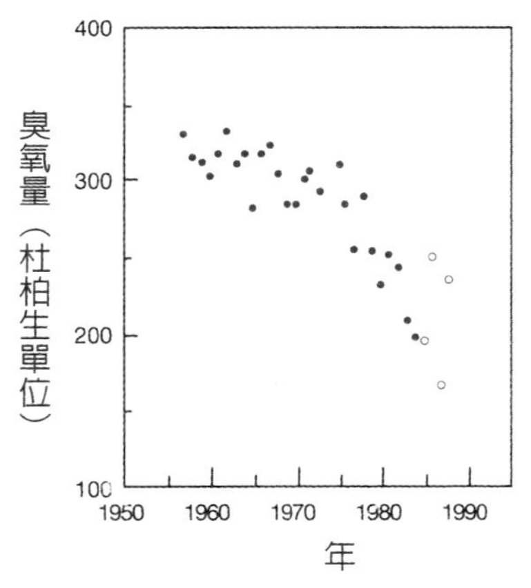

▲圖10.5
1985年，法曼和同僚發表南極郝利灣上空，春季期間的臭氧濃度，顯示過去15年來臭氧濃度持續下降。法曼小組測得的數據在圖中以色點表示，白圈圈則是後來的測量所得，也顯示同樣的趨勢。臭氧的濃度是以杜柏生單位來表示，是為紀念英國科學家杜柏生（G. M. B. Dobson），他是20世紀初探測臭氧問題的先驅。

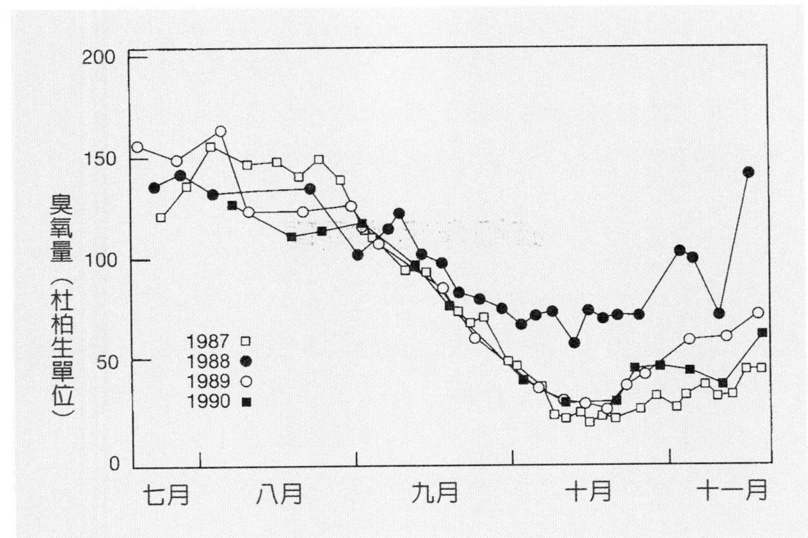

◀圖10.6
南極上空的臭氧層破洞，是當地的春季定期出現的現象，每年從九月開始一直持續到十一月。圖中所見的是從1987到1990年在南極觀測站上空12到20公里處的同溫層所測得的臭氧濃度（以杜柏生單位表示）。

化物會接觸到紫外線，而高能的紫外線會分裂這種向來很穩定的分子，產生個別的氯原子。1974年，加州大學厄文分校的馬利納（Mario Molina）和羅藍得（Sherwood Rowland）曾警告大家要注意這現象的可能後果。

孤單的原子通常都很活躍，因爲它們的電子軌域中含有未配對的電子（所謂的「鈍氣」除外，例如氦氣、氖氣，因爲它們不具有未配對電子）。

具有未配對電子的分子或原子，我們稱作「自由基」。氯自由基特別具有毒性，實驗室裡的研究顯示，氯自由基很容易消耗臭氧，形成氧化氯（ClO）與氧分子（O_2）（見次頁圖10.7）。馬利納和羅藍得指出，這個反應可能發生於同溫層，造成臭氧層的破壞。瞭解氟氯碳化物的危險性後，美國政府在1970年代末，開始禁止在噴霧劑中使用氟氯碳化物。但由於當時缺乏證據顯示氟氯碳化物眞的有害，工業界照樣大肆使用此化物，完全不顧官方的建議。因此，從1970年代到1980年代，全球各地的業者仍持續釋出氟氯碳化物，使大氣中該分子的濃度穩定的上升。

破壞作用的循環

如果氟氯碳化物產生的氯自由基，是破壞臭氧層的元兇，那麼爲何它只發生在南極上空，且僅發生在當地的春季呢？在南極的冬天，會出現漩渦般的大型氣柱，裡面的氣體與外面的氣體有效的阻絕（見圖10.8）。這種隔離作用，加上極地的冬天不見天日，造成漩渦中的同溫層氣溫驟降到－80℃。這樣酷寒的條件導致同溫層的水結冰，產生的冰粒形成極地同溫層冰雲（PSC），具有散射光線的特性，成爲極地長夜中特殊的景象（見彩圖18）。

這些冰粒也可能含有許多由氧化氮形成的硝酸（HNO_3），氧化氮是大氣中隨處可見的微量氣體。現在科學家認爲這些冰粒是臭氧層遭破壞的場所，闡明這齣戲碼中牽涉的許多環節，一直是研究人員努力不懈的目標。他們設立實驗室、觀測站或利用熱氣球及人造衛星，觀測南極同溫層的化學組成與變化。

最主要的步驟是氯原子與臭氧分子形成氧化氯和氧氣（見圖10.7）。不過，氧化氯本身是很活躍的分子，因此會進一步發生反應（見圖10.9）。反應最後是氧化氯中的氯原子，會再以自由基的形式釋放出來，活躍的氯自由基再去與另一個臭氧反應。換句話說，氯自由基是促使臭氧層破洞的催化劑。這一連串的反應即稱爲「氯催化循環」。

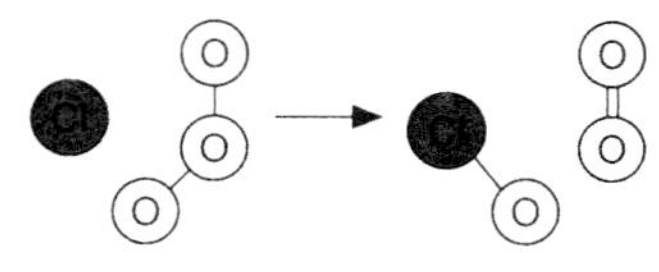

▲圖10.7
氯自由基與臭氧發生反應，形成氧化氯和氧分子。

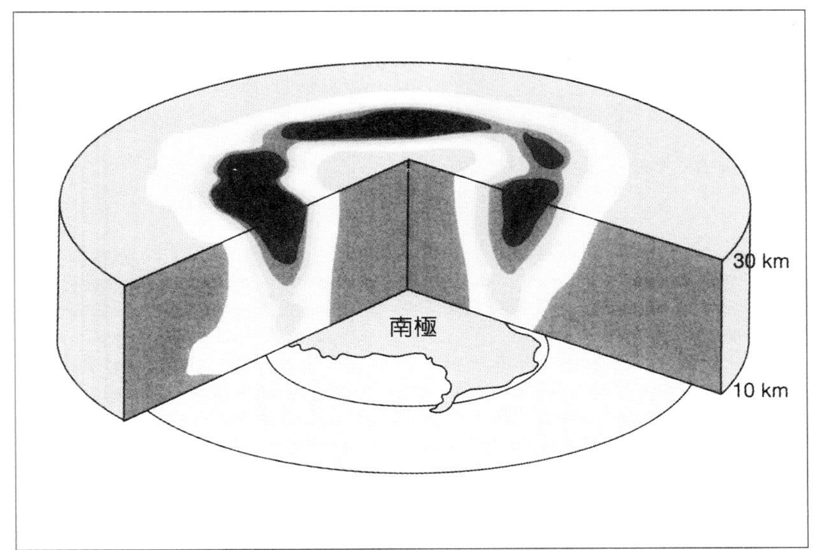

◀圖10.8
南極氣流循環的模式導致每年冬天出現漩渦般的大氣柱。在此顯示的風速是在海拔10至30公里間的對流層與同溫層測得的（時間是1990年10月）。顏色愈深的地帶表示風速愈高，白色是漩渦地帶。（本圖由馬里蘭州高達太空飛行中心的Mark Shoeberl提供。）

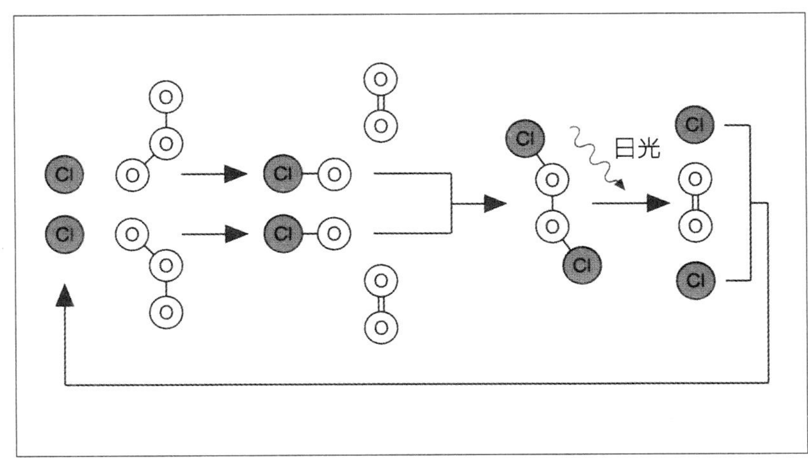

◀圖10.9
破壞臭氧的氯自由基可經由氯催化循環反應再度形成。

自由基終止有害循環

不過這種有害的循環，可以藉由消耗氧化氯或氯自由基的反應來中斷。其中最重要的反應牽涉到二氧化氮（NO_2），它會與氧化氯（ClO）結合，形成$ClONO_2$。這個反應只有在催化劑表面才能進行，就像在《現代化學I》的第2章裡見到的那些反應一樣。

在南極同溫層中，極地同溫層冰雲裡的冰粒提供了這種催化表面。$ClONO_2$是相當穩定的化合物，它能束縛氯原子，終結氯原子爲非作歹的能力。

因此極地同溫層中的二氧化氮，可以紓緩臭氧層的破壞。另一種重要的反應，是氯自由基和甲烷形成氯化氫（HCl），這也是另一種相當穩定且無害的氯形式。但這些不活躍的氯可能又受日光或其他分子參與的反應給分解了，再度把活躍的氯釋出（見圖10.10a）。

極地同溫層冰雲還進一步參與催化HCl和$ClONO_2$這兩種不活躍的含氯分子的反應，產生氯氣（Cl_2）和硝酸（HNO_3）：前者可以藉由陽光再度分裂爲活躍的自由基，後者則停留在冰粒中。如此一來，原本可以綁住氯自由基、減緩臭氧層破壞的二氧化氮，便以硝酸的形式封鎖在冰雲中，讓氯自由基更有機會爲非做歹了（見圖10.10b）。

更糟的是，包含硝酸的冰粒可能愈來愈大，重量也愈來愈重，無法懸浮在空中，於是在同溫層中漸漸下沉。這使原本有緩衝效果的氮永久被移除，對臭氧層的維護很不利。

氯催化循環會受到溴化物的幫忙。雖然人類的活動會釋出一些溴化物到大氣層中（例如煙燻消毒劑），不過大氣中大多數的溴

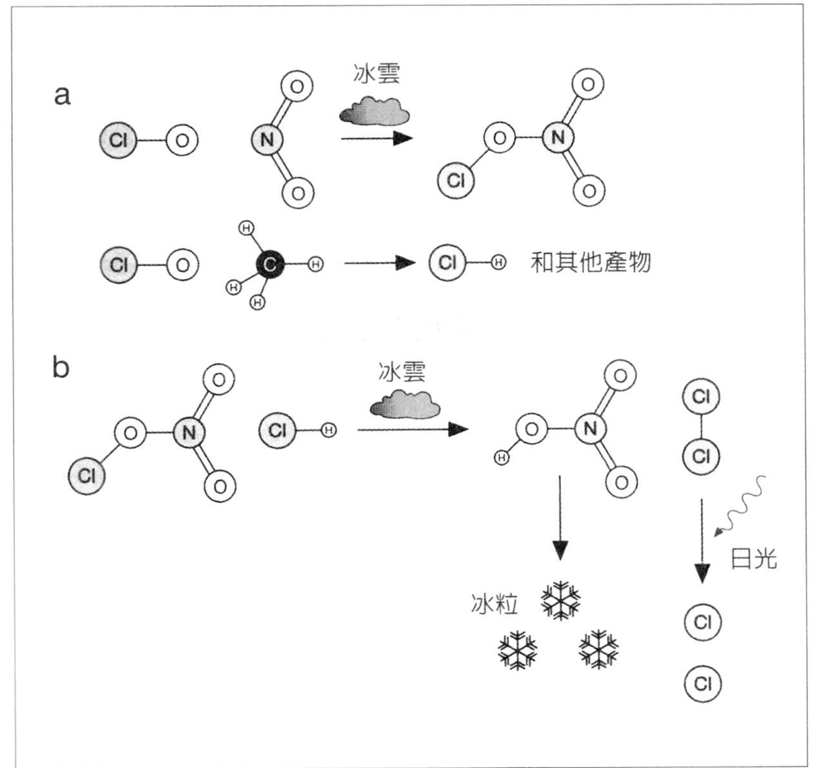

▲圖10.10

a. 活躍的氯形式可經由各種反應轉變成不活躍的形式，其間有二氧化氮、一氧化氮和甲烷的參與。

b. 這些反應會中斷氯催化循環。不過，透過與極地同溫層冰雲冰粒上的 $ClONO_2$ 和HCl起反應，活躍的氯可以再度生成。

若把活躍的氮從極地的同溫層中去除，會削減這些化合物保護臭氧的能力。冰凍在極地同溫層冰雲中的硝酸等於把氮封鎖起來，使它無法參與有利臭氧層的反應；要是冰粒愈結愈大，它們會穿過同溫層向下漸漸沈降，最後導致氮永久被移除。

化物都是天然來源，例如海洋中某些藻類會釋放溴化甲烷。這個化合物遇到日光可能引發裂解，形成氧化溴。氧化溴就像氧化氯一樣能直接破壞臭氧，因此也有助於把氯自由基再度從氧化氯中釋出。

以上這些就是引起臭氧層破洞的基礎化學反應，它們可以如同拼圖般拼湊起來，組成完整的畫面，讓人們看清楚南極上空的臭氧，究竟爲何且如何遭破壞的。

十月的天空

在極地的冬天冰冷黑暗，大氣循環的模式產生極地漩渦，當漩渦裡的溫度下降，同溫層中的水和硝酸凝結成極地同溫層冰雲。冰粒表面的化學反應將穩定的氯形式（例如HCl和$ClONO_2$）轉化成活躍的氯（ClO和Cl），恰巧爲漩渦做好破壞臭氧的準備。當春天來臨，太陽再現，陽光中的能量啓動氯催化循環，導致臭氧的濃度迅速下降，在十月初降到最低點。

當南極漩渦在十月底瓦解時，其中的低臭氧濃度空氣會與外來的空氣相混。這表示南極上空的臭氧濃度又開始上升，但同樣的，與南極地帶比鄰的地區，臭氧層也會遭稀釋。現在有明顯的證據顯示，這種稀釋作用出現在離極地不太遠的澳洲一帶。

科學家發現在澳洲的春末，穿透大氣層抵達地表的紫外線強度會增加（此時正是極地的漩渦潰散之際）。這時候也是澳洲居民展開水上活動的季節，海灘上漸漸湧現人潮，因此增強的紫外線威脅，引發當地民眾對健康的關切。

不過，除了澳洲以外，在南半球緯度相同的地帶倒是人煙罕至。要是相似的現象發生在北極上空，且恰巧緊臨著人口較稠密的斯堪地那維亞（即北歐一帶）和加拿大，那會造成何種後果呢？

北極症狀輕微

現在也有研究指出，北極上空確實也開了天窗，出現臭氧層破洞，儘管證據還不算確鑿，但似乎暗示著如果北極圈的臭氧層眞的遭破壞，那麼這個破洞應該比南極的還淺很多。造成這種差異的原因並不難發現。

北極的大氣循環模式與南極的不同，部分是因爲北半球的乾地比南半球的多。雖然北極也會出現極地漩渦，但是它比較不像南極漩渦那樣清楚明確，部分因素是北極的冬天氣溫不會降到像南極的那麼低（北極的氣溫通常比南極高出15至20℃左右）。我們知道，氣溫要夠低，極地同溫層冰雲才能形成，也才能破壞臭氧層，而北極冬天的氣溫，不見得能達到所要求的低溫。但由於季節性的溫度變化每年都不相同，可以想見北極也可能出現特別寒冷的冬天，使得臭氧層有機會遭破壞。

1988至1989那年的冬天似乎就是一例。1989年的一月，北極出現過去25年來的最低溫，北極同溫層的溫度降到－85℃，北極圈上空出現極地同溫層冰雲，且在一月末同一緯度地區的臭氧濃度，比前三年所測得的濃度少了25%。不過，北極臭氧層的問題還是頗有爭議性，部分是因爲臭氧層的破壞和極地同溫層冰雲的形成，兩者之間尙未出現連帶關係。但要是有明確的證據顯示北極臭氧層遭破壞，可能也不會有多少研究人員感到訝異。

控制損害

1987年的九月，來自24個國家的代表，在加拿大的蒙特婁市簽署合約，同意約束氟氯碳化合物的製造與消耗。這項條約就是著名的「蒙特婁議定書」，從1989年的一月開始生效。所有參與國家同意在1990年把氟氯碳化合物的產量，凍結在與1986年的產量相當的程度，然後再逐年遞減，到1999年時要減掉50%的產量。此協議中也同意開發中國家，暫時無需減產CFC，以降低對這些國家的經濟衝擊。

在1990年的倫敦會議中又更新蒙特婁議定書的內容，把目標修改成到2000年要讓主要的CFC生產全面消失無蹤。這些條約無疑透露出，國際間對人類工業活動會造成的全球災難的看法，逐漸產生認同與接受。但即使倫敦會議的協議受到推崇，臭氧層的破壞似乎還會持續好幾十年。畢竟CFC在經化學反應耗光之前，還會在大氣中待上好幾年的時間，所以即使從明天起不再有CFC氣體釋放出來，但大氣中累積的含量也卻足以繼續破壞臭氧好一段時間。

全球性問題

再者，現在研究人員發現，臭氧層的破壞似乎未必局限在南北極。1982年末和1983年期間，在緯度較低地帶的臭氧濃度明顯的比正常值低。當初科學家無法解釋這樣的損失現象，但以現今我們對臭氧層化學反應的瞭解，倒是能提供可能的解釋。

在1982年春天，墨西哥的欽喬納爾火山（El Chichon）發生大規模爆發，程度僅次於1991年菲律賓的賓納杜布（Pinatubo）火山爆發，算是20世紀的第二大火山爆發。欽喬納爾火山噴發出大量的二氧化硫，且其中大部分都轉化成硫酸微粒，飄浮在空氣中。科學家相信，這些空氣中的火山微粒上，也會發生極地同溫層冰雲裡的催化反應。很有可能當初1982至1983年間，中緯度地帶的臭氧層破壞就是欽喬納爾火山大肆爆發的結果。有證據顯示，賓納杜布火山爆發後，也在1991至1992年間引發相同的效應。看來火山爆發為臭氧層破壞的真相增添了難以預測的元素。

不過我們還是有理由抱持樂觀的希望。也許就現階段而言，CFC的確對生活帶來的有害的影響，但CFC不會永遠跟著我們的。研究人員正積極開發替代品，可以滿足工業用途又不會在大氣層中引起副作用或至少影響較小。最熱門的替代品叫做HCFC，還是含有氯以及氟、溴，但它也含有許多氫原子，使該分子較活躍、易起反應，減少停留在大氣層中的時間。也許21世紀中期的地球居民可望視臭氧層破壞為暫時性的危機。

▲圖10.11
1980年代，北方的針葉林常出現森林的「黑死」現象。

硫化物與酸雨

斯堪地那維亞之死

在1980年代，北歐斯堪地那維亞半島上及美國東北角的大片針葉林出現逐漸凋零的現象。樅木、赤松、松樹等相繼死去，狀況極為不尋常（見圖10.11）。同時，這些地帶裡湖泊和河川中的淡水魚也同受其害。而鱒魚、鮭魚的數量，更是受到嚴重的影響，有些淡水魚則完全絕跡。而位在美國紐約州的阿第倫達克山脈（Adirondack mountains），境內幾乎有50%的湖泊沒有魚，相較於1930年代只有4%的湖泊沒有魚，情況相差甚殊。

由於森林和湖泊的生態遭遇這樣重大的改變，迫使環境科學家不得不懷疑，這其中可能牽涉一些非天然的因素。尤其有鑑於這些現象恰好發生在工業活動密集的地帶（美國東北和北歐），嫌疑很自然的落在人類活動產生的環境污染上。

紀錄顯示，從這些受害地區雨水的化學組成可以看出，自從工業革命以來，雨水的酸度持續增加。正常的雨水因爲有二氧化碳溶解其中，形成碳酸，所以略帶酸性。中性水的pH值是7，雨水的pH值一般是5.6（pH值愈低，表示溶液的酸性愈高）。

在美國東北一帶，雨水的pH值平均是4，偶爾在美國或歐洲也出現pH值2.1的酸雨，那簡直和醋一樣酸了。湖泊和河川的pH值則下降得比較緩慢，通常差不多都降到比5低一點點，這是因爲許多天然的系統有能力吸收及中和酸雨。

從天而降的酸性液體並不是只有酸雨而已，其他可能的形式包括雪霜、露水和霧氣，只是「酸雨」經常用來泛稱各種天空降下來的「酸性沈降」。大氣中的酸性物質也可以氣體形式進入河川、湖泊、土壤及植物中，這種情形稱作「乾性沈降」。

科學家很快就發現樹木及魚群的死亡，是因爲溼性與乾性酸物質的沈降，導致天然水源系統的酸化。這些酸物質不僅對生態系產生負面的影響，還會侵蝕由石材、水泥材或其他材料所構成的東西，使受害的居民需要花很多錢來加以防範及修復。

工業界吐出的穢氣

酸雨的出現是起因於大氣中所含的兩種微量氣體：二氧化硫（SO_2）和氧化氮（主要是NO和NO_2，統稱NO_x）。工業生產及其他的人類活動會產生大量的SO_2和NO_x，特別是在燃燒化石燃料的過程中（尤其是煤炭，它含有許多硫和氮的化合物；不過汽車的廢氣也貢獻不小）。

火燒森林及其他植被也會產生氧化氮。儘管酸雨是北半球工業化社會的問題，熱帶地區燃燒林地也會釋出許多NO_x，危害當地的土壤及湖泊中的化學平衡。

雖然在工業活動頻繁的地方，這些污染物會釋放到大氣層中，但在它們在以酸雨形式落到地表之前，可能已經由對流層被送往幾百公里之外的地方。這意味著在廢氣排放地的上空及較遠一帶，都是首當其衝的受害地。

斯堪地那維亞的地理條件尤其不利，它要承受來自英國、德國及東歐國家的硫化物和氧化氮的污染。在瑞典南部，大氣中超過70%的硫化物是人爲因素造成的，其中有五分之四源自瑞典以外的地方。當地人建造高聳的排煙管，以爲這樣可以減輕廢氣污染問題，其實適得其反，那表示有毒的氣體更容易散布到較遠的地方。來自歐洲和北美的硫化物污染竟然出現在格林蘭的冰層中，且造成所謂的「北極煙霾」，有時候形成一片濃霧籠罩北極地帶。

氫氧自由基

二氧化硫和氧化氮（NO_x）在對流層中經過一系列化學反應（包括氫氧自由基的參與），分別轉化成硫酸與硝酸。會產生氫氧自由基，是因爲水分子吸收了陽光中的紫外線，發生分解所致。

氫氧自由基在較低氣層的化學反應，扮演重要的角色，這是因爲它們具有極活躍的特性，幾乎能與所有的微量氣體作用。例如，稍早我們見到氫氧基與甲烷的反應，成爲把甲烷這種溫室氣體移出大氣層的主要途徑。由於氫氧自由基能清淨空氣中的微量氣體，使它們得到對流層的「清潔劑」之名。

氫氧自由基也能與二氧化硫和氧化氮（NO_x）起反應，再度彰顯它的清淨功效，可惜這樣反應的產物是硫酸和硝酸，它們很容易溶於水中，所以可以溶於霧氣或雲裡的小水滴，形成酸性液體後降落大地。

酸雨的影響

你可能會猜想天降酸雨不可避免的會提高湖泊、河川和土壤的酸性。儘管近幾十年來，雨水中的酸性確實有提高的現象，但這對土壤和湖泊中的化學反應究竟有多少影響，還是頗受爭議的話題，因爲這些天然系統本身有相當的能力承受外來的適量的酸或鹼。

土壤通常略呈鹼性，因爲含有一些像是碳酸氫離子（HCO_3^-）及氨的鹼性物質，這些東西可與酸性物質產生的氫離子結合，分別形成碳酸（可再分解成水和二氧化碳）和氨離子。

許多土壤含有黏土礦物（鋁矽酸），恰可充當緩衝劑，抵擋土壤的酸化。鋁矽酸礦物遇水後可產生含鋁和氫氧離子的化合物，例如氫氧化鋁〔$Al(OH)_3$〕。當酸性物質與氫氧化鋁反應時，鋁離子會釋出，進入地下水的系統中。由此可見，當酸雨降落含黏土礦物的土壤中，未必造成土壤酸性的增加，倒是會促進鋁離子被沖刷入河川、湖泊中。由於鋁對許多魚類有毒，科學家擔心酸雨爲生物及生態帶來的影響是提高環境中的鋁含量，而不是降低pH值。最近人們也漸漸意識到鋁離子對人體健康的潛在威脅，它有可能引起一些神經退化的疾病，例如阿茲海默症。

一些岩石（例如碳酸鈣）屬於鹼性物質，所以能中和沈降的酸性物質；不過含矽的岩石，例如花崗岩和石英，本身是弱酸性，所以缺乏中和酸雨的能力。在許多出現酸雨的地帶，包括斯堪地那維亞、加拿大、洛磯山脈、阿帕拉契山脈、阿第倫達克山脈等，常見到含矽的岩石（呈弱酸性），使得這些地區的河川、湖泊對酸化作用較缺少天然的保護。

湖泊中的化學反應是相當複雜的，它受到從河川流入的礦物質的影響，也受控於水中生物所進行的反應。因此湖泊對外來的酸性物質會如何反應，是一個難以預測的複雜問題。有些湖泊，特別是那些位在北極地區的湖，藉由湖中天然的生物反應將水質轉化爲鹼性，因此可以承受適量的酸性物質，不會對pH有重大的改變；但有些湖會迅速的發生酸化。

湖中酸性的增加未必對食物鏈中的所有生物帶來相同的命運，有些生物會犧牲掉，成全其他種生物的存活，導致湖中生態平衡的轉移。不過，一般而言，能適應酸性環境的物種數量很少，所以酸化帶來的後果是降低湖泊生態系的物種多樣性。

環境大掃除

如果說酸雨之災有什麼值得慶幸的，可能要屬它的原因及解決之道還不算太難捉摸。人類燃燒化石燃料是主因，這種活動不僅導致酸雨，也引發全球增溫，迫使科學家呼籲各國政府制定政策來減少這些廢氣的排放。但我們看不到化石燃料的使用在不久的將來有明顯減少的趨勢；雖然國際間已出現能源節約的呼聲，但廢氣的釋放仍持續增加。因此解決之道變成去防止有害氣體散逸到大氣中。

有一種方法是在燃燒前先降低燃料中的硫含量，另一種方式則是事後從排煙管中移除二氧化硫和氧化氮（NO_x）。使用原本就含低量硫的天然煤炭與石油是很不錯的選擇，而且這些燃料中的硫含量也可以人工方式來降低（因此有時候頗昂貴）。想要從廢氣中排除二氧化硫和氧化氮，可以讓這些酸性氣體通過一種濾清裝置，將它們轉化成無害的或非揮發性的形式。一種創新的提議是把排煙管裡的氣體直接灌入海水中，這樣二氧化硫可以溶入水中，被帶到海洋底部。撇開對生態系是否安全的考量，這做法符不符合經濟效益又是另當別論了。

現存的方法，像是安裝濾清器，花費頗高，想要把全球的硫化物廢氣排量減半，每年花上幾十億美元是跑不掉的，且會促使電費飆漲。儘管如此，美國環保局已下令所有新的燃煤發電廠（不包括現存的）必須移除70～90%的硫化物廢氣。現在歐洲各國才承認斯堪地那維亞的污染問題人人有分，他們正研究解決之道來管制硫化物的排放。

酸雨的出現是隨著化石燃料的供應同進同出，我們準備使用煤炭多久，酸雨就困擾我們多久。不過在酸雨存在的期間，它有可能成為工業化社會中最令人詬病的問題了。

孤獨的綠洲

就目前所知，地球是我們太陽系中唯一存在（或已經存在）生命的星球。儘管我們的鄰居：金星（九大行星中最靠太陽者）和火星（我們的芳鄰），都是大小和地球差不多的行星，但卻是貧脊的不毛之地，不適合生命居住。

火星氣溫低達－53℃，天寒地凍；金星表面則熱氣騰騰，有400℃的高溫。火星沒有臭氧層，所以對陽光中的紫外線肆虐毫無抵抗力，且導致火星地表覆滿一層過氧化物，可以快速把有機質燒掉。至於金星上為何溫度這麼高，有人認為可能是該行星最初形成時發生失控的溫室效應，把所有揮發性化合物都蒸發到大氣中，現

◀圖10.12
喂，地球上有人嗎？正當伽利略號太空船在1990年藉助地心引力向木星推進時，恰好飛經地球，拍下這張珍貴的照片。從圖中可見到大氣中極度的化學不平衡現象（尤其含有高濃度的氧氣與甲烷），彷彿向太空中各星球昭告：地球上住著有生命的物質。太陽系中再也沒有另一顆像地球這樣的行星了。
（本圖由Carl Sagan提供。）

今金星的大氣中布滿由硫酸構成的雲層。

看來，我們改變地球大氣中的化學組成所引起的環境問題，在太陽系中早已有誇張的前例可循。不過，無論環保人士如何激情呼籲，也不可能合理的警示大家地球正面臨像金星般的極端命運。但我們也不可掉以輕心，畢竟我們看得很清楚，大氣中的化學組成確實會主導一個行星的前途。愚昧固執的人才會以爲我們可以繼續隨心所欲破壞這顆太空中閃耀的藍寶石。地球是那麼珍貴又脆弱，如果我們任性而爲，我們終將自食惡果。

從外太空看地球（見圖10.12），改變了我們對這顆行星的諸多觀點，尤其這彰顯出地球上的生命如何向宇宙各星球展現自我的形象。從高高的外太空所見的這一幕，真讓我們感到謙卑與渺小：我們看到的不是什麼人類生活的跡象，你只能見到一層化學物質組成的薄膜，明白昭示裡面居住著繁多的生物。但在地表上的我們才剛開始發覺，我們有能力改變這個行星的面貌，但願全人類有足夠的智慧拿捏好這種能力，許諾地球一個美麗的未來。

BrO_2
$HBrO_2$
Hydrolysis
Reaction B
Br
BrMA

令人愛不釋手的生物學入門書

2002年中時開卷年度十大好書（翻譯類）
1996年美國醫學作家協會圖書首獎

觀念生物學 1

霍格蘭、竇德生　著　李千毅　譯

■定價 400元　■書號 WS036

長久以來，對於可能製造生命的分子，以及生命如何演化成今日瑰麗的各樣形式，一般人所知甚少，《觀念生物學》以聰明、愉悅的方式，揭開了這層面紗。

——華森（James D. Watson），DNA結構發現者

「高高在上」的你和微不足道的細菌，都用著同樣的DNA語言、指揮生命的運作。全世界的甲蟲約有30萬種，儘管它們表面的色澤、花紋、圖樣不同，但都有著頭、胸、腹的基本結構。細菌、玉米、青蛙、大象、人類，多麼不一樣的生物啊，但它們的細胞竟然使用共通的「能量貨幣」！任生物世界再怎樣繽紛，全都在16種生命共通的模式下一視同仁。

國家圖書館出版品預行編目資料

現代化學. II, 跨領域的先進思維 ／ 鮑爾(Philip Ball)著；周業仁, 李千毅譯. —— 第一版. —— 臺北市：遠見天下出版；[台北縣三重市]：大和圖書書報股份有限公司總經銷, 2003[民92]

面； 公分. —— (科學天地；54)

譯自：Designing the molecular world : chemistry at the frontier

ISBN 986-417-226-3(平裝)

1. 化學

340　　　　92021009

現代化學II——跨領域的先進思維

原　　著／鮑爾
譯　　者／周業仁、李千毅
顧 問 群／林和、牟中原、李國偉、周成功
系列主編／林榮崧
責任編輯／林文珠
特約美編／黃淑英
封面設計／江儀玲
圖片修改／邱意惠

出版者／遠見天下文化出版股份有限公司
創辦人／高希均、王力行
遠見・天下文化・事業群　董事長／高希均
事業群發行人／CEO／王力行
出版事業部總編輯／許耀雲
版權暨國際合作開發協理／張茂芸
法律顧問／理律法律事務所陳長文律師　　著作權顧問／魏啓翔律師
社　址／台北市104松江路93巷1號2樓
讀者服務專線／（02）2662-0012 傳真／（02）2662-0007；2662-0009
電子信箱／cwpc@cwgv.com.tw
直接郵撥帳號／1326703-6號 遠見天下文化出版股份有限公司

電腦排版／極翔企業有限公司
製 版 廠／東豪印刷事業有限公司
印 刷 廠／盈昌印刷有限公司
裝 訂 廠／明和裝訂有限公司
登 記 證／局版台業字第2517號
總 經 銷／大和書報圖書股份有限公司 電話／（02）8990-2588
出版日期／2003年12月15日第一版
　　　　　2014年2月20日第一版第7次印行

定　　價／380元
原著書名／Designing the Molecular World：Chemistry at the Frontier
by Philip Ball

ISBN: 986-417-226-3（英文版ISBN:061-000-58-1）
書號：WS054